"十三五"国家重点出版物出版规划项目 现代土木工程精品系列图书
黑龙江省精品图书出版工程／"双一流"建设精品出版工程

SAFETY AND EFFICIENCY OF HEALTHCARE FACILITIES

医院建筑的安全与效率

张姗姗 白晓霞 蒋伊琳 武 悦 著

哈尔滨工业大学出版社
HITP HARBIN INSTITUTE OF TECHNOLOGY PRESS

内 容 简 介

本书以新时代医院建筑发展建设为背景,围绕医疗安全和医疗效率两大核心议题探讨了建筑学的应对策略,并对医院建筑发展趋势进行展望。其中,第1章对医院建筑发展现状及其所面临的问题与挑战进行阐述,提出安全与效率的"双核心"认知。第2章聚焦医院建筑与医疗安全促进,对医院建筑安全的内涵、认知原型、风险特征进行阐述,通过对医疗失误、医源性感染、意外伤害、职业暴露等医疗安全问题进行解读,围绕安全促进的目标提出建筑设计策略。第3章聚焦医院建筑与医疗效率提升,对空间使用效率的内涵、目标、阶段进行阐述,围绕医疗诊断、治疗处置、治疗康复等阶段的医疗需求特征,提出医院建筑效率优化策略。第4章从当前时代变革中的医学理念、设计理念、技术理念、经营理念出发,阐释了医院建筑的发展方向,对医院建筑的安全与效率问题形成理论补充。

本书的适用对象主要为医院建设决策者、医院建筑设计者以及医院建筑研究人员,以期为相关人员提供理论与实践的参考,从而推动我国医院建筑的建设与发展。

图书在版编目(CIP)数据

医院建筑的安全与效率/张姗姗等著. —哈尔滨:
哈尔滨工业大学出版社,2020.12
 ISBN 978 - 7 - 5603 - 8682 - 9

 Ⅰ.①医…   Ⅱ.①张…   Ⅲ.①医院-建筑设计-研究
Ⅳ.①TU246.1

中国版本图书馆 CIP 数据核字(2020)第 020607 号

策划编辑   王桂芝   闻 竹
责任编辑   佟 馨 宗 敏 陈 洁
封面设计   蒋伊琳   尹 力
出版发行   哈尔滨工业大学出版社
社   址   哈尔滨市南岗区复华四道街 10 号   邮编150006
传   真   0451 - 86414749
网   址   http://hitpress.hit.edu.cn
印   刷   哈尔滨市工大节能印刷厂
开   本   787mm×1092mm   1/16   印张 15.5   字数 312 千字
版   次   2020 年 12 月第 1 版   2020 年 12 月第 1 次印刷
书   号   ISBN 978 - 7 - 5603 - 8682 - 9
定   价   68.00 元

前　言

在我国当前社会、经济、文化大背景下，研究未来医院建筑的发展建设是一项机遇与挑战并存的重要课题。当前的宏观背景对医院建设提出了更加严峻的挑战，同时智慧医疗、精准医疗、远程医疗、转化医疗等发展为相关问题的解决提供了机遇，也对医院建筑提出了新的要求。在医院建筑运营使用当中，保障医疗安全和提升医疗效率是人们一直追寻的目标。

医院建筑承载着救护生命、提升社会健康福祉的重要责任与使命，是健康中国战略得以推进的重要载体，然而医院建筑系统庞杂、内在运行机制层叠交错，专业性强且多元化，相关研究与设计均具有较大难度。面对这样错综复杂的对象，必须抓住关键问题做深入探讨，才能厘清思路，找到医院建筑设计的突破口。安全保障是医院系统运行的前提，效率优化是医院系统运行的必要提升，二者相辅相成地促进我国医院建筑的健康发展。本团队多年来对医院建筑持续关注，最终聚焦于安全与效率两大核心问题进行研究。

在医院建筑与医疗安全促进的研究中，本书强调在保障建筑本体安全的基础上，从医疗安全的视角出发，以系统论、安全科学的相关思想为指导，以医学的实践反馈和实际调研为依据，以空间环境对行为心理的影响为桥梁，完成了医院建筑安全与空间环境要素在理论研究和实践操作两个层面的对接，完善了医院建筑设计的安全观，为具体的风险控制和设计实践提供依据，以期达到发挥空间环境对医疗活动的积极作用、规避或降低空间环境对医疗活动的负面影响的目的。本书选取了医疗失误(Medical Errors)、医源性感染(Hospital-aquired Infection)、意外伤害(Accidental Injury)、职业暴露(Occupation Exposure)这四个与医院建筑环境紧密相关的安全问题进行研究。首先，通过查阅医疗安全的数据、观察医院环境的实况、访谈医护专家等多个渠道对上述问题的具体空间环境影响要素进行遴选，是为风险识别。其次，对空间环境要素的风险等级进行了非交锋式的专家意见征集，从影响程度和作用频度两个方向综合确定了空间环境要素的风险等级，并对风险要素的等级分布进行分析，是为风险评估。最后，通过上述研究过程，从建筑学角度建立四个专项医疗安全问题的风险控制模型，并根据风险要素的风险等级及其在建筑学范畴内的可控程度，确立了每类问题的控制要点，并据此提出空间环境视角的控制策略,是为风险控制。限于篇幅,本书重点呈现研究得到的相关结论,而不对研究过程进行重复论述。

在医院建筑与医疗效率优化的研究中,本书从效率优化的视角出发,以系统论和协同论的相关思想为指导,以医务工作者的经验反馈、患者和陪护人员行为心理需求的实际调研数据为依据,以交互设计方法与优化设计方法为支持,以空间环境对医疗流程和对使用者行为心理的影响为连接,完成了基于系统论与协同论的医院建筑系统协同理论建构和空间模式建构,完善了医院建筑的效率理论,为提升医院建筑的效率提供设计实践的依据,从建筑学科的角度对整个医院建筑系统效率的提升发挥积极作用。其中阐述了医院建筑的系统构成和系统运行机制,并分析了在系统协同原则的指导下系统各部分在救治和康复等不同阶段形成的多专业的配合,具体的空间模式建构首先以介入协同模式的理论思想为指导,形成以医学专业系统要求为主体、建筑专业系统为服务、患者生活系统为受众的救治空间模式;其次以自主协同模式的理论思想为指导,形成以患者需求为主体、建筑专业系统为支撑、医学专业系统为指导的康复空间模式。最后,本书从新医疗模式与新型技术等方面阐述了未来医院建筑的发展趋势,剖析了当前医院建筑设计的理论思潮和相关的前沿案例,以期拓宽未来医院建筑设计师的理论视野。诚然,医院建筑设计中面临的问题还有许多,本书抛砖引玉,希望我们的研究成果可以为我国医院未来的建设提供支持,为医院建筑的决策者提供参考,为我国的医院建筑设计者提供理论补充。多学科联合共同促进未来医院建筑的良性发展,为老百姓提供安全高效的就医环境是本团队一直关注并践行的宗旨,愿与读者共勉。

作　者
2020 年 1 月

目　　录

第1章 医院建筑中的安全与效率

1.1 我国医疗卫生机构现状

医院建筑是进行医疗护理活动的场所,是帮助人类与疾病抗争,恢复并维持身体健康与劳动机能的公共建筑。医院建筑主要由医疗部分、后勤供应部分、行政管理部分和生活服务部分等构成。

我国幅员辽阔、人口众多,医疗卫生资源总量庞大,但人均资源仍相对紧张。从2019 年国家卫生健康委员会发布的《2019 中国卫生健康统计年鉴》统计结果看,截止到 2018 年,全国医疗卫生机构总数达 997 433 个(其中:医院 33 009 个,基层医疗卫生机构 943 639 个,专业公共卫生机构 18 033 个),比上年增加 10 784 个,其中,医院增加1 953 个,基层医疗卫生机构增加 10 615 个,专业公共卫生机构减少 1 863 个(图1.1)。从 2015 年到 2018 年,医院建筑的建设数量总体呈上升趋势。国家统计局 2020 年发布的数据显示:2018 年各类医疗卫生机构诊疗人次数达 83.08 亿,医院诊疗人次数达35.77 亿;各类医疗卫生机构入院人数达 25 454.33 万人,医院入院人数达20 016.95 万人;各类医疗卫生机构病床工作日为 287.60 天,医院病床工作日为307.40 天;各类医疗卫生机构病床使用率为 78.8%,医院病床使用率达 84.20%。综上所述,一方面,我国医疗卫生事业蓬勃发展、积极建设;另一方面,医院建筑机构责任之重、服务范围之广、肩负的医疗负荷之大都在各类医疗机构中高居首位。

本书以医院建筑作为诸多医疗机构的重要代表,探讨相关的医疗安全与医疗效率问题,意在探索普遍意义上建筑空间环境对于医疗安全与效率的影响,不再对医院建筑进行更加详细的类型和规模的区分。医院空间环境的范畴原则上包括宏观层面的医院所处的城市空间环境、中观层面的医院建筑空间环境和微观层面的设备布置、家具摆放等。本书对相关问题的阐释限定在建筑设计范畴,即中观和微观的空间环境。

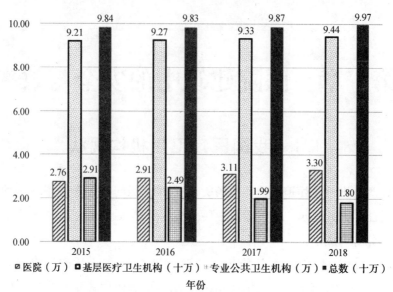

图 1.1　全国医疗卫生机构数量统计数据(2015—2018 年)

1.1.1　医疗资源供应量与民众期待值存在差距

我国医疗资源供需问题主要体现在以下两个层面。

首先是医疗物质资源供应量与民众的期待值仍有差距。国家统计局 2020 年发布的数据显示,截至 2018 年底,我国医院入院人数达 20 016.95 万人,相比 2009 年的 8 488.03 万人增长了 135.83%;截至 2018 年底,我国医院床位数为 651.97 万张,相比 2009 年的 312.08 万张增长了 109%。虽然我国病床数达到 4.7 床/千人的人均占有量,已处于世界中等水平,但是仍存在医疗资源扩充速度滞后于国民对医疗资源需求增长速度的现实情况。

其次是医疗人力资源相对欠缺。国家统计局数据显示,截至 2018 年底,我国各类医疗卫生机构诊疗人数达 83.08 亿人次,卫生技术人员总数已达 952.92 万人。但是,我国每万人拥有的执业医师数量仅为 26 人。以表 1.1 中所列举我国几所综合医院的门、急诊量,床位数与员工数为参照,我国高水平综合医院仍然面临门、急诊量大,医护人员短缺的基本现状。由于医护人员总体数量不足,因此我国医院的医生、护士不可避免地处于相对高负荷的工作状态。随着人口老龄化的加剧、医疗系统层级化程度的加深、乡镇基层卫生单位建设的开展及康复医疗的发展,如不及时采取措施,这种人员的缺口还将逐步扩大。

表 1.1　我国几所综合医院门、急诊量与职工规模举例

医院名称	门、急诊量/万人次	床位数/个	员工数/人	统计年份
四川大学华西医院	544	4 300	8 000	2019
哈尔滨医科大学附属第一医院	288.7	6 496	5 733	2017
中山大学附属第一医院	480	3 888	5 869	2020
广东省人民医院	418.3	2 852	5 251	2015
北京大学第三医院	399.11	1 755	4 861	2017

1.1.2　医疗安全亟待保障

1. 医疗安全与医院建筑安全

医疗安全(Medical Safety)是医院安全中与医疗活动密切相关的一类安全问题,指医院在实施医疗保健过程中,患者不发生法律和法规允许范围以外的心理、机体结构或功能损害、障碍、缺陷或死亡,是医疗质量的核心内容。在临床诊疗活动及医院运行过程中,任何可能影响患者的诊疗结果、增加患者的痛苦和负担并可能引发医疗纠纷或导致医疗(不良)事件,以及影响医疗工作的正常运行和医务人员人身安全的因素及事件都可称为医疗安全(不良)事件,其等级划分如表 1.2 所示。医疗安全(不良)事件是一系列风险因素作用的结果,环境只是与之相关的一类风险要素。医疗安全从载体角度针对人员安全,包括患者安全和工作人员安全;从成因角度,包括来自人的原因、物的原因和社会的原因,是一种由多风险因素共同影响的相对安全,医疗安全中与空间环境相关的大多属于安全范畴。因此本书中对于医院建筑安全问题的探讨专指与空间环境相关的医疗安全问题。

表 1.2　医疗安全(不良)事件等级划分

医疗安全等级	医疗安全(不良)事件的等级界定
一级事件 (警告事件)	非预期死亡或非疾病自然进展过程中造成永久性功能丧失
二级事件 (不良后果事件)	在疾病医疗过程中因诊疗活动而非疾病本身造成的患者机体与功能损害
三级事件 (未造成后果事件)	发生错误事实但未造成机体与功能的任何危害,或形成不需要任何处理即可完全康复的轻微后果
四级事件 (隐患事件)	由于发现及时,错误在实施之前被发现并纠正,没有形成错误的医疗护理服务

2. 医疗安全风险控制的必要性

医疗安全问题事关生命价值、社会稳定和国计民生,其重要程度、敏感程度、特殊程度均已引起各相关领域的高度重视。以医源性感染、医疗失误、意外伤害、职业暴露、医院治安等为代表的一系列医疗安全及医院安全性问题,将直接导致患者死亡率上升、医疗成本增加、住院时间延长、医疗满意度下降等严重后果。研究表明,空间的组织失当,照明、噪声、温、湿度,空气洁净度等物理环境因素的调度失衡,以及医疗设备设施的匹配受限等医院空间环境因素均是医疗安全问题的重要诱因。世界范围内医疗安全事件频发的现实情况折射出了目前医疗安全水平并未达到人们的期盼值这一点,医疗安全是世界医疗范围内共同存在的突出问题。随着我国国民健康意识的提升,医疗安全风险的控制问题现已引发全社会的热切关注。因此,将医疗安全问题防患于未然势在必行。

为解决医疗安全问题,国家已积极出台了政策与规范予以应对:2014 年,最高人民法院、最高人民检察院、公安部、司法部、国家卫生和计划生育委员会已经积极展开配合,联合发布了《关于依法惩处涉医违法犯罪维护正常医疗秩序的意见》,力求在管理层面最大限度减少医院公共安全事件的发生;2015 年,中华人民共和国国家质量监督检验检疫总局与中国国家标准化管理委员会联合发布了《医院安全技术防范系统要求》,旨在完善医院重点场所、人员以及设备设施的安全防护;2016 年,中华人民共和国国家卫生和计划生育委员会颁布了《病区医院感染管理规范》,阐明了空间布局与设施布置对医院内感染控制的重要作用。政府的政策与规范已为医院医疗安全风险的控制建构了坚实的基础,并开辟了良好的开端与范式。医院建筑空间环境能够对其内部使用者的生理、行为与心理产生直接影响,因而医院建筑空间环境也应在物质层面为保障医疗安全采取相关举措。

与此同时,人口老龄化、人类疾病谱变化等宏观趋势带来的潜在威胁,以及科学技术的高速发展,也对未来医疗安全系统提出了新的挑战。在此形势下,我们对医疗安全问题的认知和相关风险的控制水平亟待提高,需要建立系统的医疗安全观,从多学科联合防控的角度为医疗功能的安全运行提供及时的支持与保障。建筑学作为重要支撑学科应当肩负起所承担的责任,在医疗安全系统的建设中发挥积极主动的作用。综上所述,我国医疗安全亟待保障,包括建筑学在内的所有相关专业学者应当积极主动寻求良策。

1.1.3 医疗效率亟待提升

1. 医疗效率与医院建筑效率

医疗效率是一个比较宽泛的概念,泛指医疗卫生的投入和产出之间的关系。其中投入可以分为人力、物力、财力三部分,包括人力资源投入,如医护人员、管理人员和其他服务人员;物质投入,如医院建筑、医疗设备、药品、医用耗材等;资本投入,如人员开支、物资采购和其他成本等。从产出的角度看,医院不像一般的企业产出实际的物质产品,或者像其他事业单位输出社会服务等,医院的产出是社会公民的健康,其很难用一个具体的指标来概括,可能包括出院病人数量、治愈率、床位周转率、死亡率等。

医院建筑效率专指与医院建筑空间环境相关的医疗效率问题,是医疗效率的一个分支,与医院经济效率、医院管理效率、医院运营效率等并列,专指与医院建筑空间环境相关的医疗效率问题,不能单纯用投入、产出的直接经济指标进行描述。对医院建筑效率进行优化,必须先从医学的视角出发,认识医院承载的医疗活动的价值含义,然后再落实到医院建筑设计本身,以支撑这种价值创造的过程。因此,本书中针对医院建筑效率展开的论述,旨在从建筑学的视角出发,探讨如何通过医院建筑空间环境的设计来提升建筑本体对医疗活动的支持,从而实现医疗效率优化的核心目标。

2. 医疗效率优化的现实需求

面对我国人口数量持续增长、人口老龄化、国民健康观念增强等一系列客观现实,如何在短期之内最大限度解决人民看病难问题,为每个公民提供所需的必要医疗服务成为当今医疗系统建设的首要目标,医疗效率的提升迫在眉睫。彭博社公布的 2016 年"世界医疗效率指数"数据显示我国医疗效率指数排名在全球参与评估的 55 个经济体中排名第 19 位,已处于世界中上等水平,相比 2013 年迅速提升了 16 名。中国的医疗机构都在高速运转以应对随着人口老龄化日益增加的医疗需求,如 2018 年全国日均门、急诊量突破 15 000 人次的大型综合医院达到了 38 家,常规科室医生的日均问诊人次在 80—120 之间,最高可达 140 人次。虽然从医疗效率的数据来看,医院的医疗效率是较高的,但是从医疗活动的整体来看,我国相对高水平的医疗效率指数是以医疗机构长期超负荷运转,以及医生、护士等卫生技术从业人员持续高强度工作为代价换取的,想要走上良性的发展道路还需不断改进。此外,医院平均住院日是衡量康复效率的重要指标。国务院于 2016 年 12 月印发的《"十三五"卫生与健康规划》指出,到 2020 年,我国三级医院平均住院日的预期值为小于 8 天。但国家统计局公布的年度数据(图1.2)显示 2017 年我国医院平均住院天数为 9.27 天,虽然相较于 2010 年的 10.49 天有所下降,但平均住院日这一医疗效率指标仍有进一步缩短的可能性。

我国医院建筑系统的效率在宏观和微观层面均具备提升的空间。

宏观层面,可通过进一步提升各级医院的分级联动能力以减轻综合医院的负担,提升患者在综合医院的就医效率。目前我国已经建立了体系分级、基层首诊和双向转诊的医疗制度。在医疗阶段划分基础上,从治疗处置阶段的分级收治到康复阶段的转诊,都具体指向了确定类型的医院职能部门。国家统计局数字显示,2009—2017 年全国各

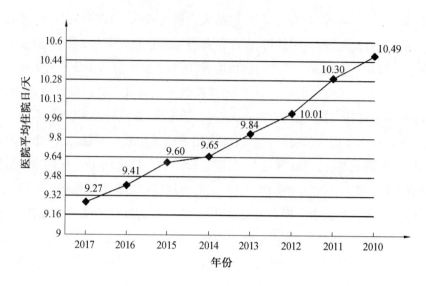

图 1.2　2010—2017 年我国医院平均住院日

类医疗机构的总诊疗人次逐年增加(图 1.3)。近 10 年来我国综合医院门诊接诊能力显著提升,综合医院诊疗人次数从 14.36 亿人次提升至 25.02 亿人次;与之相较,近 10 年来基层医疗卫生机构诊疗人次数则由 33.92 亿人次增长至 44.29 亿人次,二者的接诊能力增长幅度基本相同。从整体来看,2017 年我国各类医疗卫生机构诊疗人次数为 81.83 亿人次,基层医疗卫生机构承担了超过一半的诊疗压力。伴随着综合医院和基层医疗卫生机构接诊能力的共同提升,医疗卫生机构人满为患的状态已经得到了初步缓解,但是为使分级诊疗制度更加充分地发挥作用,对医疗保健制度和各级医疗设施资源进行全面而系统的持续建设势在必行。微观层面,首先,医院建筑空间应进一步完善对相应医疗功能的支持能力,尽量避免医疗功能空间的混用与相互侵占,从而兼顾实施医疗救治与缩短患者康复过程的效率。具体建筑设计过程中应先明确空间服务的主体医疗功能,再根据医疗行为目标合理地划分建筑空间,在既定医疗功能目标的引导下根据需求进行与之相匹配的建筑空间设计,从而有效控制功能的相互干扰。其次,医院应通过精益的医疗空间组织来最大限度减少因效率低下导致的治疗延误与医疗安全不良事件。目前医院中广泛应用的电子智能化预约、缴费、导诊系统已经在一定程度上减少了患者在就医过程中不必要的奔走折返与时间浪费,医院建筑空间环境作为承担医疗行为活动的物理平台,更应通过改善诊室的物理环境、优化医护人员的工作流线、节省部门间的交通流线、建立医技部门之间的联系通道、减少感染风险及优化病房设计给患者提供相对独立的康复空间等一系列合理的空间环境设计手段,来提升医疗服务的过程质量,从而在根本上提升医护人员的救治效率及患者的康复效率。

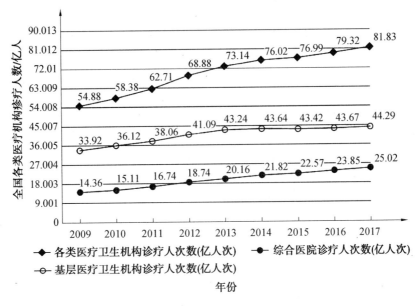

图 1.3　2009—2017 年全国各类医疗机构诊疗人数

综上所述,聚焦空间环境,全面认识医患需求,从医、患、建筑三个视角出发剖析医疗行为的发生发展过程,并将其中建筑要素发挥关键作用的部分进行优化,对医疗行为进行协同支撑,是本书提升医院效率的出发点。

1.2　保障医院建筑安全的基础与困境

安全是人类生存发展永恒的主题,是一个永无止境的追求目标。医疗是所有生命个体一生中必须面临的问题,医疗安全是一个严肃的全球公共卫生问题。医疗质量的内涵包括以下几方面具体内容,在注重医疗服务的安全性、有效性和及时性的同时,强调以患者为中心、工作高效性和投入经济性,安全性是医疗质量的首要指标。国家卫生健康委员会曾指出,公共医疗改革的主要方向包括推进医疗保障、医疗服务、公共卫生、药品供应和监管体制五个领域,是综合性改革。医疗保障应当以安全保障为核心,公共卫生安全的重要性更是不言而喻。因此,提升安全性是公共医疗改革的核心目标之一。

医院的使用群体往往处于精神高度紧张、安全心理较强的特殊状态,无论是患者、家属还是医护人员,对于安全风险的容忍程度均极低,任何安全问题造成的伤害和压力都可能"被放大"。从患者的角度来讲,因其相对低下的行动能力,以及对于风险的迟缓反应能力和脆弱的抵抗能力,任何医疗安全问题均会对其形成指数倍的影响甚至伤害,任何不人性化的细节对于患者而言都将直接上升为安全隐患。从家属角度来讲,目睹亲人遭受病痛折磨使其心理时刻处于紧张与戒备的状态,一旦医疗工作产生任何的瑕疵或纰漏,这种紧张的情绪便被推向高潮,甚至导致其精神崩溃,进而引发医疗安全事件。从医护人员角度来讲,医院是其长期工作的场所,医疗过程中如果医护人员自身安全无法得到保障,他们又怎能安心地维护患者安全? 此外,医护人员高度紧张的超负荷日常工作,迫使医护人员无法再承受更多由于安全问题造成的伤害和额外工作。医院建筑作为医疗活动的空间载体,应当肩负起应承担的责任,在医疗安全系统的建设中发挥积极主动的作用。

1.2.1　医院建筑安全意识的进步

世界各国对于医疗安全风险控制的重视程度正在提高,医院建筑安全概念的提出始于英国。始建于 1123 年的英国医院 Smithfield 在 1552 年被政府授予"The Order of the Hospital"称号,其拥有门卫、警卫等安全守护人员,这被认为是历史上保卫医院安全的革命性事件。之后直至 1948 年,健康与社会安全组织成立,相关服务法案见效,各主要城市中的医院普遍雇用安全员。20 世纪 70 年代,医院极力想要转型开创一种更高效的安全保护系统。1981 年,Albert 等人指出了重症单元设计中洗手模式的不同对于护理安全的影响。英国其他较为成熟的研究成果多集中在防火安全。2003 年英国成立了 National Health Service,提供专项的医院安全相关事宜咨询服务,主要职能包括保护员工远离暴力冲突,采取恰当的措施应对突发的安全事件,帮助保护财产、设备、设施和其他医疗资源的安全及安保管理。

20 世纪美国对医院安全领域做出的努力共经历了五个阶段。1900—1950 年,初级阶段,以建筑防火安全为核心任务。1951—1960 年,第一部关于医院安全的强制性法律出台。1961—1975 年,研究医院安全与医疗安全的学生性组织机构开始成立并发展,拓展医院安全的职务与责任。1976—1990 年,医疗安全被归为综合性管理问题,其职能演变为患者护理当中重要的价值组成部分,且人们逐步认识到来自外界的安全问题明显增多。1991—2000 年,对医院安全问题的认知在深度与广度方面均有所进展,医院安全从安保当中脱离,二者成为并行的分支,即此时形成了两类安全问题,与管理、政治、社会安全相关的安全问题(Security)和与人体健康、生产技术、设施产品相关的安全问题(Safety)。在这个阶段,随着风险管理的发展,医院安全开始在突发事件的预防和应急能力方面有了更为重要的角色,警力资源在维护医院安全中大量减退;21 世纪后医院安全管理的系统观确立,环境对于医院安全的重要性被提到更高的地位,医院建筑循证设计等研究的兴起促进了相关学者对于空间设计与医院安全的相关研究。2010 年,美国 Center for Health Design 提出建立一个前摄的安全风险评估工具来完善医疗设施设计过程,提前思考和检验安全风险。经过整个团队长达三年的努力,最终确立了六项内容作为设计关注的重点安全问题:患者跌倒、医源性感染、用药过程安全、安保、精神病患者护理、患者处置。六项重点问题与医疗安全密切相关的为前三项,第四项为安保,第五项针对专项人群护理问题,第六项重点在于室内设计而与建筑设计的关系相对薄弱。2014 年美国医疗建筑设计规范中已将此六项作为设计过程中必须进行的评估内容。由此可见,美国已将建筑设计对医疗安全的保障思想融入设计规范当中。

加拿大对医院安全问题的思考有别于英美两国,首先通过建立一系列法律政策和采取实践措施来保障医疗安全及医院安全,用政策去引导安全设计,建立医院建筑火灾应对模式等,但由于各个州情况不同,因此所实行的医院安全政策差别较大。随后澳大利亚于 2006 年 1 月 1 日成立了"Australian Commission on Safety and Quality in Health Care",这是运用国家政策建立专项的组织来提升澳大利亚医院安全和医疗质量的组织。整体而言,发达国家对于医院建筑本体安全和医疗安全的重视程度近些年有所提升。

以西医为主导需求的医院建筑在我国始于 20 世纪 40 年代,医院环境对于医疗安全的影响在 20 世纪 80 年代后开始被认知并逐渐受到重视。此外,医疗安全(不良)事件管控、医院建筑本体安全、医院建筑火灾疏散、医院建筑应急安全、疫情爆发等紧急状态下医院建筑的安全性等各类医院安全问题已引起社会各界的广泛关注。经历了近些年的各种自然灾害后,中国政府向世界卫生组织承诺进行安全医院建设,医院建筑本体安全与医疗安全已成为中国新时期医院建设高度关注的领域。

1.2.2　医疗安全与医院建筑空间环境的相关性

医疗安全相关风险控制是一项系统工程。医疗安全问题的分析如果只关注"医"和"患"两个一级变量是不科学的,人们必须更加系统地思考它。医院建筑是一所医院硬件建设的最初的实质性项目,后续的其他建设和医疗活动均以此为前提。医院建筑作为医疗功能得以实现的物质载体,是保障医疗安全的重要平台。其空间环境设计稍有闪失,为弥补其引发的安全问题付出的代价往往是巨大的,并且通常难以奏效。因此,从保障医疗安全的目标出发,研究医院建筑空间环境与医疗安全之间的联系,针对重点问题进行详解,给出空间环境设计上的优化策略具有重要意义。

研究空间环境对医疗安全的影响是本书最基本的出发点。医院建筑设计的安全观除了指要保障建筑本体的安全之外,更重要的是要保障医疗活动的安全进行。医疗活动是一系列复杂的脑力行为和体力行为的复合,蕴藏着多种风险要素。医疗安全问题最终爆发层面虽然只涉及一线的医护人员,然而其背后却是一个大的隐性系统。图 1.4 根据 Taylor 所选用的瑞士奶酪模型改绘,是医疗安全风险系统的具体化表达。激烈的矛盾最终在一线医护人员面前展现,而背后的风险系统却被隐藏了,医护人员在很多时候成了隐性层面问题的挡箭牌。

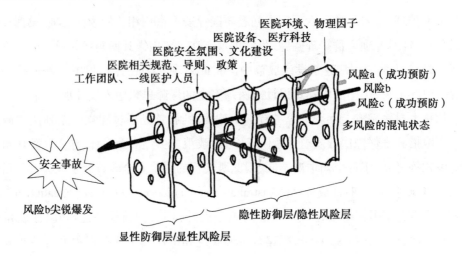

图 1.4　瑞士奶酪模型在医疗安全风险系统当中的应用

　　医院建筑随着人口发展、城市建设、医疗需求、建筑技术等外部环境特征的演变,呈现出集中化、大型化、高层化的建设趋势,医院建筑的面貌发生了翻天覆地的变化,各种大型的综合医院应运而生。大型集中式综合医院建筑在一定时期内仍将主导我国的综合医院建设,而我们在享受这种集约式医院带来的便捷与高效的同时,也面临着各种激增的风险。医院人群不仅密集,同时存在很强的流动性,因此空间环境风险表现为规模扩张带来的风险放大、人口集中导致的安全风险加剧,也引发了一些非传统的安全问题。

　　因此,医疗安全的评价项目应当包括安全的环境设施建设,如环境布局是否便于观察抢救、感染控制和医护人员的职业防护。医院管理人员也呼吁建筑设计人员对于医疗安全与空间环境的相关性进行更深层次的研究,空间环境是影响医疗安全的风险因素这一点已成共识,如何从设计视角进行建筑学专业的风险控制是保障大型综合医院安全运行的重要课题。

1.2.3　医院建筑安全保障面临的困境

　　医疗安全的现有研究成果表明空间环境与医疗安全之间的联系在主观和客观层面均存在,但缺乏从空间环境视角对医疗安全风险的系统审视与思考。并且,对于医疗安全风险的控制,各学科的孤立探索与努力居多,交叉环节较薄弱,但安全是一项系统工程,医疗安全的保障是多重力量共同作用的结果,跨领域进行知识的融合十分重要。此外,现阶段建筑领域为保障医院安全做出的努力仍多以建筑本体安全为目标,对于医院建筑与医疗安全的影响机理仍不明确,导致医院建筑设计的过程中以医疗安全为核心的意识不够清晰。相关规范规定了安全标准的底线,但是随着研究成果的积累和人们对于更高标准的医疗服务的需求,医院建筑安全必须走向更高的追求。从建筑学科出发进行针对医疗安全的空间环境风险控制在理论层面和操作层面均面临一定的困难,一方面,通过医院建筑空间环境对医疗安全风险进行控制,其作用机制尚缺乏理论认知原型,另一方面空间环境风险控制在操作层面缺乏参照。

1. 理论层面:缺乏空间环境风险控制的理论认知原型

风险认知是风险控制的理论基础,人们无法控制自己认识不清的风险。我国的医院安全评估多是由医疗行业主导的从医学角度进行的安全评估,如老年患者跌倒的医学要素的评估、患者感染风险评估等,在这个过程中对于环境风险的评估往往被忽略。同时,这种单纯从医学角度出发的处理手法忽视了医疗安全风险控制的系统性,使得相关风险控制表现为随机性地解决问题,缺乏从安全逻辑出发的严密性思考。解析空间环境和医疗安全的内在关系,剖析其作用机制,架构起医疗安全这一抽象概念与建筑师熟知的空间要素之间的理论连接至关重要。因此如何建立医学、安全科学、建筑学等多学科联合的认知原型,树立医疗安全研究的系统观,形成具体风险控制的理论指导是医疗空间环境风险控制所面临的难题之一。

2. 操作层面:缺乏空间环境风险控制的实际参照依据

风险要素的具体化是实现风险控制的前提,是将理论研究落到实践操作的关键步骤。绝对的无风险状态是不存在的,人们也不可能对所有的风险都进行防控。因此,根据不同的项目责任和所承担的具体任务将主要风险控制在可以接受的范围内即可。由此可见,确立与空间环境相关的重点医疗安全问题是操作层面的重要环节。在医院建筑设计的过程中,一线临床人员很难有机会传递其职业过程中对于空间环境的安全需求,设计师也很难把具体设计任务与医疗安全需求进行对接。参与医院建筑设计的人员并非研究人员,并且受到设计周期的影响,难以进行医疗安全专项研究性设计。而目前又缺乏能够系统地从医疗安全角度指导医院建筑设计的依据,在医院建成投入使用之后也缺少针对医疗安全的空间环境设计的评价体系。这些现状均说明建筑学科在医疗安全风险防控系统中未能发挥应有的作用。因此,如何将空间环境风险要素具体化、可视化,从而架起医疗安全问题与空间环境要素之间的桥梁是医疗空间环境风险控制所面临的另一难题。

1.3　优化医院建筑效率的机遇与挑战

高效率一直是工业化、信息化社会所崇尚的价值准则。如何提高医疗资源的利用效率,最大程度发挥其功用,一直是医疗体制改革与资源配置优化领域探讨的重点问题。低效率的医院使用,会带来多个层面的恶劣影响。从患者的角度来看,低效率的医院运作可能会使患者因不能得到及时救治而病情恶化,危及患者的健康甚至生命;从医护人员的角度来看,低效率的医院环境,可能会迫使医护人员做大量的无用功,影响其工作状态,降低其工作质量,增加医疗失误发生的概率;从医院管理的角度来看,高负荷而低效率的工作状态会降低员工对于工作的满意度,导致离职率升高。此外,低效的医院运营亦会提高运营的成本,导致大量的能源损失和医疗资源的浪费。

当今的医院建筑设计研究中,效率是与人性化同样重要的关键词,要使一个空间同时满足人性化需求与较高的使用效率这一点表面上看是相互矛盾的。举例来说,如果为医院建筑设计了花园式的门诊空间,结合自然的环境肯定会带来一系列的人性化抚慰,可是从治疗处置效率的角度来看,设置花园式的中庭空间可能会带来交通流线曲折、运行速度减慢等一系列不良影响。这一矛盾的出现,正是因为设计者在落实人性化目标时,缺乏对医疗技术需求的考量。如以中庸的思想去要求两者各自让步,似乎又意味着医院建筑的效率和人性化的双重缺失。实际而言,优化医院效率与人性化的设计绝不相斥。首先,提高使用效率本身就是落实人性化设计的重要方面;其次,正确处理效率与人性化之间矛盾的关键在于空间侧重与空间分离,即充分考虑不同医疗阶段的最高级需求差异,针对性地予以倾向性设计。本书中关于空间效率问题的叙述,是立足于空间的侧重与分离这一视角,对效率优化设计方法的深入讨论。

1.3.1　医院建筑效率优化的机遇

政府的政策引导为医院建筑效率优化提供了政策基础与崭新的切入点。以往通过机械地扩大单体医院规模以应对人民日益增长的就医需求的措施不仅难以奏效,甚至适得其反。因此为解决医疗效率问题,我国开始转向对医疗卫生服务业结构的优化。2009 年,《中共中央国务院关于深化医药卫生体制改革的意见》中提出"引导一般诊疗下沉到基层,逐步实现社区首诊、分级医疗和双向转诊"。2014 年,国家卫计委发布了《关于控制公立医院规模过快扩张的紧急通知》,要求严格控制公立医院无序扩张,以消减对基层医疗卫生机构与非公立医院发展的阻碍。2015 年,国务院办公厅发布的《关于推进分级诊疗制度建设的指导意见》中提出目标任务:到 2020 年,分级诊疗服务能力全面提升,保障机制逐步健全,布局合理、规模适当、层级优化、职责明晰、功能完善、富有效率的医疗服务体系基本构建,基层首诊、双向转诊、急慢分治、上下联动的分级诊疗模式逐步形成,基本建立符合国情的分级诊疗制度。并在我国的分级诊疗制度规定中,明确了医疗机构的分级和职能:城市三级医院主要负责危重症的抢救和疑难复杂疾病的诊断治疗;城市二级医院主要负责接收三级医院转诊的急性病恢复期患者、术后康复期患者及危重症稳定期患者;基层医疗卫生机构和康复医院、护理院等负责普通疾病的收治、基本健康检查,同时为康复期和慢性病人群提供治疗、康复和护理服务。

国家出台的相关政策法规对于缓解大型综合医院的运营压力,提高基层医疗机构的利用率,优化医疗效率具有良性引导作用并已初见成效。中国医院建筑体系的发展已经从中心辐射式转化为层级式,北京市即为此类医疗网络体系的实验先导。此外上海、深圳、天津、西安等一线城市也陆续建立了相应的医疗联盟模式,以三级甲等医院与基层医院共享医疗资源为运行模式,以患者档案信息化为技术手段,实现三级甲等医院与基层医院的快速转诊。以四川大学华西医院的"华西-成华城市区域医疗服务联盟"为例,数据显示,成华区基层医疗机构 2016 年诊疗量达 88.2 万人次,较 2015 年同期增长 21.35%。仅 2016 年后 3 个月,该机构共计为成华区病人提供上转华西医院入院预约等服务 120 人次,下转服务 253 人次,网络联合门诊服务 222 人次。"首诊在基层、转诊大医院、康复回社区"分级诊疗的成华路径初步形成。推行医疗服务联盟模式使得原来综合医院的功能更加精确专一,凸显了医疗体系中救治和康复这两项核心医疗过程。救治空间的专业化设计和康复空间的人性化关怀,将成为未来医院建筑发展的重点内容与新趋势。

与此同时,医疗水平的发展与新技术的介入也将助力医疗效率的提升。例如,伴随着"健康中国"政策口号的提出,人工智能领域中"AI+医疗"模式应运而生。该模式指电脑通过使用人工智能(Artificial Intelligence,AI)技术、自然语言处理技术和分析技术,凭借多渠道获取的医疗大数据,迅速整合出医疗"意见",指导医生做出诊断和治疗决策。2018 年召开的"全国健康医疗大数据高峰论坛"中有专家指出,目前"AI+医疗"模式的初步推行已极大地推动了医院资源调控、新型医生培养、医护办公、患者就医等各医疗关键环节的流通性与便捷性。以人工智能技术与医疗大数据为基础的"AI+医疗"模式一旦全效投入运营,可以有效用于存储并读取大量医学知识、提高诊断准确率、降低医疗成本并提高出诊率,最终实现医疗效率与医院效率的全面优化。

1.3.2　医疗效率与医院建筑空间环境的对接

医院建筑是一个复杂的系统,系统的每一个参与方都对这个系统有着不同的需求。这些需求来源于不同的知识范畴,且具有不同学科的专业性,只有全部参与方都向一个方向共同努力并积极合作,才可能提高医院建筑的效率。反之,如果只从自身专业角度出发而不考虑对其他参与方的影响,就可能导致系统失调及效率低下。医院建筑是保障国家医疗体系正常运行的一类特殊建筑,其自身设计的合理性对医疗系统的运行有着直接而深远的影响,同时医院建筑自身功能的复杂性和服务对象的特殊性,都对设计团队提出了更高的挑战与要求。

纵观中国医院建筑的发展,从最初的市井店铺到教会福利设施再到大型的综合医院,其发展速度之快、面临情况之复杂举世罕见,而医院建筑设计的系统教育和医疗专业规划师的培养在中国则正处于起步阶段。医院建筑设计中普遍存在各专业沟通不足的现象,直接导致设计成果与使用需求脱节。医院建筑从最初的筹划到最后的落成,需要投资方、监管方、管理方协同临床专业、医政专业、设计专业等一系列专业精诚合作,而作为最后落笔进行空间筹划的建筑师,其每一笔所涵盖的难度和责任超越了一般民用建筑的设计。

科学技术不断发展进步,医疗以及提供医疗服务的系统已经随着时代的发展产生了巨大的变化,人工智能技术与大数据的发展带给设计师新的机遇,他们提出建立一个信息平台及智能辅助工具来进行专业整合,通过共享医疗领域的知识促进医院建筑的设计。此外,患者护理以及医疗保健信息技术等领域的创新逐年增多,然而这些新型的技术在融入既有的建筑空间中时产生了诸多矛盾。最先进的医疗技术掌握在前沿的医疗专业工作者手中,而新建的医院建筑要想融合这部分知识就必须依靠建筑师与医疗专业工作者和技术研发人员的通力合作。综上所述,医院建筑效率的提升必须要依靠医学与建筑学科的专业协同,以医疗需求为依据确定建筑功能,通过各专业的系统协同实现按需设计。

1.3.3　医院建筑效率优化的现实挑战

医院建筑的效率问题是一个复杂的系统问题,需要对所涉及的各个子系统进行解析,并最终归总于子系统的协同实现。医院建筑效率优化的挑战主要在于两个方面:首先,从不同的角度介入,医院建筑效率问题的成因是不同的,需要对每一个层面的效率问题予以解析以明确其优化的可能性,即医院效率"拆分"的难度大;其次,在不同本位效率问题的原因明确后,兼顾多种因素进行系统化的解决亦非易事,即"综合"的难度大。医院建筑的使用至少需要考虑三个层面的需求:医学本位的需求,建筑本位的需求和受众本位的需求。从不同的本位出发,均会产生影响效率的问题。

1. 医学本位思考引发的医院建筑效率问题

医学本位层面存在三方面具体问题。第一,机械地将建筑空间作为服务医学相关步骤的"器具",产生了医院建筑的机械化倾向,忽视了使用中的人性化需求。第二,综合医院建筑功能及规模的膨胀式发展。这一系列扩张都是根据医学要求,由医院管理层牵头,形式上缺乏统一建筑规划的自发扩张。其扩张结果就是建筑空间虽然能满足使用要求,但是缺乏空间秩序、流线欠缺合理性。例如,哈尔滨医科大学附属第一医院,其科室分布在东大直街、鞍山街、一曼街、辽阳街围合的街区中(图1.5)。这样的建筑空间布局使患者和医护人员将大量精力用在了寻路过程中,造成了交通距离增加、医护工作效率降低等不利影响。第三,医院建筑空间与新医疗技术的匹配性不佳。匹配性不佳制约了先进医疗技术的应用落实,并进一步制约了医院的运行效率。现阶段,我国还有大量医院基础设施有待建设。运营中的医院建筑,还有相当一部分是其他类型建

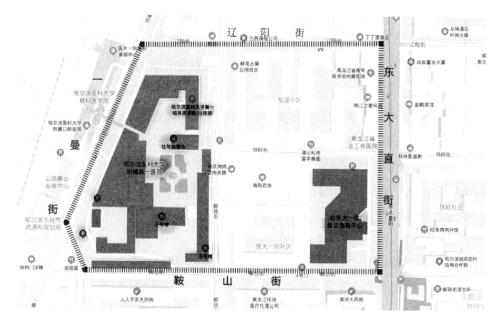

图 1.5　哈尔滨医科大学附属第一医院功能布局图

筑改造而成的,例如哈尔滨某市级医院的急诊部抢救室,现实使用过程中,医疗空间局促,有碍于抢救护理操作。这些现实情况亟待新的医院建筑空间建设来提升对医疗技术的支持。

2. 建筑本位思考引发的医院建筑效率问题

建筑本位层面存在泛形式主义、泛绿色化、泛人性化三方面问题。第一,以形式主义为切入点是建筑设计的常用手法,但是其应用于医院建筑这一功能类型并不合适,形式与内部功能的不匹配带来使用者经验感知的混乱,并进一步衍生出导引系统失调、院内转移无效、使用者满意度降低、空间效率低下等一系列问题。第二,绿色建筑设计作为当下整个设计行业的趋势无可厚非,但在落实到医院建筑中时部分设计过度放大了"降低建筑能耗"这一目标,降低了医院建筑的舒适性,对其为特殊群体服务,需要高标准环境的需求特征考虑不足,其结果将导致医护人员和患者感知舒适度降低,对工作效率和康复效率造成不良影响。第三,泛人性化的问题在于对人性化需求的内涵理解有偏差,混淆医疗过程中患者首要需求的阶段性差异,感性有余而理性不足,带来的是表象的人性化,因为对空间联系度考量不足,所以不利于医院效率的提升。

3. 受众本位思考引发的医院建筑效率问题

受众本位层面存在医疗阶段混同、公共意识缺失、隐私安全无法保障等三方面问题。第一,医疗阶段混同往往是医疗资源集中化造成的,同一个医疗机构既要具有救治阶段的急救、检查、诊断、手术、处置、监护等功能,又要具有康复阶段的观察、护理、心理辅导、机能复健等功能,所以空间层面对医疗阶段的针对性不足,并最终延长康复时间,进一步加剧医院床位周转率低等问题。第二,公共意识缺失行为主要表现在对社会公共资源的占用、对公共财产的破坏、不遵守公共准则等。公共意识缺失会造成医院空间混乱度增加、交通效率降低、环境压力升高和医护人员工作强度增加等问题。第三,隐私安全无法保障的问题。患者私隐暴露分为三个层面:生理暴露、心理暴露和社会暴露。生理暴露,如由于建筑空间组织和空间单体设计不合理造成的流线交叉和视线、声音屏障失效使患者身体的私隐部位或创伤疤痕部位等暴露于公众的视线中;心理暴露,如安全感缺失、自卑心理、抑郁症和其他心理疾病等。社会暴露,如陪护人员过多,病人之间的社会生活产生了互相干扰,造成了空间拥挤,把病人暴露于与其无关的社会生活中。隐私问题导致的安全感缺失会影响患者的心理恢复,对患者的心理健康产生负面影响,直接对患者的康复效率造成负面影响。

综上所述,现阶段我国医疗安全问题引发的社会关注度较高,医疗效率问题凸显。医院建筑安全与效率的提升必须要依靠医学、建筑学、安全科学、系统科学、医疗管理学等多专业的协同合作。包括建筑学在内的所有相关专业应当积极主动寻求良策,以医疗为导向、以建筑设计为手段按需实施设计。通过塑造高品质的医院建筑空间环境,实现对医院活动的全方位支持,最终推动医院建筑安全与效率的协同进步。

第2章　医院建筑与医疗安全促进

2.1　医院建筑安全认知的理论基础

2.1.1　医院建筑安全的内涵

安全是指一种多因素动态平衡而不发生危险与损害的相对状态。无危为安,无损为全,然而这是一种理想的状态,在现实中安全并非意味着绝对的没有危险,而是危险程度处在人们可以接受的范围之内。医院安全包括可能发生在医院内的一切安全问题,医院安全管理的目的是控制医院中人的不安全行为和物的不安全状态。

医院建筑设计的安全观包括两方面核心内容:其一,医院建筑的本体安全;其二,建筑空间环境对医疗活动安全进行的保障。传统医院建筑的安全更多地倾向于医院建筑本体的安全,如建筑抗震安全、消防疏散安全、建筑材料的无毒无害安全等内容。由于建筑本体的基本安全非常重要,业内同仁也有很多专家在进行着重要的探索,因此本书不对建筑本体安全做更多展开,更加聚焦于医院建筑安全观的第二个核心内容,即使用安全。医院建筑存在的意义是保障医疗活动的安全高效进行,从设计的角度,保障医疗活动的安全也是医院建筑设计的重要组成部分。这是一个交叉的领域,必须将建筑学和医疗活动进行结合,包括建筑设计、医疗工艺、医院管理、患者需求等多方面,通过交叉研究发挥医院建筑对于医疗安全的保障作用。

2.1.2　医院建筑安全的认知原型

通过上述对医院建筑安全的内涵解析,我们知道对医院建筑与医疗安全的认知绝不是对建筑载体或参与医疗活动相关个体的孤立探索。对医院安全问题的清晰认知是进行后续阐述的前提。医院建筑安全的认知应当是建构在思想基础、思维模式、实践反馈和控制策略四重维度基础上的全面认知。

1. 系统论的思想基础

所谓系统是指按一定的秩序或因果关系相互联系、相互作用和相互制约着的一组事物所构成的体系。系统论有着十分广泛的研究领域和应用范围,基本思想是将所有研究与处理的对象当作一个系统,分析其结构与功能,研究整体、要素、环境三者关系和变动的规律。系统是由相互联系及相互作用的若干要素有机结合而成的特定结构,从而具有不同于各个要素独自具有的新功能。对于各种各样的系统,其特征可归纳为整体性、有序性、层次性、相关性、动态性五个方面。系统论研究不仅在于认识系统的规律与特点,更在于利用所认识到的内容去调整系统。系统论的提出和应用极大地提升了人们对于复杂事物的认知和处理能力。

系统论在安全研究领域的应用促进了系统安全观的形成和发展,使安全研究突破了随机性爆发或简单因果关系的原始认知。医疗安全相关风险的控制是一项系统工程,其自身既是整个医院安全系统的子系统,又是由多个更小的子系统错综复杂交织而成的系统。运用系统思想对医疗安全问题的载体、内容、成因和风险控制方法进行解析是认识空间环境和医疗安全关系的基础。

(1)医疗安全的载体系统:医疗主体与医疗客体。

医疗活动是医疗主体和客体在医疗平台上共同作用的过程。建筑空间环境本体并无安全可言,只有当它与相关的人员需求联系起来才有了具体的安全意义。医疗安全以保障参与医疗活动的人员生命健康为首要目标,主要针对患者和医护人员。相关人员的生命健康安全在伦理意义上是平等的,因此医疗安全的研究既要从保障患者安全的角度出发,又必须兼顾医护人员的安全。患者作为医疗活动的弱势群体,将生命健康交给医院,期待所涉及的一切人员行为和相关条件都是安全的。医护人员长年累月在医院环境工作,面对各种危险源,只有自身安全得到保障才能够安心地为患者服务。以患者安全为核心是一贯的共识,然而患者安全的决定性力量来自医护人员,人在各种行为当中本能地会为自身安全考虑,安全是医护人员工作的必要条件,也是其以健康心态、积极高效工作的需要,因此保障医护人员的安全其实也间接保障了患者的安全。

(2)医疗安全的内容系统:实质安全与感知安全。

安全是一种免于危险的状态,包括免于受到外部威胁和内部不安全因素的挑战。安全研究的内容既包括客观的不安全事件,也包括相关人员心理层面的安全感。医疗安全的实质安全是指医疗活动对相关人员的生命健康等造成的实质性结果是否在人们的承受范围之内,是行为活动的结果;感知安全是人们对于风险的态度和直觉判断,虽然是从人的本能发展起来的,但更是经过大脑意识加工的,是对客观现象或事物的能动反映,是使用者心理上的对于风险的认知程度,是心理活动的结果,是对于安全状态的自我意识和评价。对于同一医疗活动而言,其产生的客观结果是否安全和人们认为这个结果或过程是否安全具有一定的差异。

实质安全与感知安全在医疗活动中是同时存在且相互作用的。医疗安全针对的主体是人,人的行为离不开心理活动的指示,其结果又将带动新的心理活动。在医疗活动中,医患双方由于个体差异、角色定位、知识结构等因素的区别,对于相同现象中所蕴含风险的感知程度是不一样的,所以对于同一医疗行为活动是否安全的理解存在认知偏差,这种认知偏差对于医疗行为会产生一定的影响,并最终作用于实质安全。例如,患者安全感的缺失带来紧张、恐惧等负面情绪,这些负面情绪可能导致其与医生的配合不利,从而产生实质性的负面结果。

医院空间环境要素作为医疗行为的发生条件既影响实质安全,同时通过环境的刺激作用又影响人们的感知安全。林建华于2012年在高等教育出版社出版的《医院安全与风险管理》一书从医院管理人员的角度明确指出,减少员工和患者的忧虑和恐惧是医院风险管理的重要任务,应尽可能地创造宽松的医疗、工作和生活环境,消减人们因意外事故导致的心理压力,因为形成心理上的安全感非常重要。因此空间环境风险的研究一方面包括空间环境要素对于医疗行为的直接影响,如抢救流程、感染控制等;另一方面包括空间环境对于医患心理层面安全感的影响,尤其是对一些特殊医院内患者的心理影响,如癌症中心、妇产医院、儿童医院等。

(3)医疗安全的成因系统:人因属性、物因属性和社会属性。

医疗安全问题以医疗行为的失败、失当或失效为具体表现,离不开行为的主体和行为的条件,即参与医疗行为的人员、医疗行为发生的客观物质条件和社会背景。

医疗安全伴随医疗活动而存在,人因属性作为最直接有效的元素参与其中,任何的医疗活动都是基于相关人员的行为而发生的,这里的人员即前文提到的医疗主体和医疗客体。医疗安全成因的物因属性主要指由于客观物质条件阻碍造成的安全风险,即医疗行为发生的环境条件,良好的环境促进医疗行为的成功,不利的环境则阻碍医疗活动的进行,其中建筑空间环境便是物质条件的重要组成部分。医疗安全成因的社会属性是指来自医学学科发展、医疗制度建设、医院安全文化建设等方面的原因。安全问题的分析离不开当下的社会背景,社会背景与人们对于安全问题的认知观念、预防策略、应对能力等密切相关,是研究安全问题的基础。

医疗安全问题的形成是人为、物质和社会因素共同作用的结果,爆发点往往是在多因素发生耦合的地方,可以通过对成因系统的分析,明确空间环境风险所处的位置及空间环境可能的干预环节。本书所研究的空间环境首先是直接物因属性的成因;其次,它通过对人员的影响发挥作用,即间接影响人因属性;最后,空间环境的设计、建造等又受到社会背景因素的影响。

(4)医疗安全风险的系统控制。

所谓控制是为了改善某个或某些受控对象的功能或发展,获得并选择相关信息有效作用于该对象上的过程。在本书中具体指为了改善医疗系统的安全性能,以空间环境为基础选出与医疗安全相关的要素,利用这些要素对医疗系统产生作用使之朝着某类安全方向转变,深入解析空间环境对医疗安全问题的作用机制是实现风险控制的关键认知环节,提取相关空间环境要素是风险控制内容具体化的步骤,据此制定控制方法是将风险控制从理论研究转变为实践操作的重要过程。医疗安全风险的系统控制体现在五个方面,风险识别的系统性、分析过程的系统性、控制方法的系统性、控制过程的系统性、资源投入的系统性(图 2.1)。系统控制的要点并不在于深究某一个具体的要素,更为重要的是明晰控制的方向。

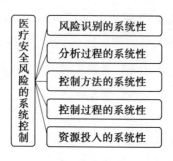

图 2.1　医疗安全风险的系统控制

第一,相关风险要素的识别提取过程应当符合一定的逻辑,而非随机收集。虽然医疗安全影响要素的提取秉持开放性原则,每个子系统本身是动态发展、不可穷举的,且人们对于风险影响要素的认知也是处于不断探索之中,具体要素的提取随着人们认知的深度和广度不断扩展补充,但是无论在哪个阶段,识别的过程应当遵循一定的规律,风险识别的系统性是控制的基础。第二,分析过程的系统性是依据上述载体系统、内容系统、成因系统进行整体、全面的解析,而非割裂的、片段式的分析,系统的分析过程是控制的依据。第三,医疗安全的问题涉及医学、建筑学、管理学、社会学、心理学等多学科,相关内容错综复杂、相互影响,不是任何一个学科可以独立解决的,医疗安全的系统控制需要空间、技术、流程、设备、人员之间的无缝衔接,设计人员必须充分了解医疗工作的特殊性,从行为流程到行为细节,对相关内容进行综合考虑,实现多学科的联合干预,这是医疗安全系统控制的重要思想。近年来国内外的研究已经逐渐呈现出相互渗透、相互促进的特征,医疗安全事故是系统的失效,而不单是医护人员的个体因素,也并非建筑、结构、设备等单纯物理意义上的安全事故,是多项因素交叉影响的结果,最终以看似偶然实则必然的形式显现出来。第四,系统控制的思想还体现在全过程的时间层面,具体包括预防阶段尽可能降低事故发生的概率、发生阶段尽可能控制危害的范围和事后阶段尽可能促进救援弥补,控制过程的系统性如图 2.2 所示。第五,安全措施的落实离不开资源的保障,系统控制的整体性还体现在医疗资源投入有限的情况下,如何对其统筹分配、整体考虑,达到安全性能的最优化。

综上所述,医疗安全系统从不同的视角划分形成不同的子系统,从安全的载体层面可分为医疗主体安全和医疗客体安全两个子系统,从内容层面可分为实质安全和感知安全两个子系统,从成因层面则包括人因属性、物因属性和社会属性三个子系统,这些

图 2.2　控制过程的系统性

不同类别的子系统之间错综复杂地联结形成人们对于医疗安全问题的整体认知,医疗安全系统解析如图 2.3 所示。医疗安全的系统控制并不是追求绝对意义上没有风险,而是尽可能将风险要素平衡控制在人们可承受的范围之内。

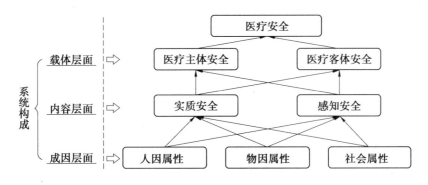

图 2.3　医疗安全系统解析

2. 安全科学的思维模式

安全是人类生存发展中最基本的需求,人们对于安全的追求从未停止过,但直到 20 世纪安全科学才真正确立。安全科学是运用人类已经掌握的科学理论、方法以及相关的知识体系和实践经验,研究、分析、预测人类在生产生活中面临的各种危险,并寻找如何限制、控制或消除这些危险的理论体系,它是研究安全与危险矛盾运动规律的科学。风险控制是通过采取各种方法消除或减少不安全事件发生的可能性或控制风险发生时所造成的损失,这个过程可以概括为风险的识别、分析和具体控制三个环节。空间环境风险作为风险的一种,具有风险的普遍特征,对其认知的过程应当首先立足于风险的普遍属性,其次探索其在医疗安全中的特有内容。

(1)空间环境风险的偶然性与必然性。

安全与风险是相互对立并相互依赖而存在的,随着各种干预措施的介入呈现此消彼长的动态发展。空间环境对于医疗活动的影响在理论层面和操作层面均存在,那么也就意味着产生不良影响的可能性是存在的,而这种可能性就是风险。在安全科学当中,海恩法则(Heinrich's Law)(图 2.4)指出安全事故是如何由量的积累转为质的变化,即任何 1 起严重事故的背后大约隐藏了 29 起轻微事故、300 起未遂事故和 1 000 个隐患源头。单起事故看似偶然,但从大量样本的统计结果分析,事故是有规律的,是可以预防的。要防止发生重大事故,应当从防止未遂事故和轻微事故的隐患源头做起。墨菲定律(Murphy's Law)指出危险如果有发生的可能,不管这种可能性有多小它总是会发生,并且任何事情都没有表面看起来那么简单。这两条定律告诉我们任何看似偶然发生的医疗安全问题其实都具有一定的必然性。从表象层面看,单一空间环境要素引起医疗安全问题的现象具有一定的偶然性;从本质层面看,大量的偶然现象的集合自身具有一定的规律,且当多种要素共同持续性地作用于一系列行为时,偶然性的积累将呈现出必然性的影响趋势。此外,同一空间环境对不同的安全问题产生影响,而不同安全问题对于空间环境的需求有所差异,这也造成了某个具体要素在侧重解决一类安全问题的同时对其他安全问题形成必然的风险性。

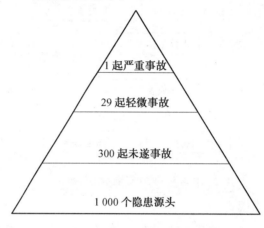

图2.4　海恩法则

（2）空间环境风险的等级性。

空间环境风险等级的本质即风险要素对于具体医疗安全问题的作用等级。在同一判定标准中,风险的等级性与风险值所表达的内涵是基本一致的。风险的等级性受制于三方面的影响,后果的严重性、影响程度和影响频度。其中,后果的严重性依托于医疗安全问题的严重性。医疗安全无小事,人们对于医疗安全问题后果的严重性的容忍程度极低,因此本书不讨论各类医疗安全问题到底哪类后果更严重,因为它一旦发生,落实到个人,都是百分之百的灾难,在安全伦理层面均应当关注。本书中讨论的风险的重要等级性主要通过影响程度和影响频度来决定。另外,需要强调空间环境对于医疗安全问题作用的风险等级与空间环境要素在建筑空间系统中的等级是完全不同的概念。单个要素在空间环境系统中可能处于较高位置(如某宏观层面的空间环境要素),但对于具体医疗安全问题的重要等级却可能较低。反之,即使在建筑空间系统中处于底层或末端的位置的要素(如某微观层面的空间环境要素),在医疗安全风险系统中的等级却有可能急剧攀升。影响医疗安全的空间环境要素是多种多样的,每个要素在具体安全问题中所发挥的作用并不相同,风险等级研究的意义在于寻找关键矛盾,从而能够更加有效地配置控制成本。

（3）空间环境风险的可控性。

空间环境风险是医疗安全所面临的风险种类之一，与医疗活动直接相关的部分主要依托于较为纯粹的人造系统，建筑空间环境的人造属性是我们能够控制此类风险的前提。空间环境可"造"并且由人"造"，便可按一定的意愿和规律"造"。医疗系统是以人为主体的系统，环境行为学、环境心理学的研究证实了人的行为和心理在一定程度上是可以通过环境进行控制的，因此从控制的操作层面而言，空间环境风险控制的过程本质上即设计建造的过程，具体包括通过空间环境支持或限定人的行为、诱导或拟制人的心理。空间环境风险的可控性是相对的。首先，这种相对性受制于人们对于风险的认知水平，在不同的需求层面仍然有大量的尚未被人们识别的风险的存在，对于这些未知的风险我们难以付诸可控的实践。其次，同一空间环境要素对不同问题的作用方向不同，甚至有些影响是互相背离的，这也决定了我们需要对控制的方向进行抉择，因此空间环境风险的控制是相对的而非绝对的。最后，风险的认知本身具有一定的主观性，而不同的认知主体的认知必然有所差异，导致人们对控制的程度在认知上具有一定的相对性。

一般情况下风险控制应优先处理风险等级较高的要素，但从建筑学角度而言，必须结合该风险在建筑学范畴内的可控性，包括控制的可能性和控制的成本，即使要素的风险等级较高，但在建筑学专业的可控程度很低，仍排除在设计的优先处理范围之外。反之，虽然要素的风险等级并不十分高，但可控性十分高，仍然属于建筑学应进行风险控制的责任范畴。因此，风险等级是风险控制策略提出的基础，是进行风险控制实践操作的重要参考，但建筑学视角下的风险处理的优先级并不完全受制于风险等级。

3. 医学的实践反馈

医疗立足于医学，医学是通过科学或技术手段处理人体的各种疾病或病变的学科，主要分基础医学和临床实践，前者侧重医学病理学的基础研究，后者侧重根据患者的临床表现研究疾病的病因、诊断、治疗和预后，是直接面对疾病、患者，直接实施治疗的学科。本书中医疗安全是直接医疗活动中的安全问题，即侧重临床实践中的安全问题。人们往往无法用创造某个事物的思维来解决它后来所面临的问题，医院建筑设计也是如此。建筑师总是习惯于从空间、功能的角度去审视自身的设计，可是事实证明医疗安全这个使用中出现的综合性问题是难以仅通过空间角度来解读的，研究当立足学科交叉重新参与其中。对于医疗行为的研究必须依托一线人员的临床实践的需求反馈和医院管理的经验总结，它们是建筑师知识结构的关键补充，是医疗安全空间环境风险研究最有力的依据。

（1）临床实践的需求反馈。

医疗安全是在临床实践中所产生的问题，对相关基础学科的了解有助于更深入地解读医疗安全问题，有助于将相关空间环境风险具体化，如临床医疗行为特征与医疗失误的关系、临床护理与医院意外伤害的预防、感染控制学对医源性感染的防控措施等。医疗安全是医学学科一直以来的重要议题,医学人员和管理人员在自身的领域对此问题进行了众多的研究,这些研究成果有助于明确建筑空间环境在医疗安全中可发挥的具体作用。

空间环境风险的研究必须站在使用者的立场去思考,而非从设计师的主观角度去解析,否则对空间环境设计的理解偏差本身就是风险形成的源头。医护人员和患者是使用者的核心主体,然而医疗安全对于患者的调研由于涉及伦理层面的障碍,且患者在医院的时间十分有限,仅以其短时间的体验难以对不安全事件这种小概率问题给出全面的认知解答。在影响医疗安全问题的行为中,医护人员发挥决定性作用,是风险矛盾的主要方,是恒定的、长时间的使用主体,在专业背景和长时间的使用体验基础上,对于安全问题的反馈具有较高的可靠性。因此本书立足于医护人员的临床实践需求,医护人员的反馈是空间环境风险控制的重要依据。本书一方面从大量已经发表的医学文献中寻找医务人员对于医院环境建设的需求,这些已经发表的文献具有较高的权威性;另一方面通过访谈、空间环境专家意见打分等方法搜集来自医护人员反馈的一手资料。在安全问题的解决中必须让医护人员参与到发现问题、分析问题、解决问题的行动中。

（2）医院管理的经验总结。

医院管理通过对医院的制度、人员、物资、信息、环境等进行全面组织,达到医疗系统安全、高效、经济运转的目的,相关经验总结是空间环境风险控制的重要参考。医院安全和感染管理是近些年医院管理当中强调最多、发展最快的分支。医院总体发展规划当中的高效性和有效性的观念已逐步被设计者所接受,在追求高效运行的过程当中安全保障的建设必须同步提高。在医院如此复杂的系统当中,当运行效率被一味地强调之时,如果安全性能的研究没有跟上将使得整个医院处于高风险运行之下,一旦发生危机,后果可想而知。医院管理领域在以往的研究中掌握大量医院运行数据,形成了整体层面的更为直接的经验总结,内容包含从管理人员的视角出发对医院安全进行的解读,以及对于医院设计之于使用安全的影响方面的阐释。

4. 建筑学的控制策略

空间环境风险的控制策略由控制的目标和控制方法共同构成,是为了实现某个具体的医疗安全目标而运用的空间环境手法的集合。通过理论认知分析,最终的目标仍是将风险具体化、可视化,寻找实践中可控制的具体环节。空间环境风险控制可以发挥作用的环节包括影响事故发生的概率、发生的后果和事故发生后的弥补措施。因此必须明晰风险的作用机制或此类安全问题自身的发展机制,从而寻找建筑设计可以发挥作用的环节。空间环境设计是否合理直接关系到医疗行为的合理性,所谓合理,即合乎理性、合乎目的性。这里的"理"便是空间环境风险控制的依据和目的,在本书中控制策略是理论层面的安全逻辑和操作层面的控制要点的复合,是结合建筑学学科特征而提炼的。

(1)依据安全逻辑寻找空间环境风险控制策略。

安全逻辑是控制过程的全面性、严密性的体现。安全逻辑学是运用逻辑学原理来研究和解决生产、科研、试验及其他人类活动中的安全问题的专门学科,是用普通逻辑的原理来研究安全问题所涉及的思维形式结构、逻辑思维基本规律以及认识现实和使用逻辑方法的学科,是逻辑学在安全领域的应用,是安全科学的重要组成部分。依托安全逻辑我们可以正确认识空间环境与医疗安全之间的关系,正确分析事故原因,正确制定安全控制策略,引导建筑师和管理人员在处理安全问题时的思维更加准确。在本书中安全逻辑与空间环境风险的作用机制或安全问题自身的发生原理密切相连。本书通过对医疗安全问题的全过程进行分析,针对每个环节提出控制策略,减少每个环节的隐患,促使整个系统趋向更安全的状态。

对于空间环境和医疗安全问题之间关系的认识包括两个阶段,感性阶段和理性阶段。其中,对于空间环境和医疗安全在现象层面的认识即感性阶段,也是研究的起点;对大量现象素材运用逻辑学进行整理,提炼共性和异性,使其上升到普遍意义的规律性的认知层面,据此提出建筑学角度的可操作的控制策略是研究的理性阶段。要想达到预防安全问题的目的,就必须立足已知的现象去推测未知的、可能发生的现象,而不能仅仅停留在解决具体的个别现象。空间环境与医疗安全关系的推理并非简单的是与否的判断,而是复合判断;是空间环境要素对于医疗安全影响趋势的推测,而非给出某一直接的数量化的定论。

(2)依据控制要点寻找空间环境风险控制策略。

控制要点是控制过程中资源有效性的体现,体现"抓重点"的思想。在安全研究中,控制要点与风险等级密不可分,通常人们按照风险值降序的思路筛选控制要点。依据控制要点提出控制策略无法做到在逻辑层面绝对严密,但是其具有更强的可操作性。风险的认知始于风险要素的识别,理论上讲我们应当尽可能地去完善每项已被识别的要素,但是现实中存在以下三方面的问题。第一,对于安全的追求是一个无止境的过程,但实际工程往往受到各种条件的限制,在资源有限的情况下,必须优先解决主要矛盾;第二,当两种或多种要素在安全需求上存在矛盾时,科学认知仍十分有限;第三,风险的运行机制并非简单的因果关系,许多环节存在着"黑箱"的特征,部分问题只能依据黑箱两侧的现象去推测,众多纷杂现象的处理只有抓重点才能更有效。实现空间环境风险控制的关键在于必须将复杂问题进行拆解,将具体安全问题落实到详细的空间环境要素中,对这些详细的空间环境要素进行风险等级的分析,寻找关键环节,从而在控制策略中事半功倍。在本书中控制要点的提炼依据风险等级,将中、高度风险的空间环境要素与作用机制中的各个环节进行对照分析,将对照结果进行归纳总结,从而形成控制要点,即建筑学角度的重点努力方向。因此,安全设计是一个在全面认知的、符合安全逻辑的基础上进行重点处理的过程,绝对严密的安全只是理想,现实层面则是通过控制要点把危险的严重程度降到人们可接受的范围内。

(3)体现医疗安全风险控制的建筑学学科特征。

空间环境由于可以被评价、体验和批判,因此便有了可控和改进的方向。源自空间环境的风险则必须通过改变空间环境的方法进行干预,与之最密切相关的学科便是建筑学。从建筑学的角度出发,通过功能配置、空间组织、物理环境改善等,运用环境的诱导、强迫、支持等功能发挥积极作用、避免消极作用,使得空间环境设计尽量理性。

①空间环境作为直接原因或者干预措施对于安全问题的产生发挥直接作用。

当空间环境作为直接原因时,它是学科责任范围内必须解决的问题。例如,由环境直接造成的患者跌倒、医源性感染等在整体的医疗安全案例中占据小部分比例,但与建筑学科相关性密切,是建筑学角度的风险控制中应当予以优先关注的。当空间环境作为直接干预措施,即医疗行为的相关基础条件时,对于确保医疗行为的顺利发生至关重要。行为医学告诉我们"医疗"是由发生在医护人员与患者之间的借助各种设备在医院环境中发生的诊断、救治、护理等一系列行为构成,行为作为实现医疗的连接环节,与医疗安全直接相关。医疗行为的合理性离不开医疗空间环境的合理化。医疗行为自身是医疗安全中风险最高的部分,相关人员的行为方式、心理状态对所进行的活动有显著影响。例如,通过环境进行行为的约束和限制,或诱导和促使行为的发生等来保障医疗活动的秩序性。

②空间环境通过干预其他风险要素对于安全问题的产生发挥间接作用。

尽管从社会舆论、职业操守、道德要求等方面约束参与医疗的相关人员不应因其他外在因素影响医疗活动,但是任何人的行为,以及行为产生的结果都不可避免地会受到包括环境在内的客观因素的影响,参与医疗的相关人员同样不可回避。行为学以行为规律为研究对象,研究组织体系中人的行为与心理表现。宏观层面指向社会群体行为的规律、后果以及人类基础行为规律,微观层面则根据所研究具体群体和个体的不同而异。环境行为学研究聚集于环境对心理行为的影响,即用于解释对象,亦用于指导研究,因此环境行为学作为医疗行为研究的理论支撑,也是空间环境风险与医疗安全之间的理论桥梁。环境行为学相关研究表明通过环境要素实现一定程度上的行为控制是可行的。诚然,我们必须承认空间环境设计并不能完全解决医疗安全问题,它只在其中的部分环节发挥作用。此外,通过空间环境进行行为控制是建立在设计必须符合使用者行为心理的本性特征的基础上,从源头上提高行为的安全性的措施之一。因此空间环境风险控制是通过影响医疗行为发生作用的。

　　建筑学视角的风险控制策略基于医护人员的研究和实践反馈,但与医护人员视角所能理解的空间环境风险等级并不完全一致,而是融合了建筑学专业的意见,是基于实际风险和建筑学层面的可控程度而提出的策略。有些风险等级较高的内容未必是建筑学可以解决的内容,建筑学能够解决的问题权重并不一定是最大的。安全问题的解决即不断消除各种隐患的过程,而非只针对现象表层。建筑学策略所发挥的作用具有积少成多、普遍影响等特点,是风险控制的基础工程。建筑空间环境既是直接的风险,也是干预因素,同时可通过对人员状态、行为心理等产生间接作用而实现医疗安全风险的控制。

　　综上所述,系统论、安全学、医学和建筑学共同作为本书后续问题分析的理论架构,四者联合共同形成相关风险控制研究的理论认知基础,其基本关系如图 2.5 所示。

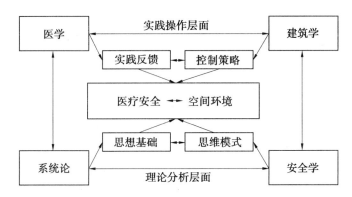

图 2.5　医院建筑空间环境风险控制研究的理论认知基础图示

2.1.3　医院建筑安全风险的特征

1. 风险的客观存在性

　　空间环境是医疗安全的风险源,这种客观存在性不以人的意志为转移,但人们可通过改变相关要素的内容使之朝着对人们有利的方向发挥作用。

　　空间环境风险对于医疗安全的作用在现实证据层面客观存在。空间环境对医疗安全影响方面的记载由来已久。例如,环境对于患者康复的影响在西方至少可明确追溯到南丁格尔时期。南丁格尔在克里米亚战争的非常时期提出了环境影响患者康复,通过改善环境清洁度、通风条件可加速患者康复等观点,她的努力使得该战争中的伤员的死亡率大幅下降,因此南丁格尔成为护理界的英雄。南丁格尔使用的方法是改善物理环境,并且她关键性地指出了医院空间环境内应当精简所有不必要的设施以保证护理人员工作的有效性,消除一切不必要的空间混乱带来的工作量和降低犯错误的概率。对这些观点运用科学方法和证据的检验却是在 20 世纪中后期循证设计思想发展之后。循证设计致力于用严谨的科学方法论证环境对人的影响,截至目前,循证设计在医院建筑中的多项研究结果表明空间环境对医疗安全的影响真实存在,其相关成果总结见表 2.1。

表 2.1　循证设计在医院建筑中的多项研究成果总结

	减少患者跌倒	减少医疗差错	减少医源感染	降低患者压力	降低护士压力	降低医生压力	缩短住院时间	减少药物用量	增强人员交流	减少患者院内转移	提高患者满意度	提高护士满意度	提高医生满意度	降低患者疼痛感	提高患者睡眠质量	减少抑郁感和挫败感	保障患者隐私和秘密	提升社会支持	减小工作人员受伤概率	提高员工工作有效性
单人病房	◆	◆	◆	◆	◆	◆				◆	◆	◆	◆		◆		◆		◆	◆
良好自然采光				◆	◆	◆	◆	◆			◆		◆	◆	◆	◆				
合适的人工采光	◆	◆		◆	◆			◆			◆		◆							◆
能够看到自然景色				◆	◆						◆		◆		◆					
宽敞并有家属区的患者房间	◆	◆	◆	◆			◆		◆		◆									
地毯的使用															◆	◆		◆		
建筑环境界面进行降噪处理		◆		◆*	◆	◆			◆		◆	◆	◆	◆			◆			◆
吸顶式抬升患者设备											◆								◆*	
护理平面布局模式——分散式护士工作站	◆			◆	◆				◆		◆	◆								◆*
易达性高的屋顶花园				◆		◆		◆			◆	◆		◆						
良好的声环境设计		◆		◆	◆	◆					◆		◆	◆						
急性适应性病房	◆	◆		◆	◆		◆		◆	◆	◆						◆	◆	◆	◆
患者房间中带艺术品				◆			◆	◆			◆									

续表

	减少患者跌倒	减少医疗差错	减少医源感染	降低患者压力	降低护士压力	降低医生压力	缩短住院时间	减少药物用量	增强人员交流	减少患者院内转移	提高患者满意度	提高护士满意度	提高医生满意度	降低患者疼痛感	提高患者睡眠质量	减少抑郁感和挫败感	保障患者隐私和秘密	提升社会支持	减小工作人员受伤概率	提高员工工作有效性
患者房间中厕所设施在头部一侧，并有连续性扶手	◆			◆	◆						◆	◆								
内部庭院设计				◆	◆	◆	◆		◆		◆	◆	◆							
较大的患者房间门和厕所门	◆			◆	◆						◆	◆								
单方向布置的患者房间（与对称布置方式相比）		◆			◆	◆					◆	◆								
可自主控制窗户的患者房间				◆				◆			◆						◆			
公共大厅内水景元素的运用				◆	◆	◆					◆	◆	◆							
可视性高的洗手设备			◆	◆	◆						◆	◆								

注：◆表示有相关研究表明二者的关系存在；◆*表示相关作用十分明显

空间环境风险对于医疗安全的作用在理论层面客观存在。首先，环境行为学指出环境与人之间的交互影响客观存在，无论这种影响是正面的还是负面的。医疗活动是在人工环境中发生的系列行为，环境行为学的基本理论在此适用。其次，根据墨菲定律，如果空间环境风险对医疗失误的影响是可能发生的，那么在实际情况下，无论其概率有多小一定会发生。医疗安全的成因既包括行为实施的直接作用,也包括促使行为发生的诱导作用,空间环境虽然并不是直接作用,但是其作为行为平台的诱导作用客观存在,在影响医疗失误行为中大多以持续性诱因的形式存在。

2. 认知的主观差异性

认知主体必须感知到风险的存在,这是一切朝着安全方向改变的基础。风险的认知结果不仅是风险自身属性的反映,同时受到认知主体自身主观性的影响,因此同一风险要素对于不同认知主体而言风险性有所差异,即人们对于空间环境风险的感知水平是不同的,纯粹的物理意义上的风险与人们最终感知到的风险之间并不完全相等。影响认知结果的第一维度是风险特征维度,即其表现特征,具体的影响内容包括风险源的存在形式、影响的直接性、危害范围的大小、风险后果的严重性、风险的频度、风险的稳定性、风险是否具有累加特征、风险影响的及时性、风险自身是否人为可控、风险是否可以被测量评价等一系列内容,当空间环境相关的风险内容和区域被清晰认知后,对其进行改变的意愿是人的本能,没有人愿意在一个不安全的环境开展日常工作。影响认知结果的第二维度是认知主体维度,其影响要素包括认知主体对风险内容的熟悉程度,认知主体的自身立场,认知主体的风险意识,认知主体自身的认知能力,认知主体对风险后果的承受能力,认知主体自身所掌握的控制技巧、能力以及认知主体自身文化背景等等。例如,人们通常会认为与自身关系更密切的要素风险性更高,医院建筑的安全建设在不同时期、不同经济水平、不同地域的标准有所差别。综上所述,具体风险在使用者心目中认知地图上的位置是不同的,空间环境风险在认知主体心目中的风险感知地图如图2.6所示,当风险特征和认知主体特征更趋向于图中所示的正方向时,风险感知的结果高于其物理意义上的风险性,反之亦然。

空间能否得到正确使用的前提是使用者能否正确认知相关风险及理解设计者的意图。医院的使用人群除了专业的人员之外,更有来自全社会各个职业、各个层面、各个年龄的人群,他们在公共意识层面有着较大的差别。设计如何使得不同人群能够快速且低成本地达成认知默契十分重要。行为一旦发生便具有一定的现实影响,无论这种影响是积极的还是消极的,是有目的的还是无意识的。在医院空间环境当中,医护人员和患者的各种行为与客观环境产生了关系。设计表达有效性的前提涉及参与人员共同体当中共同分享的背景知识或常识,然而人与人的差异是巨大的。对于医疗行为而言,尤其是关键的行为环节,任何一种多余的理解都构成对于医疗安全的挑战。风险感知地图的建立有助于我们思考以下两方面问题:第一,了解风险要素在使用者心目中感知地图上的位置,有助于设计师运用环境要素进行合理引导。第二,明晰具体风险要素在设计师心目中和在医疗专家心目中位置的差别,寻找安全设计中的薄弱点。

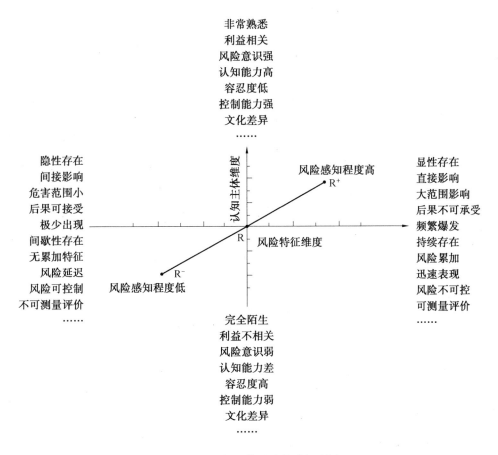

图 2.6　空间环境风险的感知地图

3. 本征的内在复杂性

本征的内在复杂性包括两个方面,医疗安全问题自身的复杂性和空间环境要素对其作用机制的复杂性。

医疗安全作为一个棘手的问题甚至难以给出明确的定义,其内在的复杂性包括以下四个层面。第一,医疗安全由主客观成分共同交织在一起产生,其原因都是多因素错综复杂作用的结果,往往与其他问题一起表现而非独立的自身表现。第二,医疗安全的风险组成要素种类繁多,包括人员状态、学科发展、硬件建设、制度文化等,且相关要素始终处于动态发展之中,多为从经验中获取的信息。第三,医疗安全相关要素内部存在难以调和的矛盾,不是指偶然的争议,而是其本身面对不同利益与价值观。例如,医患分离是对医护人员的医疗安全保护,但从患者的立场他们却并不愿与医生分离;又如,对同一个医疗结果由于医疗安全认知主体的视角和承受能力有差异,因此医生眼中的正常现象也可能超出患者的承受能力,患者无法直接意识到的风险可能在医护人员心中十分清晰。第四,医疗安全是个相对概念,其复杂性还体现在永远没有一次性的彻底解决方案,解决的方法没有绝对的对错之分,只有好坏的区别,因此医疗安全问题的解决是一个不断探索、相对优化的过程。

空间环境对于医疗安全而言,既是风险源,又是支撑系统,而且同时也是解决问题的方式。空间环境风险对医疗安全问题的作用机制同样具有复杂性的特点。第一,医院建筑流程复杂、工艺复杂,信息化程度要求高,运行管理复杂,支持系统的专业性强,特殊工种多,重点部位多,工作时间连续,且属于开放场所,各区域环境要求复杂且差异大。第二,空间环境自身也是一个可以无穷划分的开放系统,上至宏观规划,下至家具摆放,这使得风险要素的提取跨度很大。第三,空间环境要素在建筑认知领域所处的层级与该要素对具体医疗安全问题的作用等级不同,呈现跨层次作用的特征,且同一空间环境要素对不同医疗安全问题的风险等级不同,为风险控制的优先级确定增加了复杂性。第四,空间环境设计没有绝对的好坏,因此空间环境风险的研究是在不断地比较中做选择。

基于医疗安全问题自身的复杂性和空间环境风险作用机制的复杂性,解决医疗安全问题的过程首先需要将"问题"本身进行解析,其次才能够寻找相对较好的空间环境解决方法。空间环境要素对于具体医疗安全问题而言大部分处于潜伏状态,不易觉察,很可能是在和其他一些风险因素共同作用的时候才转为显性因素,如何能够在潜伏状态对其识别控制是相关研究的难点。

4.影响的系统关联性

空间环境风险与医疗安全问题之间并非单一的因果关系,每个医疗安全子项均受到空间环境系统中多项因素的联合影响,每种环境要素又会同时对多项安全问题产生作用。空间环境风险对医疗安全的影响的关联性表现在下述两方面。

(1)作用的纵向传递性。

医疗活动是伴随信息传递的系列行为,患者的就医过程涉及多个部门的协作,医疗安全问题在医院当中任何科室、任何空间、任何时间都可能发生,无论哪个环节发生错误对于整体的医疗流程来讲都可能造成无法挽回的伤害,并且一个环节的错误可能传递到下一个环节。例如,医技部门的检验错误并不直接作用于患者的生理健康,而是以错误信息的形式传递给临床医生,从而促成医生的错误判断,进一步导致错误的医疗干预方式。同理,护士监护数据记录的错误也不会直接作用于患者,而是可能误导医生进一步的诊断。

(2)作用的横向扩散性。

作用的横向扩散性包括同方向的扩散和正反方向的同时扩散。同一种空间环境要素对于不同类型的医疗安全问题同时作用,这种作用可能是积极作用,也可能是消极作用。一个问题解决的同时可能会派生新的问题。任何事物都是有两面性的,当我们针对某种医疗安全问题选择了一种空间环境方案的同时需要思考它会不会对其他问题产生负面影响。例如,噪声可能同时对诊断差错、护理差错、用药差错产生影响,那么控制噪声风险是否将会同方向地对几项医疗安全问题产生积极影响?再如,单人病房有利于医源性感染的控制,却导致患者在无陪护状态下发生跌倒、坠床时不易被发现。基于这样的横向扩散性,风险控制的最终策略需要对各个方向的安全问题进行综合考量,根据不同方向作用的重要性来确定控制的优先性。

5. 要素的职能倾向性

职能倾向性是指具体的风险要素有倾向性地作用于部分安全问题,而非所有,即同一个空间环境要素并不会对医疗安全系统中的所有问题都产生作用,而是有倾向性地对其中一个或者几个产生明显作用,明晰空间环境要素作用的倾向性有利于更加清晰地制定控制策略,即知晓该要素的控制要点。反过来讲,医疗安全本身是一个大的概念,所涉及问题特征差异很大,应当根据具体安全问题的特征有针对性地防范,明确哪些空间要素对该具体问题产生作用,便于提高控制的有效性。例如,噪声作为一种物理环境风险,通过干扰医护人员的意识可能造成医疗差错,但对于医源性感染并不会产生直接影响;而空间布局却可能同时对医疗差错、治疗延误、医源性感染产生明显影响,因此在设计中应当权衡利弊进行控制。在医疗安全问题的风险控制研究中,应当首先明确空间环境要素作用的职能倾向都有哪些,即将医疗安全问题进行具体化的拆解,从而筛选和确立与空间环境相关的倾向性问题。这是本书具体研究过程中的关键环节,基于风险的职能倾向性分析空间环境要素与医疗安全问题之间的作用机制,实现二者的对接。

6. 风险的空间区域性

空间属性是风险要素的普遍属性。首先,同一种空间环境要素并不是在所有空间都对医疗安全产生明显影响;其次,各类安全问题的发生概率在空间分布上存在差异,即同一安全问题存在相对的高风险区。在风险控制中高风险区应重点研究,但不同空间所面临的重点医疗安全问题不同,应结合具体安全问题的特征和空间特征进行应对。医疗安全相关的具体行为一定是在某个、某些、某类或者全院空间范围发生的,具有一定的空间区域性,了解不同安全问题的空间分布特征,便于更有针对性地从空间角度去解决问题。例如,患者跌倒事故主要是发生在哪些地点?用药失误的空间集中在哪些区域?医源性感染的分布情况又是怎样?医护人员所面临的具体职业风险分别在哪类空间中最明显?明确每类医疗安全问题的空间分布有助于对这些高风险区域的空间环境要素进行重点控制。医疗安全问题与建筑设计的关联性通过"安全问题的空间分布—高风险区—具体的空间环境要素"的基本关系进行连接,只有明确了空间区域性特征,才可以从功能配置、空间组织和物理环境等建筑学范畴介入控制。

2.1.4 医疗安全视角下医院建筑安全主题的筛选

本书旨在从医疗安全的全新视角解析医院建筑安全问题。医疗安全问题的表现形式多种多样,与建筑空间环境的关系有远有近,唯有筛选重要且与空间环境关系密切的问题进行重点研究才可形成具有实际应用价值的成果。关键医疗安全问题的筛选过程围绕着涉及的群体和空间环境展开,具体包括四个环节,依次为资料调查、实况观察、相关人员访谈和风险等级专家的意见收集。

医疗主体(医护人员)、医疗客体(各类患者)和相关的空间(可能发生该类别医疗安全问题的空间)与医疗安全问题直接相关。医护人员的意见是本书最重要的数据来源。首先,医护人员作为医疗安全问题最直接的干预群体,在医疗安全中发挥着决定性作用;其次,医护人员作为空间环境最持久的使用群体,对于医院环境的体验最深刻;最后,医护人员作为一线人员,能够最直接地接收到来自患者的反馈,可以间接地收集并反馈患者意见。

患者意见的本质是社会对医院空间环境的普遍性认识与需求。患者群体虽然总量庞大,但是其在医疗行为中处于被动地位,在医疗安全事故的成因中所发挥的作用有限。从安全伦理和科研伦理的角度出发,不宜与正处在"患者"状态的人员直接讨论医疗安全问题,而只能从其对医院环境的描述中间接获取患者视角中环境对于医疗安全的影响,或者待其脱离"患者"身份回归正常状态之后以回忆的方式讨论医疗安全问题。为本书提供意见支持的"患者"包括正处于"患者"状态的人和"有患者经历"的人,涉及人群十分广泛,因此患者意见的本质体现社会对医院空间环境的普遍性认识。每个患者由于在医疗空间中所处的时间短暂,对于医院空间的认识相对有限,且个体素质、表达能力参差不齐,因此患者意见主要用于对医疗安全问题的定性分析,而非专业性的量化分析。

安全问题具有其自身的特殊性,从事故爆发来看往往是一点突破、全线崩溃,但即便如此,从有效指导实践工作的角度出发,我们所能做的努力仍然是针对主要问题的重点解决。因此笔者对众多纷杂的医疗安全现象进行了归纳提炼,在提炼问题的过程中遵循了安全科学抓核心矛盾的基本思想,即在最大风险概率的地方投入最大风险控制的努力,按照重要性、严重性、频繁性等进行理性筛查之后而确立多种多样安全的问题,从而可以将有限的精力集中于风险最大、最直接的问题。参考医疗领域的实践反馈,结合相关文献资料和系统调研结果,根据医疗问题的严重性和与空间环境的关联性,本书最终确立了通过医疗失误、医源性感染、意外伤害和医护人员职业暴露四个方面深入展开医院建筑安全主题(图2.7)。

上述四个安全主题是现阶段我国医院建筑安全建设的重大挑战,并且其与空间环

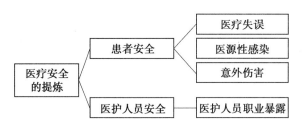

图 2.7 医院建筑安全主题的确立

境之间的客观关联性已有循证设计等相关研究进行了论证。综上,针对这四个安全主题的研讨具备必要性和可行性。关于医疗安全问题的详细调研过程与原始数据资料参见哈尔滨工业大学白晓霞博士的学位论文《基于医疗安全的医院建筑空间环境风险控制研究》。

2.2 安全主题(一):医院建筑与减少医疗失误

医疗活动具有公认的复杂性、高风险性、难预料性。一方面,医疗活动存在很多的不确定性,不排除发生判断错误或者即使在当前医学知识范围内判断正确仍然出现不良后果的情形。另一方面,人们对于医疗失误几乎是零容忍,但医疗失误却是客观存在又难以消除的,因而,尽量避免医疗失误是所有医疗参与人员共同的责任。医院建筑作为医疗行为的平台也应当"尽一切可能"避免医疗失误的发生。本节从医疗失误行为的分析出发,寻找现实环境中的不利因素,探究尽可能理想的环境从而创造更加安全的医疗环境,目的在于提炼和总结影响医疗失误的空间环境设计要素,通过分析将这些要素最终落实到医院设计当中去。

医疗失误指医疗活动失当导致出现违背预期目标的行为,其内涵包括医疗的正确性、医疗的及时性、医疗的有效性等方面的失误。在医学相关文献中,几乎所有的涉及不当医疗的内容均用 error 一词表述,无论其是否最终造成严重的危害。医疗失误增加了相关患者的身心痛苦,导致了不可挽回的伤残甚至死亡,同时医疗失误的发生恶化了医患关系,引发了医疗纠纷,形成了进一步的二次危害,因此医疗失误后果十分严重。

美国约翰·霍普金斯医院的内科医生艾伯特·吴博士认为,每家医院每天都在发生医疗失误,只是一些失误人们还没有意识到,甚至可以说医疗失误是伴随医学进步的一部分。1999 年美国 IOM(Institute of Medicine)组织发布了题为 *To error is human* 的调查报告,指出仅美国每年至少有 10 万人死于可预防的医疗失误,受伤害或致残的人数达百万,是美国人口非正常死亡的第三大原因,这一报告引起了美国乃至全球范围对于医疗安全问题的关注。然而,2016 年该组织的报告指出,仅美国每年死于医疗失误的人数上升至 25 万。真相虽然令人惊叹,但更应该关注报告结论的后半句,即"To error is human，but error can be prevented（人难免犯错，但错误是可以预防的）"。我国虽然目前已经建立医疗不良事件的主动上报机制，仅 2012 年全国医疗器械不良事件报告数量超过 18 万份，2014 年突破 26 万份，但依据海恩法则 1∶29∶1 000 的规律，2014 年仅上报的医疗事故背后至少掩藏了 754 万起小型的医疗失误和超过 26 000 万起潜在的医疗失误。

医疗失误是医疗安全中得到关注度最高的问题。医疗失误从不同的视角有多种分类方式，如从直接的形成原因可分为人的不安全行为导致的、物的不安全状态导致的及管理不善导致的等；从可预防性可分为可预见可防范、可预见难防范、不可预见难防范等；从具体内容可分为诊断失误、护理失误、用药失误、服务差错、治疗延误等。依据医疗失误的属性，可将其概括为医疗的正确性和医疗的及时性两方面内容，分别对应医疗差错和治疗延误，这也是本书将要阐述的重点内容。

2.2.1　医院建筑空间环境对医疗失误的作用机制

所谓作用机制即空间环境对医疗失误产生影响的内在原理，包括相关要素、作用方向、作用效果等内容。在医疗失误成因系统分析中，与空间环境相关的主要为行为属性中的人员状态、环境属性中的医疗条件等内容很重要，但它们都是非空间环境产生作用的环节。空间环境对医疗行为差错的作用机制是通过多层次、多元素交织在一起共同进行的，属于非线性组合的结果，绝非多个量值的简单叠加。一项具体的医疗行为差错与多个建筑空间环境变量之间的影响关系甚至可能出现主次难舍、影响越级等现象。对于这样的复杂问题进行分析认识的方法往往是从具体的相关性开始，并进一步分析具体的作用方向和效果，最终形成理论层面的认识。

1.医疗失误相关要素及其成因

医疗失误是医疗过程失当导致出现违背预期目标的医疗行为，涉及医疗活动的正确性、及时性等。本小节由此针对医疗差错、非差错状态下的医疗不确定性的应对、常态医疗活动中的治疗延误进行探讨。本书所提及的医疗差错泛指医疗活动中出现的广义错误，无论错误后果的严重性，均用"差错"一词进行描述，区别于法律意义上以结果严重性界定的医疗事故、医疗差错和医疗意外。

医疗失误是多因素综合作用的结果，并非仅由单方面的医护人员因素造成。医疗失误的研究，经历了从点状致因说到线状致因说再到网状致因说，关注点从个体的直接致因研究发展为重视系统诱因研究的历程。医疗失误涉及医护人员的生理、心理、人际关系、思维方式、医疗技术水平及医院管理、医院设计等多元因素，分析及干预医疗失误的学科包括医学、哲学、法学、伦理学、管理学、社会学、行为学、心理学、建筑学、室内设计等。通过查阅文献、访谈和调研，对医疗失误的成因（除医护人员自身水平外）的描述用语主要包括"病员太多""过度疲劳""注意力难以集中""噪音较大""场面混乱"
"视觉疲劳""患者紧张""医务人员压力过大""被打扰""缺乏动力""烦躁""焦虑""医
疗信息的不对称""医护人员的超负荷工作""缺乏沟通所必要的时间""沟通技巧、谈
话态度欠佳""患者对医疗行为的误解""患者心理紧张、情绪不稳定""缺乏沟通的私
密环境""沟通多次中断""流程复杂"等,这些描述不乏与空间环境有内在联系。本书
运用根本原因分析法,按照成因将对医疗活动产生影响的直接性顺序概括为三方面,即
人员的行为心理因素、物质的环境因素和学科制度的社会因素,具体包括医护人员状
态、患者状态、医疗职业水平、医疗条件建设、医学学科发展和制度文化建设等内容,图
2.8 为医疗失误成因分析鱼骨图。

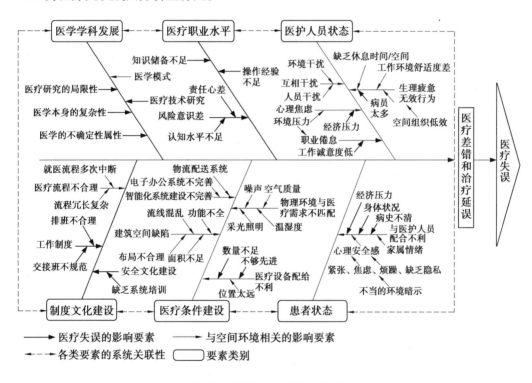

图 2.8　医疗失误成因分析鱼骨图

2. 空间环境与医疗失误的关联机制——医疗条件与人员状态

(1)空间环境是医疗条件的组成部分。

医疗失误是医疗活动的"副产物",医疗活动离不开医疗条件的支持,空间环境是
医疗条件硬件设施的一部分,并且是其他医疗条件建设的基础平台。良好的空间环境
可以保障医疗活动的顺利进行,促进医疗质量的提升;反之,不利的空间环境可能使得
医疗活动受限,导致医疗活动的延误、医疗行为的差错等。

空间环境是医疗活动得以实现的基础保障。空间功能的完备性是应对医疗过程中

多变需求的关键,功能的缺失或者不完善将对医护人员的行为形成严重阻碍。例如,空间尺度与医疗操作所需空间的匹配程度,直接关乎操作的顺利程度。空间环境是医疗活动有序进行的必要条件。空间秩序是医疗流程的体现,而医疗流程是相关行为准确、高效进行的核心,空间布局与医疗操作程序的匹配程度关乎医护人员的安全操作的准确和高效程度,而准确、高效是医疗质量的核心内容。例如,国际医疗卫生机构认证联合委员会(Joint Commission International,JCI)的医院评审指南中以急性心肌梗死、心脏衰竭、中风等一系列"急"病的抢救程序、结果等作为衡量指标,抢救过程的每一步骤与空间秩序密切相关,在这种与时间赛跑的医疗活动中,合理的空间秩序是减少医疗失误的必要条件。此外,空间环境的舒适程度对患者和医护人员可形成生理和心理的双重刺激,不良环境所形成的负面刺激贯穿在医疗活动之中将威胁医疗安全。

(2)空间环境是人员状态的影响因素。

虽然从社会舆论的角度医护人员不应因个人状态影响医疗安全,但人非圣贤,人员状态对医疗失误的影响是客观存在的,绝不可回避或压制。人员状态是医疗失误成因中动态特征最明显的原因,是人员受外部环境影响最直接的内容。医疗活动是医护人员和患者交互作用的结果,双方的状态与医疗失误的形成均有一定的关系。医护人员状态直接影响医疗行为的准确性和及时性,患者状态主要表现在医疗过程中能否与医护人员进行良好的配合。

空间环境与医护人员的生理状态和心理状态具有相关性。不良的工作环境是造成疲劳感的重要影响因素。首先,建筑空间布局直接影响医护人员的工作路径,进一步与生理的疲劳度产生联系,如对于护理单元布局与护士行走距离的关系,合理的设计可以减少不必要的动作反复和体力消耗。其次,物理环境要素对医护人员生理疲劳度产生直接影响,如对于自然采光与医护人员工作倦怠的关系,不恰当的光环境容易引起视觉疲劳。最后,空间环境综合作用于医护人员的心理状态,不良的空间环境对于医护人员的心理危害是多方面的,包括免疫系统混乱、记忆力减退、疲劳加剧等,这些危害会进一步作用于医疗行为。

空间环境与患者生理状态和心理状态具有相关性。首先,空间环境可以对患者产生直接的生理刺激,如病房环境会对患者生理舒适度产生影响。其次,通过感知安全对心理产生影响,可以进一步影响患者在医疗过程中的配合状态,如一名患者在忍受着疾病的痛苦、经过了漫长的等待之后,带着信息不对称的恐慌,在一个陌生、嘈杂、缺乏隐私保障、缺乏控制感的环境中,如何对医护人员产生信任感?信任是良好配合的前提。因此空间环境对于患者状态的影响直接关系到其在就医行为中能否积极配合治疗。

3. 空间环境对医疗失误的作用途径——医疗的正确性与及时性

（1）空间环境与医疗的正确性。

医疗的正确性指医疗活动任何一个环节出现差错的可能性，无论该差错最终有没有导致严重的后果，都是医疗安全的重要隐患。医疗行为差错发生的可能性贯穿于医疗的全过程，分布于所有涉及医疗活动的空间中。

医疗行为差错具有人类犯错的普遍特征，与大脑接收信息的外界环境有着密切联系。出错是一直困扰人类的复杂问题，人类对其原因的探索也从未终止。目前最新的研究指出犯错是因为有缺陷的"嘈杂"信息进入大脑，而非大脑本身计算错误。美国普林斯顿大学研究发现人类大脑能够正确处理它所接收的信息，但是当输入包含错误，或者混杂其他时，信息处理就受影响。凯瑟琳·舒尔茨所著的《我们为什么会犯错？》一书从行为科学以及社会文化等方面分析人类犯错的原因，包括感官系统产生的错觉、用于解释世界的理论局限性以及观念受到本身并不一定正确的社会文化的影响。

医疗信息是医护人员进行病情判断和操作的依据，信息提取及传递不畅是导致医疗行为差错的重要环节。信息的传递过程其实就是信息的流程，与行为的过程相伴随。JCI 质量与安全年度报告中指出沟通交流不足是导致医院当中近半数严重不良事件的根本原因，而沟通交流的本质即医疗行为所需信息的形成和传递。信息的传递指声音、文字、图像、动作等多种形式的消息的沟通，包括了听觉、视觉、嗅觉等多种感官属性。人类的记忆方式可分为感官记忆、短期记忆和长期记忆，依赖感官记忆和短期记忆的行为相比依赖长期记忆的行为更容易出错，且更容易受到环境因素的干扰。长期记忆具有良好的稳定性，对于行为的支配更为安全，如医生根据病情所调取的医学知识大部分属于长期记忆。然而医疗差错中有许多看起来似乎是比较低级的错误，并不依赖长期记忆，而是相对单纯的行为差错，如患者识别错误、药品分发错误、病例书写错误、检验结果系统录入错误等等。在医院工作当中医生和护士每天面对大量不断变化的人群，有大量行为是依靠感官记忆和短期记忆来完成的，而这正是人类意识当中最薄弱的环节，其比重越大，留给医护人员深入思考、判断的时间就越少。医疗信息在医疗过程中的流动包括"形成—传递—接收—反馈"四个环节。医疗信息的形成环节包括患者的真实感受、医护人员的观察、既往病例的调阅、利用现代科技进行的检查等；传递环节包括患者的描述、医生的诱导询问、各种标本检查结果的图文内容的系统录入、病情变化的巡查记录与转述等；接收环节包括参与人员通过感知系统识别判断声音、文字、图像、动作等多种类型的信息；反馈环节则是对各类接收到的信息经过大脑综合加工处理形成新的理解并以声音、文字、图像、动作等形式表达出来。以上内容涉及直接的人与人沟通行为，也涉及间接的通过载体完成的信息沟通。信息沟通的环节，不仅存在于医护人员和患者之间，也存在于医护人员自身之间，并且非常直接地影响医疗安全，如护理安全中最常见差错种类即对监护过程细节记录不清晰等,可能对医生的判断形成影响,进而影响患者预后。与之对应的空间环境要素即护士站与被监护患者的视线、距离等内容。空间环境与医疗正确性之间的关系如图 2.9 所示。此外,从我国的就医流程来看,医生对每位患者的诊疗过程并不连贯,而是被中间的检查等环节多次打断,之后又重新续接之前的初诊信息,期间所涉及的沟通次数和难度也相对加大。总之,大量的医疗信息采取了间断式的短期记忆模式,出现交流过程的中断、诊断所需信息的不全面、多次信息转移、信息识别错误等现象的概率增大,而这些对于形成医疗差错而言风险相应更高。

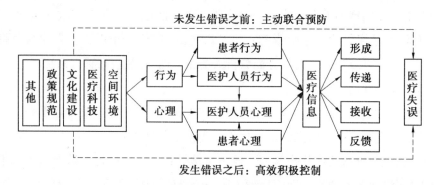

图 2.9　空间环境与医疗正确性的关系图示

例如,医院环境对于医护人员意识可能形成干扰。护士肩负着准确收集并记录医疗诊断所需信息并完整传达给医生的任务,在医生与患者之间起到连接作用,这种连接正是通过信息传递实现的。具体常见的护理差错有错抄、漏抄医嘱;错服、漏服、多服药物;损坏、丢失标本或因未及时送检等造成检验信息不准确而影响诊断等。以上这些看似低级的护理差错时有发生。护理差错的发生绝大多数都是感官记忆或者短期记忆失效的结果,大部分可概括为注意力不集中所致。影响注意力集中程度的因素除了人类个体的天生差异外,主要包括以下四方面:外界环境(如嘈杂)、工作动力(如职业倦怠,缺乏足够的动力)、精神状态(如心有所虑,脑中同时思考的事情较多)和身体状况(如疲惫)。世界卫生组织指出患者病房的持续性噪声水平日间不宜高于45 dB(A)且夜间不宜高于35 dB(A),但现实中医院的噪声水平长时间处于45—68 dB(A),峰值则高达80—90 dB(A),远远超出医护人员在诊断、护理、用药等过程中对于声环境的需求。空间环境与部分噪声源的产生、噪声的传播过程等均有一定的关联,控制手法包括吸声、隔声等措施。

又如,光线照度对于视觉差错存在影响。Buchanan 等人通过对不同照度药品分发差错率进行研究指出用药环境的照度与用药的准确性具有一定的关联性,当工作面照度提高到 1 500 lux,工作人员的差错率比照度在 500 lux 时降低了约 1.5 个百分点。数据虽仅限于用药环节的实验,他们对医院的其他区域并未进行测定,但这足以说明光线照度与医疗正确性之间的关联性是存在的。

医护人员在医疗失误的形成过程中占主导位置,但同时也受制于患者的配合,如患者在对病情的描述中可能因私密性不足而有所顾忌,导致诊断进一步出现偏差。儿科患者因情绪紧张哭闹,与医护人员的检查治疗工作难以配合,则可通过设计趣味性强、安全性高的空间环境协助缓解情绪。

由此可见,医疗行为出错与大脑所接收的外界信息及环境有着密切的关系,对于错误的认识和处理方式不应局限于对当事人的谴责,而是应该从更科学、客观的角度去解析背后的发生程序。空间环境主要以对大脑意识产生干扰的方式作用于医疗各个环节,通过影响个体的心理和行为,进而影响医疗正确性。

(2)空间环境与医疗的及时性。

医疗活动不仅是做正确的事,还必须适时地做正确的事。医疗活动的不及时是指医疗活动错过最佳时机而导致不良后果。医疗活动的不及时既包括发生在常态医疗中的治疗延误,也包括医疗过程中出现医学不确定性时的紧急处置延误。

医疗活动的不及时由人员状态和医疗条件共同决定,一方面人员主观状态不佳会导致医疗活动的不及时;另一方面医疗条件的客观限制会导致医护人员在行动中心有余而力不足,产生医疗活动不及时现象。与人员状态相关的内容(生理疲倦、心理倦怠)已在医疗的正确性中进行过讨论,不再重复。在此仅讨论空间环境作为客观条件导致的医疗活动不及时,主要针对病情危急和治疗过程中出现意外的情况。

空间环境在患者病情救治中发挥关键的及时性作用。医疗的及时性与医院空间环境的功能效率密切相关,尤其是危急重情况下的救治效率。以心肌梗死的抢救过程为例,从患者发病到治疗完成最好控制在 90 min 内,包括将患者从家中转移到医院的时间,可以说整个抢救流程是一项与时间赛跑的过程,每一秒钟都与患者的生命息息相关。对心肌梗死(或入院抱怨胸痛)的患者第一时间做出诊断所需要的依据便是心电图,因此心电图描记器应当位于患者入院后距离其最近的位置。诊断完成之后需运用球囊扩张术进行迅速的治疗,即诊断之后患者被迅速转移到手术室的时间也非常关键。所有相关部门必须在极短的时间内到位。在这个过程中,急诊医生以及医院内心脏病专家所处的地点同样关键,通过合理地组织空间来节约每一秒钟都会给患者抢救成功带来一份希望。

在空间环境设计当中,从安全的角度来讲,急救状态下所需的物资宁可备而不用,也不可用而不备。所谓空间系统功能效率是在资源总量不变的情况下空间环境对于功能的实际满足程度与相关医疗行为所需要的理想模式的比值,其本质是空间环境设计与所对应的行为的匹配度,空间秩序与医疗行为所需功能的匹配是紧急救治重要的指标。就诊过程中,同一空间中难以完成医疗过程中患者的所有检查、诊断和处置,患者往往需要在多个空间中进行转移,当病情比较急迫的时候,拉近这些患者需要转移的空间或者把诊疗过程中所需的条件汇集于同一空间显得尤为重要,可为救治的高效性提供有利的条件。《急诊护理中不安全因素分析与对策》一文指出,环境因素是影响急诊护理安全的重要因素,如急诊布局、流线、面积、功能等。在急诊环境设施布局不当、面积不够、走道狭窄、专用设施不到位或与其他科室共用造成患者的多次往返、延误最佳抢救时机等情况下,急救因病情的危、急、重等特征发生不确定性风险的可能性非常大。在病情严重且急迫的情况下急会诊的建立越快越好,这与相关专家距离急诊的远近有很大关系。再如,重症住院患者突发意外,患者身体状况随时可能出现不良反应,护理人员及时观察到相关的变化,寻索并告知相关医生,医生及时赶到患者身边进行诊断和治疗,这一系列环节中任何一个环节出现延误都可能错过最佳的救治机会。与之影响最直接的空间环境要素即护士站、病房、医生办公室三者之间的相对空间关系。

空间环境在医学预后不确定性中具有一定的及时性保障作用。所谓医学预后不确定性是指在临床治疗或研究型医疗过程中发生的非预期状况,既包括医院当中医疗意外情况的紧急抢救,也包括研究型医院中临床和科研中所出现的不确定性的现象。不确定性的出现无法消除、难以控制,现阶段只能尽力保障意外情况时的紧急处置。在发生医学预后不确定性的紧急情况下,高效的空间组织是对医疗行为起到支撑作用的关键保障。例如,空间环境在转换医学研究中的及时性保障作用。转换医学在于架起基础研究与临床医学之间的桥梁,是基础研究成果与临床治疗之间的高效转化与及时反馈,是医学预后不确定性的集中体现,甚至可以说转化医学是在各种疾病的不确定性中探索未知世界。功能复杂、需求苛刻、患者身份特殊、探索性强等一系列特征都表明转化医学中心内蕴藏着多种高风险的不确定性。建筑设计必须以高效连接的空间体系支持转化医学研究中随时出现的各种可能,这并非经济层面的空间紧凑,而是保障转化医学研究安全的必要条件,是工作人员和患者所面临的不确定性风险的支撑系统。在各种突发状况面前,低效率空间组织意味着不安全的建筑设计。此类医疗和科研复合的空间环境设计围绕临床与科研及时转化的需求,突破彼此隔离的现状,将医疗空间与科研空间距离拉近,并进行筛选重组。综上所述,空间环境与医疗的及时性之间存在密切的保障关系,应主要通过空间功能配置和空间秩序组织发挥其在医疗及时性中的作用。

4.空间环境对医疗失误的作用机制

(1)空间环境对于医疗失误的预防机制。

空间环境对于医疗失误的影响是客观存在的,发挥积极影响、减弱消极影响可对医疗失误的形成产生一定的预防作用,通过医疗行为主体和医疗行为条件联合产生。空间环境对于医疗失误的预防作用包括以下几个层次:第一,消除环境对患者和医护人员状态的直接危害;第二,创造不利于医疗出错的环境,使与医疗正确性相关的不良事件发生概率降低;第三,提供有利于医护人员高效操作的医疗条件,使与医疗及时性相关的不良事件发生概率降低。

以空间环境对于用药差错的预防作用为例进行解析。2004 年 ISMP(用药安全规范研究所)对美国医院用药安全进行测评,指出用药差错的预防"针对系统而非个人,不要仅依靠和相信人的记忆力,通过更为客观的方法去优化,补救失误导致的相关问题,预防高危药品的伤害,简化容易发生错误的烦琐流程,保护高风险患者人群,改善环境使工作人员不易发生差错"。其中,用药流程、工作环境是与空间环境密切相关的内容。用药差错可能发生在多个环节,如开错药表现为识别错误或电子信息系统处方录入的操作失误,可通过改善工作环境的光环境减轻工作人员的视觉疲劳进行预防;沟通不利表现为对于患者用药史或过敏史的沟通出现漏洞,可通过创造有利于信息准确表达传递、有利于良好沟通的环境进行预防;药物不良反应表现为用药过程中发生药物不良反应护士未能及时观察到并记录,可通过提高医护人员和用药患者之间的可视性进行预防;药物调配需要安静的环境予以支持,可通过吸声降噪等措施进行干预。

(2)空间环境对于医疗失误的保障机制。

空间环境对于医疗失误的保障作用主要包括对应对医学不确定性的保障和对医疗失误发生以后的弥补救治的保障,具体则是通过空间环境对相关医疗条件和人员状态的保障来实现。空间环境对于医疗失误的保障作用包括以下几个层次:第一,有利于医护人员应对医疗干预过程中出现的各种不确定结果;第二,有助于发现并及时处理医疗差错,是医疗正确性失效之后的保障。

对于医疗失误的认识存在很大分歧的主要原因在于人们对于医学不确定性的认知水平差异和相关人员对于医疗质量的定位偏差。对于患者而言,走进医院,将自己的生命健康交给医院,这一过程所涉及的一切要素都应当是最安全的,医护人员也是如此。然而,医疗的安全品质却是受到多重因素影响的,既取决于医护人员当下根据各类医疗信息做出的判断,也取决于医护人员的状态。此外,医疗本身就是一个成功与失败共存的活动,这种不确定的特性无法改变。空间环境设计如何对处理不确定性所需的条件进行保障是其应对医疗失误的重要目标。

综上所述,空间环境对于医疗失误的保障机制主要围绕完善空间的功能配置和高效组织展开。

(3)空间环境对于医疗失误的作用机制。

医疗失误的防控是医患双方共同参与的过程,在医疗失误问题的解决中以医务人员相关影响因素为主导。医疗失误是多种影响因素复合的结果,环境对于医疗失误问题的影响客观且普遍存在,这种影响通过人员状态和医疗条件具体落实,空间环境既影响医疗的正确性,又影响医疗的及时性。空间环境对于医疗失误发生的预防机制和保障机制在建筑要素中是叠加在一起的,难以通过空间环境要素进行划分。空间环境对医疗失误的作用潜伏在医疗活动的各个环节,其中一个或多个被激活均可能导致严重后果。空间环境对于医疗失误的作用机制如图2.10所示。

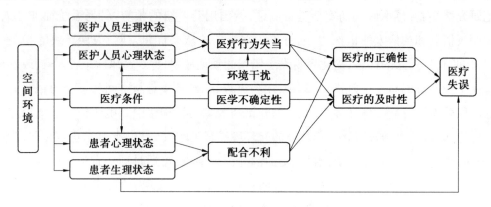

图2.10　空间环境对于医疗失误的作用机制图

5.影响医疗失误的空间环境风险要素

空间环境风险要素的分析以影响医疗的正确性和及时性为基本出发点,具体包括医护人员的行为差错、医疗活动中的治疗延误、医学不确定性的保障、患者在医疗过程中的配合情况四方面。本书共计从空间环境的功能配置、空间组织、物理环境、设施设备、使用情况五个方面初步提取风险要素,在此基础上进行第三方专家意见征集,专家对每个具体单项从影响程度和影响频度给出意见,风险性的分析依据风险值计算(风险值=影响程度×影响频度)及风险程度分区进行判断。医疗失误相关影响因素及其风险级别判定的结果如图2.11所示。结果表明,空间环境风险要素对医疗正确性和及时性的作用分布有一定差异。与医疗正确性相关的空间环境风险要素主要为中、低度风险区,但影响要素的数量多、覆盖面广,主要表现在对医护人员生理、心理的影响。与医疗的及时性相关的风险要素则主要为中、高度风险区。程度最高的空间环境风险要素主要集中在医院空间布局对于医疗及时性的影响(以急救相关流线、布局为代表)和空间环境对于行为意识的干扰(以环境噪声为代表)。空间环境风险要素对于医疗失误的作用是以一种长期存在的、无法规避的方式参与到医疗活动当中,属于建议处理和应优先处理的风险程度。

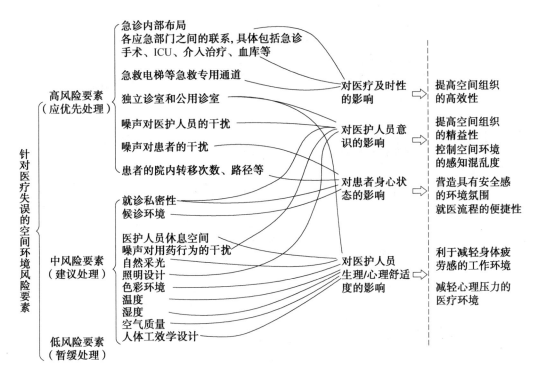

图 2.11　医疗失误相关影响因素及风险级别判定

6. 基于安全逻辑的失误风险控制模型

针对医疗失误的建筑空间环境风险控制模型是在其本身作用机制的基础上明确每个环节中建筑空间环境可能控制的具体内容,需要指出的是,控制模型中每个环节的控制内容是结合了建筑学专业的可控程度而综合考虑的,即使建筑学专业做到了各个环节所列的内容,并不意味着医疗失误不发生,而是意味着医疗失误发生的概率有所变化。本书结合失误风险要素的专家意见,提出空间环境应主要从功能配置、空间组织、物理环境、设施设备等方面对医疗失误进行干预,通过空间环境的诱导作用、限定作用去改善相关人员的行为并进一步促进医疗正确性和及时性,具体如图 2.12“针对医疗失误的空间环境风险控制模型”所示。

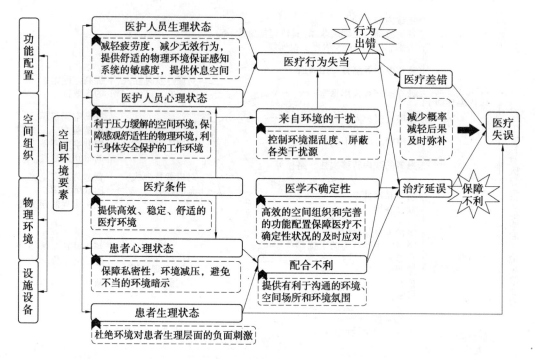

图2.12 针对医疗失误的空间环境风险控制模型

2.2.2 应对医疗失误的医院建筑空间环境策略

1. 提高空间组织的高效精益

多项实证研究显示空间布局不当是医疗失误产生的原因之一,医院建筑空间的高效组织不仅是效益层面的考虑,而且是安全层面的必要性需求。空间组织对医疗流程具有一定的限制作用。医疗流程即一系列以医疗为目标的相互关联的行为过程。空间秩序与医疗需求是否匹配是影响医疗正确性的又一重要内容。空间组织的内在逻辑应当与医疗流程高度匹配,匹配性越差则对于医疗活动形成阻碍越多。

(1)空间组织的"高效应急"。

空间组织与病情的"应急"处置密切相关,"急"对于医院而言是一种常态,而且越急越需要各部门的配合,对于空间组织的合理性要求越高。"急"所面临的各种需求无法满足时,便可能因医疗不及时而形成医疗失误。医疗的及时性与患者生存及康复的可能性直接相关,对于"急"病的处理程序是衡量一所医院医疗水平的重要指标。空间组织的高效性是一个从宏观到微观的多层级体系,既包括各功能空间之间的关系,也包括各功能空间单元内部的组织。

①常态应急空间内部应以流程为核心进行高效组织。

常态应急空间主要包括急诊、ICU、手术以及分娩部,部门内部的空间组织直接关系到具体操作的效率和准确性。在常态应急空间中,医技设施设备应尽量专用,减少与其他部门混用,拉近医技设施是常态应急空间设计环节中的必要措施。例如,急诊作为急症救治的首诊场所,是医院应急医疗空间的核心,其空间布局应按照各类急诊所接诊的内容次序进行分布,尽可能缩短抢救半径,遵循急诊流程的逻辑性和空间功能的完善性。例如,图 2.13 所示的上海中山医院心血管综合楼急救系统垂直交通体系中,急救、抢救手术室、ICU、检查中心通过设置于急诊内部由工作人员控制的急救专用电梯(不是普通的急诊电梯)进行垂直联系,将心脑血管疾病的抢救所涉及的几大部门高效地组织在一起。此外,该医院综合楼直升机坪等设施也从空间联系层面为急救的及时性提供了良好的保障。再如,重症医学科患者病情变化具有高度不确定性,致使患者出现生命危险的风险极高,因此也呈现出"急"的特点。医疗活动中对于重症患者的"急"体现在处置行为急迫,而行为的及时是建立在对病情变换的及时观察的前提之下的。患

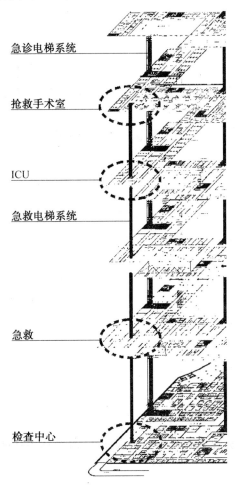

图 2.13　上海中山医院心血管综合楼急救系统垂直交通体系

者一旦发生病情变化,任何的转移或等待都可能延误抢救时机或造成二次伤害,因此各种急需的空间、设施、设备应尽可能集中设置于患者周边,通过足够的空间尺度保障不确定性的需求弹性。综上所述,重症医学空间高效应急的组织原则具体可概括为可视性、可达性和适应性。

②加强急迫度需求最高的部门之间的联系,包括绝对空间距离的拉近和空间连接方式的优化。

急迫度需求最高的空间与相关部门之间的联系是医疗及时性的重要保障。急迫度需求最高的空间包括急诊、ICU、手术以及分娩部,与之相关联的"需求"为血库、中心供应、检验部、放射科。新兴且快速发展的介入治疗用房涉及心脏病、心血管疾病等危急病情,必须与急诊、手术部、CCU(Coronary Care Unit)之间建立快速便捷的联系。医院各部门空间联系急迫度关系矩阵如图2.14所示。空间关系的设计应当在设计的每个环节反复校验确认,任意两两需要急迫联系的空间之间应通畅便捷。以美国St. Joseph's Hospital设计过程中所提倡的"以患者安全为导向的设计过程"为例,设计

	1.内科单元	2.外科单元	3.矫形单元	4.妇产单元	5.小儿单元	6.急救准备	7.ICU	8.手术部	9.分娩部	10.检验部	11.放射科	12.核医学	13.解剖病理	14.门诊部	15.出入院	16.康复理疗科	17.放射治疗科	18.血库	19.药剂科	20.中心供应部	21.厨房配餐区	22.洗衣间
1.内科单元		○	○	○	○	◐	●	●	◐	◐	◐	◐	◐	◐	◐	◐	◐	◐	◐	◐	◐	◐
2.外科单元			○	○	◐	●	●	◐	◐	◐	◐	◐	◐	◐	◐	◐	◐	◐	◐	◐	◐	◐
3.矫形单元				○	○	◐	●	●	◐	◐	◐	○	◐	◐	◐	◐	◐	◐	◐	◐	◐	◐
4.妇产单元					●	●	●	◐	●	◐	◐	◐	◐	◐	◐	◐	◐	◐	◐	◐	◐	◐
5.小儿单元						●	●	◐	●	◐	◐	◐	◐	◐	◐	◐	◐	◐	◐	◐	◐	◐
6.急救准备							●	●	◐	●	●	○	○	●	◐	○	○	●	◐	◐	◐	◐
7.ICU								●	◐	●	●	○	◐	◐	◐	○	○	●	◐	◐	◐	◐
8.手术部									◐	●	●	○	◐	○	◐	○	○	●	◐	●	◐	◐
9.分娩部										●	○	○	○	○	◐	○	○	●	◐	◐	◐	◐
10.检验部											○	◐	●	◐	○	○	○	◐	◐	◐	○	○
11.放射科												○	○	◐	◐	◐	◐	○	○	○	○	○
12.核医学													○	●	◐	◐	●	○	◐	○	○	○
13.解剖病理														◐	●	○	◐	◐	○	◐	○	○
14.门诊部															○	◐	◐	◐	◐	◐	○	○
15.出入院																○	◐	◐	◐	◐	○	○
16.康复理疗科																	◐	◐	◐	○	○	○
17.放射治疗科																		◐	◐	◐	○	◐
18.血库																			◐	◐	○	◐
19.药剂科																				◐	○	○
20.中心供应部																					○	◐
21.厨房配餐区																						◐
22.洗衣间																						

●紧急优先　◐紧急不优先　○不必优先

图2.14　医院各部门空间联系急迫度关系矩阵

人员和医院管理人员在设计的每个环节运用风险失效模式分析的思路对空间关系进行审视,不断地确认空间之间的距离和联系方式是否通畅便捷,反复思考空间组织设计在未来紧急使用中可能面临的问题、任意空间之间快速联系失效的情况下可能出现的后果,以及这种失效结果发生的可能性。

细化最小空间单元内部的空间组织,尽可能拉近重症患者的各项需求。空间功能的完备性是医疗活动得以顺利进行的基本条件,功能完备是应对医疗当中各种不确定性的保障。当空间内部配置不完善时,医疗过程尤其是紧急救治环节可能耽误时间、错过最佳时机,因此空间环境设计应尽可能围绕患者设置完备的医疗功能。例如,美国某医院在急性适应性病房的设计中满足备有常用医疗设备的各类需求,是保证空间功能完备的典型做法,这些功能的设置本着"宁可备而不用,也不可用而不备"的原则。该医院适应性病房的建设减少了患者在治疗过程中90%的转移需求,为医护人员提供最快、最连贯地完成治疗活动的有利条件,避免了在患者转移过程中耽误时间和增加大量的重新识别和记录工作,出错的概率降低了70%。

③空间环境设计应尽量保持各功能空间的完备、独立、专用,降低混用、合用的概率。

在设计中可考虑为每个科室或单元预留一定的机动空间,以利于新增功能或其他使用中面临的需求的灵活调整。当功能空间缺失或面积不足时,部分医疗空间被迫与其他空间进行合用,各功能之间产生干扰进而对医疗行为形成障碍。例如,某医院儿科治疗室与配药间由于空间的完备性不足而不得不进行合用,治疗室中婴幼儿哭闹声对配药间需要的独立安静环境形成强烈干扰,在未来的建设中应邻近但分别独立设置。

(2)空间组织的"精益应错"。

医疗安全控制不仅在于每个环节做正确的事,还在于以什么样的次序做这些事。航空领域和其他制造业的经验告诉我们:人类的行为在添加任何一个多余的步骤和操作之时都会增加失误的概率。医疗活动同样如此。对于保障医疗的正确性而言,不当的布局容易诱导行为秩序的错误,精益空间组织并非只利于速度,而是强调把更充足的时间留给有效的医疗行为,尽量减少其他环节所需的时间。空间组织的精益化并非针对急救速度,而是一种全面的精简流程的设计策略,通过取消不必要的工作环节和内容、合并必要的工作、程序的合理重排、简化所必需的工作环节等方法消除因空间组织而造成的行为浪费、时间浪费、资源浪费。流程优化当中的这四重考虑在很多情况下是结合进行的,目的在于争取将更多的时间和更从容的状态留给直接的医疗行为,以达到促进医疗正确性的目的。空间组织的精益依托于医疗流程优化。流程大到整个医院的规划,小到一个独立功能房间的内部布局,都是分级分类的复杂系统,往往很难说是某个具体的步骤导致行为出错或者对医疗行为支援不力,而是整个过程的连贯性等决定了最终的效果。因此流程的优化不应纠缠于对单个行为的关注,而应对行为序列整体观察,寻找瓶颈环节。流程既是建筑空间环境设计重要的初始依据,也受制于已完成的设计。对流程的优化,不论是对流程整体的优化还是对其中部分的改进,都可达到提高工作质量、减少医疗差错的目的。在医护人员行为中,非直接医疗行为的比例是惊人的,如花过多的时间在物资的寻找、辨识、转运等方面,那么对于患者直接护理的时间只能相对减少。

2. 控制空间环境的感知混乱度

"混乱"极易引起工作人员的烦躁并进一步诱发医疗失误,降低空间环境的混乱度相当于减少医疗失误的诱因。空间环境对大脑意识的干扰是形成医疗失误的原因之一。"嘈杂、复杂"是国内许多医院的常态,过度的混乱极易引起工作人员的烦躁,而烦躁是形成医疗失误的直接原因之一,降低空间环境的混乱度以避免来自环境的干扰和精简不必要的信息感知是对避免医疗差错的直接支持。这里所说的混乱和干扰主要针对医疗失误主导性人员,即医护人员的环境感知。感知混乱度往往是多种信息叠加的结果,最主要的感知途径以视觉信息、听觉信息以及第六感为主,其他通常意义上关于嗅觉、触觉和味觉的感知在空间环境中体现得较弱。对于混乱度的控制本书主要分为空间环境的复杂性、逻辑性和干扰性三个方向。复杂性层面主要表现在空间环境自身的复杂性和当其作为其他复杂信息背景时所表现的背景作用。逻辑性层面主要是指空间秩序与医疗流程的匹配性和与使用者认知习惯的匹配性,匹配性越低混乱感越强烈。干扰性指向环境自身作为干扰源或作为其他干扰源的背景两个方向,具体可通过避免自身作为干扰源、利用空间环境屏蔽外部干扰源、布局设计中将干扰源空间尽量远离直接医疗空间、通过空间环境措施削弱内部干扰源等途径进行控制。空间环境混乱度内涵解析如图 2.15 所示。

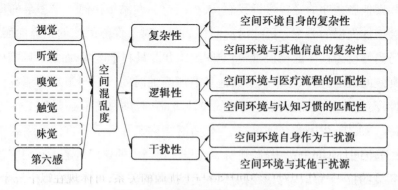

图 2.15　空间环境混乱度内涵解析

(1)减少空间环境的复杂性。

减少空间环境自身复杂程度的设计策略包括以下三个层次:第一,应当减少同一空间内部功能的复杂程度,即同一空间所承载的功能尽量纯粹,减少复合和共用。例如,患者病房单人间环境相对于多人间所承载的内容更纯粹,对于医护人员而言,仅接收单一的患者信息,诊疗过程不会受到其他病员及其家属的干扰。第二,同类空间应尽量标准化。不同的建筑空间作为医疗设施的平台,空间形式不同,内部的设施布置必然随之发生变化,这既增加了医疗活动中的识别环节,也增加了医疗操作的复杂性。例如,同类手术室应尽量采用完全相同的布局形式,内部设施的布局尽量保持一致,有助于减少医疗操作空间差异造成的干扰。第三,利用空间环境调节信息感知的复杂程度。色彩运用对于视觉感知信息具有重要影响,以色彩表征分类是医疗信息的识别当中最常用且有效的方法。当空间环境作为被识别信息的背景时,自身应当做到纯粹和简化,避免与医疗信息互相干扰。例如,药品的存储空间、医疗器械的储存空间等,背景尽量简化,以突出需要识别的药品信息。当空间环境本身作为需要被识别的内容时,可运用色彩加以区分,在不显著增加混乱度的情况下便于人们对关键空间进行识别。

(2)突出空间环境的逻辑性。

所谓空间环境的逻辑性是指空间的相互联系及内部功能发展的规律性,以及反映这种规律性的人的思维发展的规律性。当空间环境的规律与内部行为的规律、人们认知思维的规律不相符合时,表现出来的体验感即混乱。首先,应当提高空间秩序与医疗流程的匹配性。医疗流程是组织医院空间最核心的依据,不合理的空间更易引起使用流程的混乱,造成使用过程中流线的交叉、时间的浪费、行为的反复等,从而带来感知层面的混乱,这与空间组织的"精益应错"的策略类似,即提高空间秩序与医疗流程的匹配性,故不再展开论述。

其次,提高空间环境与认知习惯的匹配性。识别视觉信息是人们对环境信息最重要的感知方式,当所看到的空间环境信息与使用者的认知习惯不相符合时会加剧其感知的混乱程度。医院空间的设计需要创新,但是创新的过程仍然应遵循人们惯常的认知习惯。医院环境作为公共环境,其所表现出来的特征应当与公共意识尽量吻合。医护人员基于自身的工作需求和认知习惯会在心理上形成对某空间的预期理解,这种理解与实际的空间环境差异较大时会构成感知层面的混乱。这里所说的环境认知在空间环境中的体现是多种要素以视觉信息的方式综合传递,具体包括空间的位置、尺度、色彩、质感等。

(3)发挥空间环境的抗干扰作用。

空间环境的抗干扰作用对应空间环境与干扰源的关系,可体现在以下三个方面。

①空间环境自身为干扰源时,应尽可能减少空间环境对行为操作的误导与干扰。

设计所折射出的内涵应当避免与使用者的认知产生歧义,否则必须由其他外力进行直接干预。在医疗安全问题上,人们无法容忍试错的存在。如果空间环境所给出的信息是人们无法明确接受并产生准确行为的,那么则应由其他要素进行明确的引导和指示。在医院空间设计当中尽可能避免带给使用人员困惑的选择,在重要环节尽可能采用"唯一性"的设计举措,或者在多选择中尽可能采用人员可以快速而轻松地做出选择的策略,降低其他可能性的干扰,避免因空间环境过于复杂而形成的错误诱导,如可在空间层面进行分割或保持一定的距离达到减少彼此干扰的目的。

②空间环境自带或毗邻干扰源时,应通过空间环境措施屏蔽干扰源。

带有明显干扰源的空间应与直接的诊疗空间隔离或者运用建筑技术措施实现尽量屏蔽。以候诊区和诊疗区的空间关系为例,廊式候诊区的患者在门外的交谈、打电话等噪声直接对诊室内的诊疗行为形成干扰,许多时候甚至需要医生或护士出面进行直接制止。厅式候诊区由于独立性较强,将医院公共环境的混乱隔绝在就诊环境之外,至少不直接对医疗活动产生干扰。因此从减少干扰的角度来看,厅式候诊区比廊式候诊区更有利。对候诊空间进行分区是有效控制干扰源的设计方法,如西安交通大学第一附属医院一次厅式候诊区采用集中式的大厅候诊,使得大量嘈杂的候诊人群集中并且使其与直接的诊疗区具有一定的距离,二次廊式候诊区人数较少且相对分散,选用廊式空间则可相对便捷地满足候诊需求,如图 2.16 所示。

(a) 一次厅式候诊区　　　　(b) 二次廊式候诊区

图 2.16　西安交大一附院一次厅式候诊和二次廊式候诊区

③当多个空间均包含干扰源,且互相产生消极作用时,应通过分区、物理隔离等措施避免相互侵扰。

多人共用的空间中自身的行为对于他人而言会构成干扰,如多人共用诊室、多人共用办公室等。以下是调研中某医生对于多人共用办公室的使用状况描述。1 号医生在写患者 A 的病历,2 号医生在与患者 B 家属沟通,3、4 号医生在讨论患者 C 的病情,5 号医生过度疲惫趴在桌子上休息。首先,各种语言信息之间的干扰很有可能导致 1 号医生在写患者 A 病历的时候出现错误或者误将耳中患者 B 或 C 信息与 A 混杂,形成典型的短期记忆从而被干扰,进而出错。其次,患者 B 家属可能将听到的患者 C 的病情不经意间泄露,造成患者隐私权益的损害。5 号医生在如此嘈杂的环境中疲惫难以得到缓解,进而以更疲惫的状态投入下一步的医疗活动,直接威胁其他患者安全。由此可见,在设计中应尽量鼓励独立空间的使用;在条件有限只能共用空间的情况下,可考虑用隔断等方式进行分区,尽量减少彼此间的干扰,减少医疗过程中无关信息的输入。

(4)通过空间环境措施削弱诊疗空间内部的干扰源。

诊疗过程本身会伴随干扰源的产生,以儿科诊疗区为例,其噪声几乎达到了噪声职业暴露防护的程度,在这样的环境中医护人员的状态必然受到影响。在建筑设计中:首先,可考虑在室内设计中采用吸声降噪措施对噪声进行控制;其次,可通过环境的趣味性设计等积极转移幼儿的注意力,尽量缩短其整个医疗过程中的哭闹时间,达到从源头减弱噪声的目的。综上所述,空间环境的抗干扰作用可以概括为五种基本模式,如图2.17 所示。

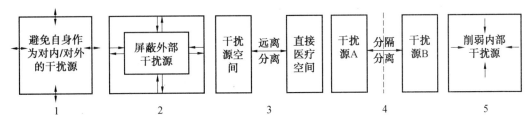

图 2.17　空间环境抗干扰作用的五种基本模式

3. 创造有利于减轻医护人员疲劳感的工作环境

工作环境是造成疲劳感的重要因素,而医护人员的疲劳感是造成医疗失误的原因之一,过于"平淡"的环境和过于"混乱"的环境均可使医护人员产生疲劳感,具体包括生理层面的劳累程度、心理层面的压力及烦躁程度。

(1)有利于减轻身体疲劳程度的工作环境。

①合理的空间组织有助于减少医护人员的无效行为。

行为活动量是造成生理疲劳的本质,空间布局应减少医护人员工作中不必要的循环往复,减轻疲劳度,使其将有限的精力和时间用于直接的医疗行为当中,这与空间组织的精益设计包含相同的思想。例如,分散式护士站相比集中式护士站可有效缩短医护人员的行走距离,达到减轻工作疲劳度的目的。大型护士站距离病房较远,护士在自己负责的病区走廊以放置护理推车的形式进行护理,在没人呼叫的时候,医护人员由于缺乏可以停留的场所,只能往返于护士站等待呼叫或者在病区附近站立等待。如果在每个护士负责的病区设置微型护士站,拉近其与患者的距离,既减少了医护人员的行走距离,使其能够更加及时地对患者的需求做出反馈,又可使其在护理间隙以就座代替站立的方式进行体能的休整。

②改善工作场所采光、通风等物理环境有助于减少疲劳感的形成。

长时间处于封闭环境容易造成疲劳感，而医院环境的封闭与否取决于内部的医疗功能，即便是非封闭的环境也经常由于采光、通风等条件有限而不利于减轻医护人员的疲劳感。医护人员的工作属于高脑力劳动，易疲劳的环境对于医疗安全而言是非常危险的。例如，许多手术中心的医护人员，常年工作于无自然采光、通风的环境，甚至医护人员在黑房间中办公的情形也屡见不鲜。在设计当中，除了手术室等有特殊医疗要求的环境，其他区域应尽可能争取自然采光，内部氛围应尽可能区别于手术环境，如走廊、办公室、休息室、储物室等，可通过内部环境的反差为手术人员提供适当缓解疲劳的区域。

③就近提供适当的休息场所有助于及时缓解医护人员疲劳程度。

医院空间资源有限，为了给患者争取更多的空间往往压缩甚至忽略医护人员的休息场所，导致医护人员休息室普遍不足。休息场所的设置方式多种多样，如休息室、休息区、休息廊等，应邻近医护人员的工作区，既方便使用又满足紧急医疗的需求。休息场所的设置十分有利于工作人员调整疲劳的状态，使其重新参与到医疗工作当中时精力充沛，这犹如为避免"疲劳驾驶"而设置的休息站。调研中发现，国外医护人员的休息空间设置已经是基本共识，我国医院建设亦开始关注这一点。例如，某医院住院部在设计之初并未考虑此类专属空间，因此在使用中不得不将一间病房改建为休息室，再次印证了休息室设置的必要性，如图2.18所示。

图2.18　将患者病房改为医护人员休息室

（2）有利于减轻工作压力的空间环境。

环境压力是医护工作人员心理压力的一部分来源，如之前所说的环境的感知混乱度也是造成心理压力的原因之一。医疗环境研究表明，可通过艺术手段、环境色彩、环境绿化等缓解患者和工作人员的压力。越是无法真正获得自然采光、通风的相对封闭的环境，越需要通过环境设计的方法营造减压环境。例如，某医院通过虚拟技术在CT检查室中引入自然景色，为工作人员和患者共同营造减压环境，如图2.19所示；美国加州的 Scripps 乳房护理中心,在原本黑暗单调的走廊中采用艺术绘画的方式引入虚拟的自然景色,形成利于减压的走廊环境,如图 2.20 所示。

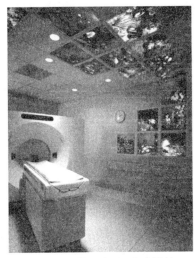
图 2.19　某医院 CT 室内设计

图 2.20　Scripps 乳房护理中心的走廊设计

4. 为患者营造具有安全感的就诊环境

医疗活动的成败不仅取决于医护人员,同时受制于患者的配合与否。安全感是患者在医疗过程中进行良好配合的前提。

(1)有利于保护患者隐私的空间环境。

空间环境的私密性有助于促进患者在医疗过程中与医护人员的良好沟通。病情是每个患者绝对隐私的信息,在整个的就医环节中应通过空间环境屏蔽无关人员的出现,减少诊疗活动中共用空间的现象。在问诊环节,尽量保证独立问诊,无论是独立诊室的设置还是单人病房中的问诊都是对患者隐私的有力保障。病房的本质就是患者就医过程中的居住环境,私密是居住环境最基本的要求。我国医院病房以多人间为主,通常无法保障私密性,在问诊、查体等环节患者难免尴尬甚至对于病情的陈述有所偏差。再如,调研过程中多名医护人员指出医院设置谈话间的重要性,谈话间是医生与患者及其家属对于重要医疗信息进行沟通的空间,独立、舒适、放松的谈话环境有助于患者和医护人员进行更好的沟通。谈话间的设置不仅在手术、重症处理等特殊需求区,而且在普通的护理单元区同样需要,尤其是在我国以多人间占绝大多数的护理单元中,设置谈话间是能够有效满足单独沟通需求的策略。

(2)有利于缓解患者紧张情绪的空间环境。

首先,缓解患者的紧张情绪有利于患者在医疗过程中进行良好的配合。不良的空间环境设计是加剧患者紧张的原因,通过空间环境的改善转移或者暂时转移患者的注意力、营造温馨舒适的就诊环境可在一定程度上发挥缓解患者紧张的作用。医院环境的建设折射出医院的医疗条件水平,良好的空间环境有助于提升患者对于医院的信任感。在诊疗环境中,医技等空间温馨的环境氛围可缓解患者在医疗过程中的紧张感。如图2.21所示,某儿童医院积极改善影像科室环境氛围,装修过程中将放射空间的门用木质材料装修,在一定程度上削弱了医院空间给人的冰冷印象,缓解患者心理压力。在候诊环境中,艺术品、色彩、绿化环境等已被循证设计的多项研究证实具有缓解患者紧张情绪的作用。其次,患者的不安全感受对医护人员言行、态度、情绪等状态的影响非常大,而医护人员的状态又在一定程度上受到空间环境设计的影响,这再一次体现了空间环境对医疗安全的影响是一个多因素互相影响的复杂系统。最后,安全感的营造一定要根据具体的科室特点,不可一概而论,与各类患者特点的匹配性十分关键。例如,候诊环境中设置电视机播放视频是许多医院的常用方法,在普通的候诊环境有助于积极转移患者的注意力,但在急诊的候诊环境中这样做不但不能减轻相关人员的压力反而会加剧其烦躁的情绪。

图2.21　某儿童医院医技检查空间

2.3　安全主题(二):医院建筑与控制医源性感染

医源性感染是医疗安全领域的重要议题,是医疗安全的核心指标。近年来,医源性感染呈现感染范围扩大、防控难度加大等趋势。建筑空间环境设计对于医源性感染影响的研究是医疗领域和建筑领域的交叉议题,是医院建筑设计的原则性内容。感染控制必须从医院建筑规划设计之初做起,从设计角度建立一整套系统的工程措施来保障医源性感染控制的有效性,而非只依靠使用中的消毒或者药物控制等。在医源性感染的防控中,空间环境风险控制的思路并非灭菌,而是按照感染源—传播途径—易感人群的全过程思维进行控制,目的在于消除、减弱或切断感染发生的条件。

2.3.1　医院建筑对控制医源性感染的作用机制

1. 医源性感染的内容组成与发生原理

"医源性感染",在我国过去常用"院内感染""交叉感染"等用语来表述类似概念,近年逐渐采用国际通用术语,凡是在医疗服务过程当中因病原体传播引起的感染均称为医源性感染,是指在医疗、护理和预防过程中,因器械、设备、药物、制剂、卫生材料、医护人员肢体或者医院环境污染所引起的感染。感染对象包括患者、工作人员及来访人员等。医源性感染的预防与控制是医院建筑安全设计一直面临的重要问题。感染防控涉及医疗过程的每一个环节,从患者入院到患者出院这段时期内,医护人员的无菌操作、抗菌药物的合理应用、消毒与隔离、手卫生措施的落实、一次性使用无菌医疗用品的管理、医疗废物的管理、诊疗环境的洁净度、患者及进入医疗机构其他人员的管理等,任何一个环节发生疏漏,都有可能导致医源性感染的发生。在医源性感染防控中,感染与传染是既有联系又有区别的两个概念。传染无疑是造成感染的一种类型,但感染病症则包括所有由病原体造成的感染,无论其是否是传染病。因此感染病防控的范围大于传染病防控。医源性感染在医院中几乎涉及所有科室,而不仅是传染病科。医源性感染的重点防控内容包括标准预防、多重耐药菌的控制、外科手术部位感染、重症监护部门管理、抗菌药物合理应用的管理、消毒灭菌隔离与手卫生控制等内容,其范围触及临床、检验、后勤等几乎所有环节。

医源性感染的发生是感染源借助某种传播途径作用于相关人员受体的过程,感染一定依托于某种传播方式,一定依托于感染主体所处的环境,所有环节缺一不可。感染源由各类人员所携带或直接来自院外环境,这些细菌、病毒、真菌等病原体微生物在医院内借助人体或者环境进行聚集与繁殖,并借助人与人的接触、人与物的接触、空气、血液、水体等多种途径进行传播,当其攻破相关人员(易感人群)的免疫系统时形成感染,如图2.22所示。感染控制的本质在于破坏整个传播流程的完整性,切断任何一个环节都可起到感染控制的效果。病原体的来源是与空间环境无关的环节,其产生后在医院内分布、聚集、繁殖、传播,均离不开医院建筑空间环境这个载体,这也是空间环境风险产生影响的前提。

2. 空间环境与医源性感染的关联机制——微生物环境、传播途径、保护措施

医源性感染控制所涉及的专业领域包括医院管理、临床各科室、后勤供应、规划、建筑、暖通等。空间环境作为医源性感染防控的载体,对感染的发生、发展、预防和控制的全过程均发挥一定的作用。其中,空间环境在医源性感染的控制当中效果更为明显,科学合理的空间规划,严密的流线控制、重点区域的高效隔离与相关设施设备的应用等紧密结合,能够在控制感染源、切断传播途径、保护易感人群等方面发挥重要作用。空间

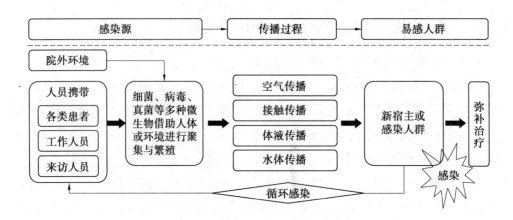

图 2.22　医源性感染发生原理图

环境在医源性感染中既是发生原理的一部分,也是防控的干预措施。在整个的作用机制中,与空间环境相关的内容是复合存在的,而非割裂的。

(1)空间环境与微生物环境的相关性。

空间环境是微生物聚集与繁殖的载体。首先,医院空间布局和流线设计通过影响各类病原体携带人员在医院内的分布从而影响微生物的聚集。例如,传染病科等拥有高危人群的科室应考虑设置单独的出入口,尽量避免传染病患者所携带的病原体在医院其他区域内聚集;各个科室独立成区、互不穿越,尽量减少不同类别患者所携带的病原体的交叉聚集;对同一空间内的人群聚集程度进行控制从而影响微生物的聚集程度等。其次,空间环境的物理条件影响微生物的生存与繁殖。温度、湿度、光照、通风、室内界面等物理环境共同决定了病原体微生物在医院中的生存环境。例如,有研究指出空气湿度对于微生物的繁殖有一定影响,病房太阳光照本身具有一定的杀菌作用,良好的通风环境可以尽快稀释病原体的浓度,而不同的界面材料抑菌程度有所不同,空间界面的及时清洁是改变医院微生物环境的有效措施等。图 2.23 为美国学者乌尔里奇对多重耐药菌 MRSA 在 ICU 空间内区域分布的模拟示范,不同的空间区域和不同的材质界面其分布的浓度有所差异。

(2)空间环境与传播途径的相关性。

在多种传播途径中,与空间环境设计最为密切相关的是空气传播和接触传播,血液、水体等传播与空间环境设计的关联度相对较弱,这里不予展开。

医院是空气所含致病微生物浓度高于一般空气环境的严重污染环境,患者置身其中既是污染源又是弱势群体,通过空气传播的感染主要受空气微生物洁净度和气流组织方向的影响,空间环境设计可通过对各类患者所处区域进行限制或加强通风等措施对病原体的分布和浓度产生影响。不同空间功能对于空气洁净度的要求不同,空间环境设计应根据具体的洁净度要求使其与功能相匹配,对不同洁污分级空气的隔绝是切

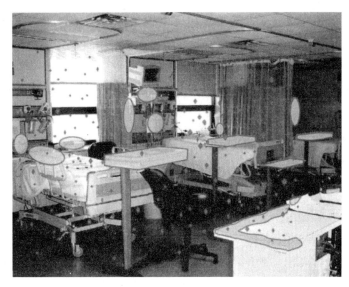

图 2.23　多重耐药菌 MRSA 在 ICU 空间内区域分布的模拟

断空气传播途径的核心思想。例如,将携带通过空气传播病原体的传染病患者进行负压隔离,实现病原体分布区域的限制并隔断污染空气向其他区域扩散;住院病房及时自然通风是尽快稀释病原体浓度的有效措施;机械通风、气流组织对于空气传播具有十分关键的影响,设计不利极易引发院内感染。

接触传播的病原体生存于不同的环境界面或人的皮肤,通过人与人的接触和人与被污染环境界面的接触进行扩散。空间环境设计对接触行为的发生概率、接触面积、接触前后的手卫生行为、空间界面的清洁行为等均具有一定的影响。患者与患者的直接身体接触的概率较小,接触传播的病原体绝大多数是通过共用空间、共用设施等物质媒介进行传播;医护人员作为不同患者之间的媒介,是人与人接触传播的最重要途径。空间环境在接触传播中的关键可概括为空间界面的清洁控制和医护人员的手卫生控制。

(3)空间环境与保护措施的相关性。

保护措施的本质是切断感染发生的过程。控制微生物环境(感染源)、切断传播途径两个环节均可在普遍意义上达到保护人员不受感染威胁的目的。这里所说的保护措施主要指针对重点人群的保护性措施。例如,空气的隔绝控制是难以在全院范围内绝对做到的,但一些易感人群又有着高洁净度空气质量的需求,因此小范围的隔绝保护是最为有效的措施。首先,原发病损伤免疫功能、接受免疫抑制剂治疗、因抗菌药物治疗导致体内微生态失衡、侵入性操作造成屏障破坏等患者均为重点保护的易感人群。空间环境必须以较高的洁净度对此类患者进行保护,如对于手术患者、烧伤患者等,可通过设置正压隔离病房、加压送风等措施使易感人群处于正压区域,保证正压区域空气质量的洁净度,并运用空间隔离措施限制其他人员的出入以防带入新的病原体等。其次,老人、儿童等普遍免疫力较低的人群也属于受保护群体,如综合医院中儿科单独出入口、单独空间区域划分等均属于通过空间界定实施的普遍性保护措施。最后,医护人员长时间处于高风险环境,是各类病原体的高频接触人群,也应当给予重点保护,如对于一些高危区域从空间层面进行必要的医患分离,对于医护人员所处空间与高危患者所处空间的压力差进行控制等。

3. 空间环境对医源性感染的作用途径——人员行为、物理条件

对于医源性感染的防控,过程控制比结果监测更重要,只关注结果相当于重事故而轻隐患,永远无法从基础上建立起安全的防控系统。空间环境是通过医疗条件建设消除感染隐患的基础工程,以对人员行为和物理条件的控制为途径作用于微生物环境—传播途径—保护措施的全过程。人员行为和物理条件控制在建筑设计的不同阶段均是需要同时考虑的内容,且二者在建筑要素层面往往是复合的。人员行为控制既包括对医务人员行为的改变,也包括对患者行为的限制。我国医院的人口密度远大于欧美发达国家,人员行为控制和物理条件控制的难度相对更大,发挥空间环境措施的普遍性作用具有重要意义。

(1)空间环境对人员行为的诱导和限定。

空间环境对于人员行为的作用包括有利行为的诱导、促进和不利行为的杜绝、限定。人既是各类病原体的携带者,也是传播者,同时也是被感染者。对不同阶段人的行为进行控制是达到感染防控目的的重要内容,核心思想在于尽量减少人与人之间的接触。微生物环境控制环节所涉及的人员行为如患者就医过程中的聚集行为、清洁人员的清洁行为;传播途径环节所涉及的人员行为如人与不同界面的接触行为和接触前后的手部清洁行为;保护措施环节中所涉及的人员行为如被保护人员的行动范围限定等。依据环境行为学的基本原理,空间环境在一定程度上对这些行为产生作用,环境是促进个体潜意识直觉行为、引导产生“有效行为”的手段。建筑学专业必须使公众正确理解空间环境设计的启示性,才能在人员行为控制中发挥作用。建筑设计对人员行为的控制可分为以下三个层面。

①宏观层面的医院整体人群分布的管理。

宏观层面的人群行为控制是与微生物环境、传播途径和保护措施均相关的内容,涉及人群基数最大,是医源性感染控制的基础保障。通过如功能分区、流线设计、就医流程设计等建筑手法达到人群控制的目的,尽可能减少各类人群在医院中大范围、高频率的移动,从而减少不同人群之间的交叉和院内人群的移动幅度。宏观人群行为的管理还必须依托于空间环境折射出的公共秩序对人们认知的影响,通过环境的引导作用使公众行为更加准确,避免不必要的、错误的转移和接触。

②中观层面的特定人群行为的控制。

　　中观层面涉及的风险行为相对具体,相关人员对于自身行为范围内的危险性等级的理解相对深入,属于医源性感染控制的重中之重,是各科室内空间环境设计的深化,如更加详细的分区、流线、隔离等。各科室(或病区)内不同类人群(医生、护士、清洁人员、患者、家属)的行为模式特征表现为某一类人群在一些高频行为上具有较强的需求共性。以各科室内人员的关键行为为关注对象,尤其是传染病科室、ICU 部门、手术部、中心供应部门等高风险区域,通过严格的空间限定实现相关人群行为的具体控制。

　　③微观层面的具体人员行为的管理。

　　微观层面的人员行为范围虽然极小,但是总人次数量大,与医源性感染的关系最直接,是感染控制操作的最终把关环节,在以上两个层面的设计基础上,通过更加细微的感观层面的警示、诱导等发挥作用。以手卫生控制为例,手卫生是感染预防的双向预防措施,既防止医生将病原体传播给患者,又是医护人员自身感染预防的措施,是洗手、卫生手消毒和外科手消毒的总称,是世界卫生组织建议的最有效的感染控制措施。手部皮肤的暂居菌与医院接触性感染的关联十分直接。医护人员的手卫生行为是接触型传播的最主要途径。尽管医护人员清楚手卫生对于感染控制的重要性,但是现实情况却不容乐观,尤其是在超负荷的工作情况下。调查显示,影响手卫生依从性的常见原因包括洗手剂对皮肤刺激性太强,洗手池数量少或位置设置不方便,患者过多医护人员工作太忙太累等。有研究指出,将足够数量的设施明显地布置于医护人员需要进行手部清洁的位置可促进手卫生行为。通过空间环境及设施布置促进手卫生行为是微观层面控制的典型体现。

　　(2)空间环境对物理条件的控制。

　　空间环境是微生物聚集与繁殖的场所,其物理条件与微生物洁净度密切相关。感染源、传播途径和易感人群在空间层面是复合的,物理条件同步作用于三者。从感染源角度看,各类病原体携带人员在医院内的分布影响微生物的分布、聚集,温、湿度,通风,日照,室内界面等物理条件共同决定了病原体微生物在医院中的生存繁殖环境。从传播途径角度看,建筑设计与空气传播和接触传播关联最密切。空气传播的感染主要受微生物洁净度和气流组织的影响,可通过对高危易感人群的空间区域进行限制、加强通风等措施干预病原体的分布和浓度。在接触传播中,绝大多数微生物以共用某个界面(如共用设施、医护人员的手)为媒介进行传播,控制的关键在于尽可能降低接触概率和改善共同接触区的清洁度。从易感人群角度看,部分高危易感患者免疫力低下,对洁净度的要求高于一般医疗环境,如原发病损伤免疫功能、接受免疫抑制剂治疗、因抗菌药物治疗导致体内微生态失衡等患者,对其进行保护性隔离是医源性感染控制中最有效的措施。理想模式下清洁度越高越利于医源性感染的防控,但成本太高,因此针对不同等级患者建立与之相匹配的物理环境更为可行。

4. 空间环境对医源性感染的作用机制

空间环境的作用结果包括医源性感染的预防、控制与治疗。这里所说的治疗是指对已经感染人员的救治,在这个过程中,空间环境只是提供了救治的平台,而救治过程中要防止已感染人员对其他患者形成的扩散而发生循环感染,因此救治工作的空间环境本身也是预防感染发生的一部分。医源性感染的"防-控-治"在医疗程序上具有较明确的逻辑关系,但是在空间环境设计中所涉及的要素则是复合叠加的。反过来讲,一个空间环境要素一旦存在便不可规避地对每个环节产生或多或少的影响,因此医源性感染的防控在任何空间环境的设计中均应从这三个环节去思考。

医源性感染的本质是感染源通过传播途径作用于受体,每个环节都是多种影响因素的复合,而空间环境是贯穿感染发生过程的一类影响因素。空间环境的影响通过人员行为和物理条件两个方向落实到感染发生的过程中。人既是感染源也是传播途径,同时也是受体,感染的发生离不开人的活动。以空间环境的诱导和限定作用,对人的行为实现从宏观到微观的系统控制,可以影响感染发生的概率。感染发生的链条在空间环境层面是叠加在一起的,同一个空间环境因素对于感染发生的一个或多个环节发生作用,破坏感染发生的任意环节都可以从概率上降低感染发生的可能性。空间环境对医源性感染的作用机制如图 2.24 所示。

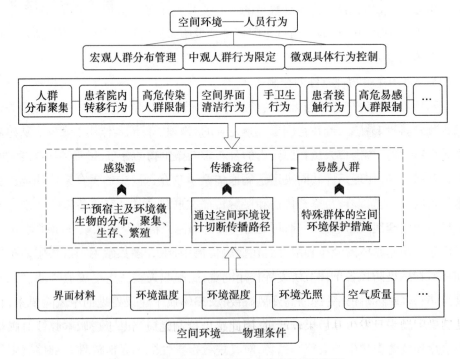

图 2.24　空间环境对医源性感染的作用机制图

5. 影响医源性感染的空间环境风险要素

感染风险要素的提取以破坏感染发生的完整性为基本出发点,具体包括微生物环境控制、切断传播途径、易感人群保护三方面,提取的内容包括建筑设计的宏观、中观和微观不同层面,本书对原始研究中提取的诸多风险要素进行聚类分析后可将其概括为功能配置[HAI(Hospital aquired infection)相关科室空间设置、传染性隔离、保护性隔离],空间组织(院区、科室、医疗单元内部多个空间层级的布局与流线)、物理环境(空气质量、热环境、光环境)、设施设备(手卫生设施、空调系统、以感应式代替触控式、高危警示标志等)、使用情况(被占用、混用、超负荷使用)五大类别。

空间环境风险对医源性感染防控结果的影响主要集中在对于感染发生的预防,这与感染防控预防为主的总体思路是契合的,也印证了建筑空间环境要素在感染防控中可发挥的重要作用。医务专家对上述空间环境风险要素风险性的解析表明,高风险空间环境要素可能发生于几乎所有的类别,对建筑学专业而言首先集中于相关隔离空间的设置和医院建筑空间系统的合理布局,其次为建筑物理环境与微生物环境的控制及手卫生相关设施的布局,建筑空间环境的风险控制策略应重点针对上述内容。此外,空间环境要素在感染发生的全过程中与传播途径的相关性最密切,其次是微生物环境。

从感染发生的全过程而言,感染控制可以作用于任何一个环节。首先是感染源的控制,其次是传播途径(以空气传播和接触传播为关键)的控制,最后通过空间环境形成易感人群的保护措施。建筑学专业可控的内容主要集中于微生物环境的物理条件和相关人员的行为,从具体设计要素的内容看,高风险要素自身的跨度较大(从宏观规划到微观构造),因此感染控制是一个贯穿整个设计过程的问题。控制要点的提取过程是将已经得到的中、高风险要素与感染发生的基本逻辑进行更加细致的关联,结合作用机制中物理条件和人员行为对此关联进行进一步解析,最终将空间环境在感染控制中的作用概括为对于微生物汇聚与分布的控制,对于微生物生存与繁殖环境的控制,对于人员的转移行为、接触行为和对于医疗操作条件的控制。图 2.25 为基于空间环境风险要素提取结果的控制要点提取。

6. 基于安全逻辑的感染风险控制模型

控制模型是基于发生原理、作用机制和相关空间环境要素的提取而产生的,是建筑空间环境在感染防控各个环节所发挥作用的概括。本书提取的空间环境要素整体风险程度高,67%属于应优先处理的高度风险要素,33%属于建议处理的中风险要素,且医源性感染问题一旦发生其后果较严重,因此感染控制是应当基于逻辑本源针对感染发生的全过程的各个环节进行控制,无论哪个环节取得成功其最终效果是一致的。

建筑空间环境风险控制的主要任务在于消除、减弱或切断感染发生的条件,是对于感染形成过程的控制,感染一旦发生则主要依赖医护人员的处理。医源性感染的重点

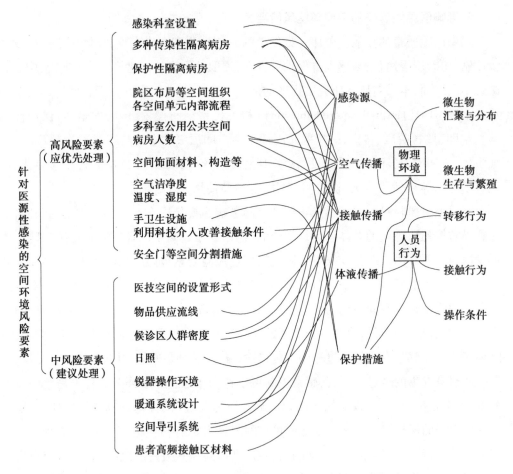

图 2.25　基于空间环境风险要素提取结果的控制要点提取

防控内容包括标准预防、多重耐药菌的控制、外科手术部位感染、重症监护部门控制、抗菌药物合理应用的管理、消毒灭菌隔离与手卫生控制等内容,其范围触及临床、检验、后勤等几乎所有环节,无论哪个空间其基本的控制原理是类似的。针对感染源,通过空间布局减少不同病原体的聚集,通过物理条件控制其生存和繁殖的条件。针对传播途径,通过空气质量、气流组织等影响空气传播;通过人员行为控制影响接触传播;水体传播和体液传播与建筑空间环境设计的关系以间接的形式存在。针对易感人群的保护措施,具体包括特殊患者的正压隔离病房、弱势群体独立成区减少与其他患者的接触、高风险区的医患分离等内容。建筑空间环境在整个医源性感染发生的过程中可干预的内容如图 2.26 针对医源性感染的空间环境风险控制模型所示。

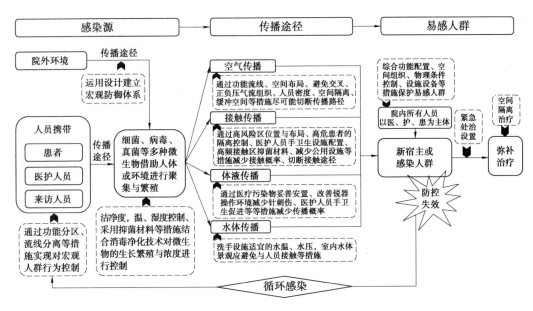

图 2.26 针对医源性感染的空间环境风险控制模型

2.3.2 应对医源性感染的建筑空间环境策略

建筑空间环境对于感染控制的原理在于消除、减弱或切断感染发生的条件,从而减少感染发生的可能性。通常情况下医源性感染控制的主要项目包括手卫生、传染病控制、洁净区卫生、多重耐药菌控制等,这些内容分别对应医源性感染的高发区域或关键环节。然而空间环境对于感染控制的影响在医院全院范围内普遍存在,而不仅仅是高风险区。控制高风险区相当于感染控制中的加强环节,而非全部内容。无论在高风险区域还是普通区域,空间环境对于医源性感染控制的影响均可通过物理环境的改善和相关人员行为的控制实现。本书的控制策略从感染发生的机理出发,将感染控制相关思想落实到设计的全阶段和全区域。

1. 利于控制微生物的汇聚与分布的空间环境

微生物汇聚与分布的控制在建筑层面包括医院各功能单元之间的布局关系、各功能单元内部的空间划分、各最小空间单元的室内布局,在设计中是一个从宏观到微观的多级别多层次的空间布局过程,围绕医疗工艺流程和洁污层级展开。隔离是建筑设计策略中最关键的策略,隔离思想的体现并不仅仅是设置隔离间,从整体隔离到区域隔离再到房间隔离,隔离思想贯穿于控制人员接触行为和控制空气质量的全过程。遵循医疗工艺流程的基本逻辑,通过不同类型人员的分离、不同功能空间的分离、各类流线的分离、物品的分离等达到控制微生物汇聚与分布的目的。

（1）符合功能逻辑的空间布局。

空间布局是建筑学专业对于感染控制最主要的控制途径，它与患者的空间分布联系密切，通过各相关行为秩序、物品流线、洁污分区等内容的控制实现微生物的汇聚与分布的控制。空间布局的控制依托于空间所承载的功能，功能系统是一个从整个医院到科室再到功能组团及最小空间单元内部的多层次系统，如图 2.27 所示。无论在哪个层级上进行设计，建筑学角度的感染防控策略均应首先根据功能完成有利于感染控制的空间布局。各个级别的布局均应遵循洁污分离、传染与非传染分离的基本原则。院级布局是从宏观层面进行不同类别的人员分离，通过限定区域范围、使用路径等实现大量人群会聚与分布的基础控制。科室布局则根据各科室的功能特点进行更加深化和严格的布局设计，不仅强调分离，更强调秩序。秩序是决定相关人员行为控制的关键。最小空间单元内部的室内布局设计是医源性感染预防在建筑空间层面的最后关卡，关系到医疗行为的最终操作流程和直接接触区域。空间隔离是贯穿各级空间感染控制的基本思想，洁污分离的空间布局原则必须贯彻到底。当同一空间内洁污分离无法满足要求时，则应考虑房间面积是否足够或将其改为两个或多个空间来完成。例如，多个文献指出治疗室是各科室感染高发的环境，治疗室是不同患者通过共用空间设施进行间接接触的地方，治疗室内的布局设计十分重要。有些医院由于科室面积不足，则对治疗室进行了压缩，将治疗室与处置室合并在同一空间，或将治疗室与配药间合并在一起，合并后的空间在洁污分离中难以满足足够的距离，造成感染的概率升高。另有研究指出ICU 内部空间形式和设施布局是影响医源性感染的重要因素。

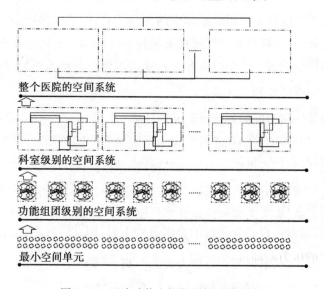

图 2.27　医院功能空间的层级系统示意

（2）控制空间内患者分布密度。

同一房间中患者密度与医源性感染的概率存在一定的关联性，人员越密集，感染的概率越高。患者是各种病原体的携带者，各空间中微生物的汇聚与人群的会聚密不可分，尤其是患者的会聚，患者会聚的密度越大，彼此感染的概率越高。以住院病房为例，有研究表明多人病房中床位的入住率和人员密度与感染多重耐药菌 MRSA 的概率成正比，在其他条件不变的情况下由单人入住的感染百分率 1.11% 上升至 6 人入住的 1.87%。2010 年，加拿大研究人员对近 10 万住院患者的感染风险概率进行了分析，结论同样显示病房内患者数量与感染 MRSA、VRE、C. difficile 等多种多重耐药菌有密切关系。另有研究指出集中式 ICU 中患者密度与感染概率存在一定的关系，再次印证患者密度与感染的发生具有一定的关联性。目前我国医院住院病房仍以多人间为主，许多新建医院在建设指导中仍然要求一定数量的 4—6 人间，这种做法诚然短期经济性较高，但是非常不利于医院感染的控制。在条件允许的情况下，医院病房建设应尽量选择床位数较少的模式。单人间是住院部感染控制的较为理想的方案。

（3）重点感染环节配置隔离病房。

隔离病房作为隔离的最极致有效方法在感染控制中发挥重要作用。随着感染控制难度的加大，感染控制对于隔离病房的需求越来越强烈。面对各种超级细菌的出现，目前医学界尚无可以应对的有效药物，原本不属于传染科室的普通科室目前也出现对于隔离病房的高度需求，隔离病房在未来设计中如何配置亟待研究。隔离病房配置包括高危患者的隔离和易感患者的保护性隔离。越来越多的科室有这样的需求，而不仅仅是传统的对于传染病患者的隔离和 ICU 等重症患者的隔离。目前，我国普通病区相对于重点病区而言往往缺乏隔离条件，这在硬件建设层面与发达国家有一定差距。美国新建设的医院鼓励每个病区有一间可独立控制的隔离病房，以利于各科室根据需要对特殊患者进行隔离治疗。

①负压隔离病房的设置。

负压隔离病房由病室、缓冲间、独立卫生间组成，利用空调通风系统对空气的流向、流量、压力差进行调节，确保空气从清洁区流向污染区，实现对污染空气的高效控制。每个隔离间独立性较强，自身形成独立的监控救治系统。隔离病房隔离效果的相关研究表明压力差达到 5 Pa 即可，更大的压力差理论上讲隔离效果更好，但实际效果几乎没有明显变化，但是对于设备经济性的要求急剧上升，因此除特别恶性的传染病，隔离条件为达到一定的压力差即可。

②正压隔离病房的设置。

由于介入性治疗技术增多，放疗、化疗等治疗手法造成免疫系统受损的患者增多，因此需要保护的易感人群增多，从而对于正压隔离病房的需求增多。

③正负压转化隔离病房的设置。

为节省成本，各科室应适当建立可正负压转化的隔离病房以适应不同患者的需求，利用送、排风量的控制来实现正负压转化。此类转化型病房必须由专人专项负责，相关操作经严格准确确认，一旦操作失误或反向将严重扩大感染范围或直接造成致命性的伤害。表2.2为三种隔离方式的比较分析。

表2.2　三种隔离方式比较分析

隔离种类	隔离原理	隔离对象	综合分析
负压隔离	病房内气压低于病房外气压的病房	危险指数高的感染人群	有效性高，隔离效果好，方便传染源的控制 目前多设置于传染病科，对于其他科室的高危人群、非传染患者群（多重耐药菌携带者）难以兼顾
正压隔离	病房内气压高于病房外气压的病房	需重点保护的易感人群	有效性高，隔离效果好，是对重点对象的特殊保护
正负压转化隔离	通过设备技术使病房内部气压实现正负调节	根据临床科室面临的具体情况进行调控	经济性相对较好，相对节省空间 目前技术只能做到病室的转换，对于整个病区难以实现 一旦操作失误危害性最大

2. 利于控制微生物生存与繁殖的物理条件

医院微生物环境控制首先应根据各区域功能确定病菌容量，确定危险源高风险区、易感人群高风险区、传播途径的高风险环节在微生物环境方面的具体要求，微生物环境的洁净度必须与各空间内部的功能相匹配。理论上而言，所有空间的洁净度水平越高越好，但在现实控制中必须考虑控制的经济性，因此只要达到各空间内部功能的需求、控制在人们可接受的范围内即可。微生物的生存、繁殖与物理环境的温度、湿度、空气质量、建筑界面材料等均有一定的关联性。由于温、湿度与使用的舒适度相关，在实际操作中往往以舒适度为优先，且不同病原体生存、繁殖所需的温、湿度条件不同，因此通过温、湿度控制进行微生物生存、繁殖条件在全院范围的控制有一定难度，但针对医院当中依赖空调技术的房间可控程度则相对较高。有研究指出，在人体舒适度可接受的范围内，室内温度越低越有利于降低微生物的滋生速度，以24℃作为推荐值。相对而言，空气质量和室内材料的选择具有较强的可操作性。空气质量方面，可通过过滤、通风等措施达到稀释病原体浓度和控制流向的作用，具有较高的可操作性，是通过物理条件控制微生物的生存、繁殖条件的有效策略。室内材料是微生物附着的界面，恰当的材料选择属于一次操作、持久发挥作用的控制措施，因此也具有一定的现实意义。

（1）利于空气质量控制的建筑设计。

空气质量在感染控制中主要针对依托空气进行传播的病原体，其内容包括清洁程度控制和气流方向组织，而实现空气质量控制的具体方法则主要指向自然通风和机械通风。

建筑设计应有利于加强自然通风，通常情况下室内的病菌浓度高于室外，加强通风是稀释病菌浓度有效、健康、经济的措施。在气候条件允许的情况下利用自然通风进行感染控制可对医院内无特殊要求的房间进行普遍意义上的感染预防，如普通病房、一般诊室。医院建筑自然通风的设计不应只是开设通风洞口，而应是一个覆盖全局的系统设计。首先，应根据所处区域的风向进行合理的布局，尤其是对于一些高污染（如传染病科）和高洁净度需求（如小儿科）的科室。其次，合理控制每层建筑的规模和选择适宜通风的建筑形式十分关键。例如，超大体量的建筑其内部很可能存在大量黑房间和进深过大的房间，十分不利于自然通风。最后，应根据各地区气候条件选择适宜的通风构造设计。例如，在严寒地区冬季由于保暖的需求直接开窗通风面临很大的挑战，且寒地建筑经常以抱团的形式进行建造，也不利于整体通风设计，选择合适的窗户构造、通风井设计等有助于进行自然通风。

建筑设计应根据功能尽量细致分区，为机械通风提供有利的空间平台。尽可能实现各个区域空气质量的独立控制是减少空气交叉的有效途径。利用技术措施可更加精准地实现空气质量控制，尤其是对于洁净度需求较高的区域。空调系统是基于建筑平面功能而进行规划的，是自然通风无法满足需求时的关键支撑，医院建筑的机械通风首先应根据功能系统进行医院相关洁污区域的空间秩序设计，这是压差梯度进行气流组织的基本前提，混乱的秩序可能导致依托空调系统的交叉感染，风险极大。机械通风虽直接依赖设备专业，但基本平台仍然依托于建筑设计，有缺陷的空间布局可能造成各个区域的空气在建筑内部进行交换，加大了院内空气质量控制难度，有些甚至是通过技术措施难以弥补的。

（2）引入微生物信息的室内界面设计。

界面性能与材料特征对于微生物的生存繁殖具有重要影响，医源性感染的本质离不开微生物信息。通过维护室内空间微生物多样性来营造健康的医院环境的理念由俄勒冈大学生物多样性科学家杰西卡·格林提出，核心在于如何通过室内设计促进有益微生物并抑制有害微生物。芝加哥大学护理研究中心研究发现通风、湿度和设计风格会对细菌的分布产生影响。"一刀切"的消毒方法并不是最佳的选择，事实上医院当中的许多空间可以通过增加有益菌的方式来达到控制感染的目标。这种新出现的微生物信息设计虽然并不成熟，但这种理念在未来很可能对建筑设计产生影响。例如，3 名医生对加拿大安大略省多伦多 3 家大型三级医院的 120 部电梯按钮上的细菌数量，与在

96个马桶表面的细菌数量进行了对比。结果显示,电梯按钮表面比马桶表面存在更高的细菌定植率(61% vs 43%)。类似电梯按钮这样的高频接触部位如果能够利用微生物信息进行设计,选择较好的抑菌材料,在理论上对于医源性感染的预防具有一定的作用。在未来医院建筑的室内材料选择上可能根据不同空间功能进行考虑,选择利于有益菌繁殖和抑制有害微生物繁殖的材料,现阶段由于相关微生物信息的研究不完全成熟,依照这样的理念进行全院范围的材料选择有一定的困难,但至少可能在一些特定的空间发挥作用。利用微生物信息选择建筑材料是控制微生物生存与繁殖的空间环境的根本策略之一,需要相关领域内专家更多的探索和更多专业人士的合作,设计师依据生物学家的发现和新材料新科技的进步,能够做出更加创新的设计。医院建筑的创新设计是与医疗安全等功能相结合的设计,是不同于其他建筑类型传统意义上的空间形式的创新。综上所述,利用微生物信息设计选择建筑的室内材料在未来的医源性感染控制中具有一定的发展前途。

3. 利于控制患者院内转移行为的空间环境

患者既是病原体的携带者,又可以作为传播的媒介,同时也是最容易受到感染的弱势群体,其在院内的转移行为伴随着感染发生的全过程,因此对患者院内转移行为进行引导性控制十分关键,具体包括尽量减少院内转移和促进患者的准确转移两方面。

(1)减少患者"必要性"转移——空间管控。

患者院内转移的基本动机是由于医疗需求未满足,不得不进行多次转移。减少患者的院内转移是控制感染源和传播过程的有效途径。空间关系的不合理会导致大量患者在医院内循环往复转移的频率加大,患者移动距离和次数增加,人员流线的交叉概率加大、医源性感染的风险上升。在建筑设计中应尽量减少患者就医过程中的循环往复,各科室尽量就近完成所需要的检查,避免整个医院内人员更易增加感染概率的大批量往复流动。例如,门诊的空间布局应首先考虑将一些人流量较大的科室就近于地面层且尽量靠近医技科室,使得门诊人员流线平均距离最短。在医技科室的设置上可考虑集中式与分散式相结合的方式,对于部分科室常用的检查设备可考虑在科室内部完成,而不必统一集中设置到医技部,减少各类患者共用空间、共用设施的概率可减少交叉感染的发生次数,各类患者能够近距离完成检查避免了其在医院内的大范围活动,减少转移距离和次数。例如,产科的产前B超检查完全可以在科室内部完成而不必统一到医院集中的B超室,减少孕妇与医院内其他病员接触的可能性。再如,重症患者的抵抗力往往相对更弱,因此减少他们在院内的转移也可达到减少感染的目的。另外对于一些检查项目可考虑通过移动设施来代替人员移动。

(2)促进患者"准确性"转移——寻路系统。

建筑设计应有利于消除无效、混乱的院内转移,避免错误穿越、串科等现象的发生。

目的地不明确而造成的犹豫滞留、路径交叉、流线往复在很多医院中存在,不必要的甚至是错误的院内转移进一步加大 HAI 防控难度。建筑空间环境设计不仅是在方案层面做到利于感染控制和流线清晰,同时必须关注使用过程中患者能否正确理解设计的意图,患者使用过程中的路径与设计者在图面上的路线分析是否真的一致,患者能否按照预期进行使用,在很大程度上影响感染控制的效果和难易程度。患者及其家属由于对环境陌生、就医过程中需要完成多个目的地的寻找、面对医院空间系统的复杂性,加上人员处于紧张的压力之中,使得寻路这件事变得更加困难,不良的设计则大大增大了相关的困难程度。不必要的甚至是错误的患者院内转移是加剧医源性感染的因素。陌生而复杂的寻路系统是导致人群在院内无效转移的原因之一。

　　良好的寻路系统设计取决于建筑空间特征和布局设计。第一,在满足功能的前提下,尽量简化建筑平面形式,选用较为规则的平面形式。第二,高频联系空间之间应尽量减少寻路过程中的弯折,寻路过程中每增加一次转向都会为正确直达目的地增加很大的难度,图 2.28 为目的地之间空间联系的直接性递减图示。第三,在寻路过程中适当运用雕塑、绘画、色彩等要素形成主要目的地的“地标”,运用室内环境要素的积极引导作用,图 2.29 为芝加哥拉什大学医学中心充当寻路过程中“地标”的巨幅画作。第四,通过中庭等相对大型的空间为使用者建立医院空间的整体布局概念,良好的视野便于较为直观地了解目的地所在方位,图 2.30 为武汉同济医院入口运用视野开阔的大厅进行空间组织。第五,避免黑空间的形成,尤其是走廊空间,尽可能争取可看到室外环境,有助于人们在寻路过程中对自身所处地点的及时定位。第六,在关键地点设置平面图、路标等空间寻路系统的辅助设施。总之,建筑设计应当使流线规划、空间组织、功能标示等内容清晰明了,这有利于人们准确地到达目的地,消除无效、混乱的院内转移,避免错误穿越、串科等现象的发生。

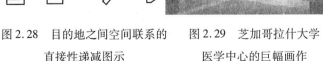

图 2.28　目的地之间空间联系的
直接性递减图示

图 2.29　芝加哥拉什大学
医学中心的巨幅画作

图 2.30　武汉同济医院
入口大厅

4. 利于控制人员接触行为的空间环境

(1)通过空间环境设计减少接触行为的概率。

空间限定是进行接触行为控制的有效方法。空间布局、患者密度、隔离病房等控制微生物分布的方法均可在一定程度上影响人员的直接和间接接触。利用感应技术措施代替触碰式接触是阻断接触传播较为理想的措施。医院中除了医患之间的直接接触，其他多为以共同接触某些区域进行间接接触，如电梯按钮、门把手、卫生间冲水按钮、水龙头等。随着科技的进步，感应技术的成熟，应在高频接触区尽量优选感应式的控制方式。以卫生间为例，调研中发现我国大部分医院卫生间的冲水形式是手按式的，尤其是公共区域的卫生间，各类人员进行高频触摸，为病原体的接触传播创造了有利条件。为了减少间接接触的概率，应尽量以感应式进行替换。此外，也可运用环境的提示作用对触摸区域进行设计，从而诱导或抵制相关的接触行为。例如，材料的暗示作用、明确的标识等使人们对于污染区、洁净区等形成心理暗示，从而主动避免非必要的接触。

（2）通过空间环境设计促进手卫生行为的依从性。

洗手是一个不新鲜的老话题，却仍是一个有待提高且十分有效地减少接触性传播的环节。在所有的接触传播中，手部直接或间接接触占大部分比例，医护人员的手部接触更是耐药菌传播的关键环节。世界卫生组织指出，在接触传播所形成的感染中，通过医护人员手进行传播的比例高达40%。其他间接传播，也主要由患者共同触摸或接触共同的界面完成。医疗活动中的许多接触行为是不可避免的，当接触不可避免时，保证接触面（包括物品的接触面和手）的清洁是最后的保障。手卫生设施在空间环境中的布局与手卫生行为具有密切的联系，通过空间环境的设计促进手卫生行为是对接触传播的有效控制途径。

手卫生设施数量不够、布局不合理是造成医护人员手卫生依从性差的原因之一。手卫生在医源性感染预防中的重要性已经被医护人员所熟知，然而在工作繁忙之时还是容易被忽视。目前医院对于手卫生的要求多是强调结果，但如果不从执行的过程去改善而只一味强调医护人员的责任，事情难以得到有效的解决。手卫生行为的环节发生在直接接触患者前、无菌操作前、直接接触患者后、接触患者体液后、接触患者周边范围后。建筑设计中凡是需要进行手卫生行为的环节应保证充足数量的相关设施，并应将相关设施布置于明显、便利的位置，通过环境的提示作用促进手卫生的依从性，尤其是在医院感染重点防控部门的出入口相关人员必须完成手卫生行为，在这些关键位置设置洗手池和手部消毒设施，如与传染病患者接触的相关空间、与免疫力低下的患者接触的相关空间等。此外，普遍性的洗手池设置也应遵循便利、可视的原则。手卫生设施的布局变化则必然带来病房甚至整个护理单元格局的变化。在一些集中式的护理单元中，洗手池仅设置于护士站和各病房的封闭式卫生间内，并不在医护人员的可视范围之内，取而代之的是大量速干消毒剂，有些医院甚至速干消毒剂的设施位置和数量也不尽完善。有研究指出将手卫生设施置于可视范围内可提高相关人员的手卫生依从性。在医院护理单元的设计中，尽可能将洗手池设置于显著的、医护人员必然经过的位置，图2.31为湖北省某医院在护士站明显位置设置洗手池。

图 2.31　湖北省某医院在护士站明显位置设置洗手池

2.4　安全主题(三):医院建筑与减少意外伤害

　　意外伤害是指发生在医院内突发的、非本意的、非原始疾病的使患者身心受到伤害的客观事件。患者在医院的意外性伤害的常见种类包括患者自杀、患者跌倒、患者坠床、患者走失、犯罪事件、患者出逃、烫伤、管道脱落等,与医疗活动直接相关且与建筑空间环境相关性较强的主要为患者跌倒和坠床。因此本书将意外伤害的研究范围进一步限定在患者跌倒和坠床。患者跌倒和坠床均是发生在医院内的突然或非故意的停顿,指患者身体突发跌于地面或比初始位置更低的地方,具有类似的发生机理与后果,在英文文献中统一用 Patient Fall 一词表述,在本书中统称患者跌倒。

　　患者跌倒是全球范围内最常见的医院不安全事件之一。无论是欧美等发达国家还是我国,对患者跌倒的预防都是患者安全目标的重要内容。*Preventing Patient Falls* 一书指出患者自身发生的跌倒可分为三类:意外性的跌倒(约占 14%),可预见性的生理原因的跌倒(约占 78%)和不可预见的生理原因的跌倒(约占 8%)。

2.4.1　医院建筑对意外伤害(以患者跌倒为代表)的作用机制

1. 患者跌倒的相关内容及成因分析

　　患者跌倒现象人们并不陌生,可以说是所有医疗安全相关的问题中最普遍的现象,但是人们对于其背后的影响要素、严重后果和空间环境的预防机制却并不完全清楚。导致患者跌倒的原因既有患者自身的内因,也有包括空间环境因素在内的外因,是生理、病理、心理、药物和环境等多重因素综合作用的结果。空间环境设计被越来越多的国家认为是预防患者跌倒的重要举措。无论是欧美等发达国家还是我国,对患者跌倒的预防都是达到患者安全目标的重要内容。患者跌倒的影响要素因其跌倒的类型而不同。

意外性跌倒是指由于环境光线不好,地面湿滑、不平整,视线不佳,拥挤,行走距离过长等物理性因素影响,造成的患者跌倒现象。当外因的强势与患者身体的弱势耦合在一起时,意外发生的概率更高。此类跌倒的相关要素主要为患者所处的物质环境,其次为患者的生理状态和医院安全文化建设。意外性跌倒与空间环境的联系最为密切,具有较高的可预防性,是建筑设计研究中应重点考虑的问题。

可预见性的生理原因的跌倒是指由于患者身体虚弱、高龄、身体疼痛、药物反应、跌倒史、视力弱、行动能力迟缓、平衡能力差、失禁、如厕频率、心理紧张等因素影响,造成的跌倒现象,跌倒的频率随着这些内因种类和程度的增加而升高。此类跌倒是患者跌倒中比例最大的类型,以患者内因为主导,环境因素、护理因素为辅,具有一定的可预见性和可预防性。此类跌倒如果有其他额外的外界支撑可以适当避免,如护理人员的及时监护、陪护人员的全程跟从、可移动的辅助器械、连续性的扶手等。空间环境要素在预防工作和救援工作中均有一定的关联,是设计研究应重点关注的内容。

不可预见的生理原因的跌倒指由于患者突发性眩晕、抽搐、剧痛等难以预测的原因造成的跌倒现象,往往情况紧急,后果严重,具有医学中的不确定性特征,其发生概率和过程难以预防。此类跌倒从空间环境的角度,只能在跌倒后的救援工作中给予充分保障,促进救援的及时性。

上述所有成因分析中,如果我们将患者因素称为内因,那么其他一切影响因素都应称为外因。患者跌倒的内因是其区别于其他环境中常规跌倒的本质原因,正是基于这样的特殊性,其防范比常规跌倒更复杂、更困难。患者跌倒可概括为外因和内因在跌倒主体的耦合,无论哪项主导都可能导致不良事件的发生,具体如图2.32患者跌倒成因分析鱼骨图所示。

2. 空间环境与患者跌倒的关联机制——患者状态、行为条件、护理质量

在患者跌倒的影响因素中,与空间环境相关的内容主要集中在患者因素、物质环境因素和护理因素三个方面。

(1)空间环境与患者状态。

患者是跌倒行为发生的主体,患者因素是跌倒行为发生的决定性内因,主要包括生理因素、心理因素、药物因素和病理因素。几乎每家医院都会通过张贴预防跌倒十知的布告对相关内容进行宣传,对其分析可知生理因素和心理因素均与空间环境具有一定的关系。首先,患者的生理状态包括感知能力、移动能力、睡眠质量等内容。患者的感知能力和移动能力相比健康状态有所下降,尤其是老年患者,其本身无法改变,只能通过其他干预措施进行弥补,空间环境作为一类干预措施可对其适当改善。例如,适当提高室内亮度以弥补患者视觉能力的下降,患者行为路线尽量平整以应对其移动能力的下降,创造舒适安静的病房环境提高患者的睡眠质量等。其次,行为的准确性受到心理

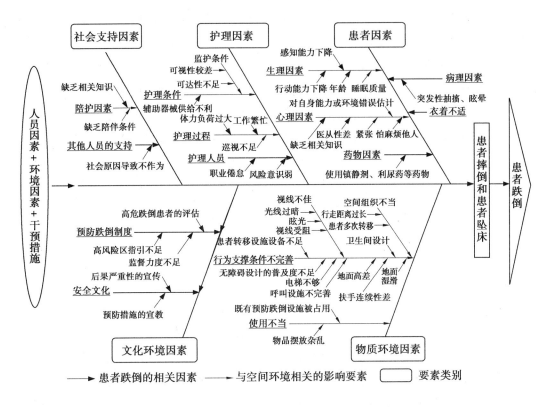

图 2.32　患者跌倒成因分析鱼骨图

暗示的影响,患者在移动过程中所接收的外界信息对其形成一定的干扰,如地面材料的强烈反光(图 2.33)、环境嘈杂加剧了患者移动过程中的心理紧张,一定程度上导致行为变形。大部分患者身体机能虽较差但仍具有一定程度的活动能力,在心理上仍然愿意争取自主完成日常行为。例如,如厕作为患者不得不完成的必要性高频行为,且陪同完成相对尴尬,许多患者表示争取独立完成,支持性差的设计造成了生理和心理的双重痛苦。空间环境设计带给患者正确的心理暗示十分重要。　例如,提升患者对医护人员

图 2.33　达拉斯某医院地面材料的强烈反光

的可视性可提升其寻求帮助的信心,减少封闭感和挫败感,从而避免单独行动。综上所述,空间环境作为干预措施对跌倒主体的内在因素产生一定影响。

(2)空间环境与行为条件。

患者跌倒归根结底是一种移动行为的失败,离不开行为发生的条件,不仅包括跌倒瞬间所涉及的条件,而且也包括决定患者移动行为的更大范围的空间布局和功能配置。前者是跌倒发生时的支撑条件,后者是跌倒发生之前患者行动的根本原因。首先,空间环境设计影响患者移动的必要性。跌倒的根本原因是有移动的需求,尽量减少患者移动频率和移动强度有助于跌倒的预防。患者高频行为相关空间的布局是患者移动路径的决定性因素,尽可能拉近患者所需的各种功能是避免其远距离往复的根本措施。其次,空间环境设计支撑患者移动过程中的需求,具体包括交通条件、支撑条件和休息条件等内容。

第一,患者移动的交通方式是影响其跌倒的重要因素,尤其是涉及垂直移动时,足够数量的电梯避免其因过久等待而选择走楼梯的可能。第二,在大部分的患者跌倒行为中,如果拥有连续的、强有力的外界支撑可适当避免患者跌倒。例如,全程的家属陪护、连续的扶手可一定程度减少患者跌倒。相反,缺乏连续支撑或者连续支撑出现割裂之时患者跌倒发生的概率随即增加。当一段支撑结束不得不寻求下一段支撑时患者由于视力、体力、判断力等方面的不足可能无法实现转换而发生跌倒。例如,床与卫生间之间的距离过长时,虽设有扶手但是难以对患者的必要性活动进行全程支持。第三,患者由于对自身体力和空间距离错误估计,行动过程中出现体能不支、疼痛等可能性,及时地进行休息是避免其发生跌倒的又一举措。另有研究指出,地面材料对于患者的行走影响明显,包括材料的脚感、整体性,甚至是材料的图案等。由此可见,空间环境作为患者的直接行为条件和其他行为条件的物质载体对患者跌倒具有重要影响。

(3)空间环境与护理质量。

患者跌倒作为护理安全和护理质量的重要衡量指标,与监控、巡视、行动及时性、护理的积极性等均有一定的联系。护理人员无论是在患者跌倒的预防过程还是在跌倒之后的救治工作中都发挥着重要作用。

根据患者病情和对护理的依赖程度决定护理等级,不同等级的护理对于患者跌倒的预防方式有所差异。需要特级护理和一级护理的病员往往其所有行为都处于监护之中,重症患者虽然单独活动的概率小,但只要活动跌倒的概率就十分大,而且后果极严重。跌倒的预防工作主要依赖护理人员的全程监护和及时陪护,对护理质量要求最高,护理人员与患者之间的直观可视与及时可达十分重要,一旦发现患者离开病床或有离开病床的意图,护理人员应及时前往协助。护理的及时性是重症患者跌倒预防的重要内容。二、三级护理需求的患者,相应的护理单元以普通病房为主,护士站与普通病房之间的相对关系是决定护理单元基本形式的关键要素。此类患者具有一定的活动能力,对于护理人员的依赖程度相对较低。具有半自主活动能力的患者往往不愿意麻烦他人或在呼叫帮助不及时的情况下采取自主行动的概率较高,然而这种半自主的活动正是跌倒发生的高风险环节。由此可见,及时护理通过减少患者单独行动的概率达到跌倒预防的效果。此外,护理过程失效本身也可能造成患者在完全不自主的情况下被动跌倒。手术患者在换床过程中由于相关人员力量不支而发生的坠床事件,此类被动性意外跌倒可通过对医务人员行为条件的支持有效改善,如工作环境的改善和辅助设施的引进。

我国医疗资源严重不足,许多护理人员已经处于超负荷工作的疲惫状态,只能优先将有限的力量用在直接的医疗信息层面,难以做到对所有患者的全程监护。因此,在二、三级护理中,家属、亲友、护工等人员作为护理工作的补充力量,在护理人员不足的情况下对患者跌倒的预防具有重要作用。通过空间环境鼓励社会力量的参与是其与护理质量之间发生联系的又一途径。护理质量离不开空间环境的保障。在患者跌倒的预防中,可见性是护理质量的先决条件,护理人员只有在获取患者行动信息的情况下才可能进行干预。有研究表明距离护士站越远、观察效果越差的病房发生患者跌倒的风险概率越高。护士对于患者头部和身体的观察程度、护士对于患者活动范围的可见区的大小等与护理安全密切相关。可见性的提高可以促进时效性的持续监控。此外,病理性原因跌倒的患者很可能伴随昏迷或其他更为严重的病情,必须马上进行救治,而救治的前提依然是能够及时地发现。可见性是发现患者异常的前提。

3. 空间环境对患者跌倒的作用途径——直接原因与干预措施

医院当中凡是患者可达的区域均可能发生患者跌倒事件,但不同区域发生患者跌倒的原因和概率相差较大。患者跌倒发生的概率与跌倒发生的地点和环境特征呈现出一定的关联特征。除生理特征外,根据科室特征进行跌倒风险评估的研究也在不断进行,已有研究如骨科患者意外跌倒评估、妇科患者意外跌倒评估等,这些倾向更为明确的评估折射出此类风险事件的发生在空间上存在一定的规律,应对相关高风险区域进行重点研究。从医院整体空间环境来考虑,住院患者的跌倒概率高于门诊,且引发纠纷的可能性也更高。从住院患者角度分析,普通病房发生跌倒的概率大于重症监护病房,具有半自主活动能力的患者跌倒风险更高。整体而言,患者跌倒呈现高风险位置相对集中,部分科室相对明确,相关环境因素相对直接,环境干预的成效相对明显等特征。

(1)空间环境作为患者跌倒的直接原因。

对患者跌倒的成因进行分析可知,空间环境是患者跌倒的一类直接原因(这里仅指导致其跌倒的直接环境),包括滑倒、绊倒、撞倒。顾名思义,滑倒是由于地面湿滑或过于光滑导致;绊倒则是针对地面障碍而言,障碍包括高差或其他物品;撞倒虽非被环境直接撞倒,但多是由于视线受阻、人群过密等与空间环境直接相关的要素所致。来自环境的直接风险要素相对直观,可从环境本身出发对症处理,如避免形成湿滑地面、避免出现意料之外的地面高差、避免形成视线不佳的交通节点等。

(2)空间环境作为患者跌倒的干预措施。

对于风险的深刻认识是提出改善措施的前提,因此对于患者跌倒行为本质的剖析是进行措施干预的起点。患者跌倒的本质是有移动的行为动机,对行为动机的干预是空间环境作为干预措施的重要内容。例如,将患者的各项需求尽可能拉近到患者身边减少其自主行动的概率,尤其是完善患者高频需求的空间功能。此外,采取孤立措施作用十分有限,但是共同采取多项干预措施却可以较为明显地降低患者跌倒的概率。由于患者跌倒是多种措施共同作用的结果,因此往往难以确定到底是哪种干预措施发挥了更重要的作用。多种干预措施之间具有一定的相互影响特征,如空间环境措施除了直接发挥自身作用外,可通过对护理干预的支持发挥间接作用。患者跌倒的多项干预措施之间应当进行系统协调。

4. 空间环境对患者跌倒的作用机制

空间环境在患者跌倒的不同阶段发挥不同的作用,作用结果可概括为跌倒未发生之前的预防和跌倒发生之后的及时救治。

(1)空间环境对于患者跌倒的预防机制。

患者跌倒的概率受多重因素影响,空间环境因素的影响通过以下几个层次实现。

第一,环境自身对于患者行动不形成障碍或危害,避免形成"外因"为主导的跌倒。第二,空间环境通过干预患者的行为动机达到减少患者不必要移动的目的,进一步减小跌倒的可能性。第三,空间环境作为其他干预措施的平台,与之共同发挥预防患者跌倒的作用。

行为心理学指出行为中发生频率越高、持续时间越久的环节发生失败的概率越高。空间环境对于患者跌倒的干预为:应尽一切可能支持患者在住院期间的不得不完成行为,尽量方便、简化、减少甚至消除某些患者可选择的行为,同时避免在发生这些行为时环境所形成的负面心理暗示。针对患者的行为特征,寻找空间环境所能给予的内在支持,预防机制并非直接从现象到环境如此简单。对于内因的干预主要通过对患者行为特征的支持间接发挥作用,或通过对护理人员的行为影响作用于患者。患者跌倒现象多数发生在患者独处之时,通过环境措施减少其独处的机会从而达到跌倒预防的目的。患者独处的两种可能性即单人病房无陪护人员之时和患者独自在卫生间之时,这两种情况均与空间环境特征具有一定的关联。

(2)空间环境对于患者跌倒后的救援机制。

病理性患者跌倒往往伴随严重的后果,行动不及时可能贻误最佳抢救时机。患者跌倒后几乎没有自救的可能性,大部分需要依赖医护人员的专业救援。救援的前提是及时发现患者跌倒,发现环节包括在意识清醒的状态下患者自主呼救和患者无意识状态下被他人发现。患者跌倒被发现之后的救援,医护人员首先要就地进行伤情评估,确定移动患者不会造成二次伤害或者错过最佳处置时机,在相对安全的情况下考虑将患者从跌倒地点高效转移至相关医疗空间进行更深入的检查和治疗。上述几个环节均与空间环境具有一定的关联。例如,患者跌倒高发区是否安装呼救设施,患者高频活动区与其他人员是否具有良好的视线联系,患者跌倒区的空间尺度是否支持紧急抢救,患者跌倒区与病房、抢救室、治疗室之间的距离等均在一定程度上影响患者跌倒后的救治工作。

(3)空间环境对患者跌倒的作用机制模型。

空间环境对患者跌倒的作用机制模型是对二者联系的陈述模型,是对关联要素、作用途径和作用结果的整合,具体包括空间环境对患者跌倒的预防机制和预防失效后的救援机制,如图 2.34 所示。

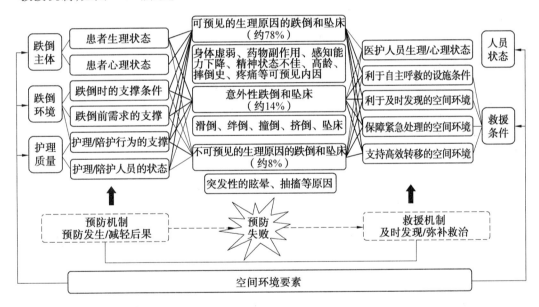

图 2.34 空间环境对患者跌倒的作用机制

5.影响患者跌倒的空间环境要素分析

意外风险要素的提取只针对患者跌倒,围绕空间环境自身、环境与患者因素、环境与干预措施三方面思考,具体落实到人员状态和行为条件两个方向,包括了预防和救治的全过程。具体的提取原则遵循:跌倒因素与空间环境的相关性;注重已发表的学术文献,尤其是来自医学领域的文献和来自医学领域的实践经验;注重高风险区患者的行为观察;对患者跌倒问题作用的敏感性、实用性。

　　在目前已知的空间环境要素当中,从医护人员多年的经验而言,风险程度最高的项目包括卫生间防滑程度、床的围栏高度、电梯数量是否足够、病房楼道等患者高频活动区的地面材料、无障碍设计、高风险区安装呼救设施、噪声对患者睡眠质量的影响。与患者跌倒相关的高风险环境要素数量较少,但在空间环境层面的可控程度十分高,解决与之对应的问题是建筑学范畴内具有现实意义的贡献。空间环境对患者跌倒的作用主要通过影响患者的行为条件产生,通过影响护理质量达到患者跌倒预防与救治的作用;通过改善患者状态而直接减少跌倒概率。此外,环境对患者跌倒问题的作用结果从覆盖面的广度而言,主要体现在预防层面,对于发生之后的严重性和救援工作可发挥作用的环节并不多,只能在有限的力量下进行改善。

　　首先,按照跌倒过程涉及的基本要素分析,从跌倒行为主体到跌倒环境,再到外界干预措施进行分类总结,图2.35显示,高风险要素主要集中在患者移动过程中的支持条件,说明建筑空间环境对于患者的移动行为的支撑作用显著,这是空间环境最关键的

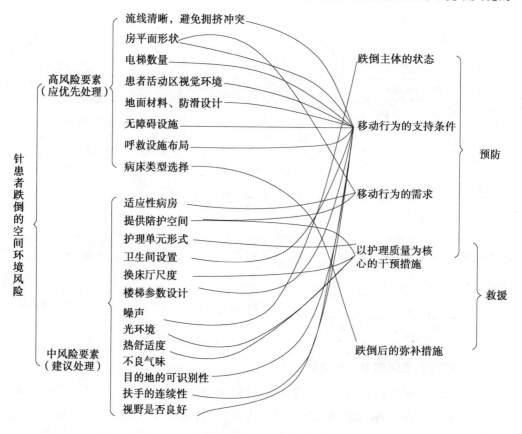

图2.35　基于空间环境风险等级分析的控制要点提取

控制点;其次,减少移动行为的需求是从根本上减少跌倒概率的措施,可通过提供尽可能近距离的完备的医疗需求和生活需求相关内容进行控制;再次,相对大量的中度风险要素主要与护理质量相关,提高护理质量可减少患者独自活动的概率,从而达到降低跌倒概率的目的。

6. 基于安全逻辑的患者跌倒风险控制模型

针对患者跌倒的控制模型是一种干预模型,旨在对空间环境要素在患者跌倒过程中所发挥的作用进行高度概括。可预见的生理原因所占比例最大,与患者的行为特征密切相关,也是区别于常人跌倒的关键内容,是患者跌倒预防的重中之重;意外性跌倒虽然比例不大但与环境的关系最为密切,是可以直接通过改善环境起到有效预防的,也是空间环境设计不容推卸的责任;不可预见的生理原因跌倒难以预防,空间环境设计可尽量减弱其后果及通过救援机制设计进行及时补救。

对于患者跌倒而言,安全的空间环境不仅仅指跌倒行为发生瞬间的直接影响要素,同时包含跌倒行为发生的本质影响要素和不良事件发生后的救援工作,以及包括空间环境如何有利于患者和护理人员保持良好的预防状态。因此空间环境在一个多系统的患者安全预防体系中所担负的责任不只是直接作用部分,同样包含环境设计对于护理过程的影响。本书以联合干预为整体指导思想,侧重改善空间环境风险,其本质是通过对相关人员行为心理的影响达到控制患者跌倒的目的,具体的控制要点可概括为以下四点。

(1)避免环境的直接负面作用,此类作用与滑倒、绊倒等外因造成的伤害关联性极强。

(2)对患者高频行为的支撑作用,从患者移动行为的本源出发,减少跌倒发生的概率。

(3)对护理行为的支撑和促进作用,尤其针对可预见的生理原因的跌倒的预防和各类跌倒之后的救援工作。

(4)对人员状态的改善作用,通过对患者状态和医护人员状态的改善减少跌倒发生的概率及增强护理的及时性。图 2.36 为基于安全逻辑的患者跌倒风险控制模型。

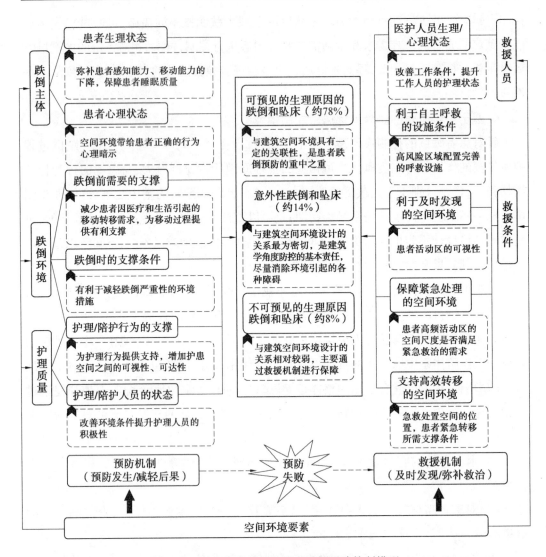

图 2.36　基于安全逻辑的患者跌倒风险控制模型

2.4.2　应对意外伤害的建筑空间环境策略

环境因素直接导致的跌倒事件有 10%—15%,其余大量的跌倒事件是因为患者自身的身体状况和行为特征所致。许多情况下,患者不得不完成一些超过其行为能力合理范围的行为,可见最重要的是找到患者跌倒时行为的前因后果,对行为过程中的空间流线进行合理设计。因此,空间环境风险控制策略主要针对患者行为秩序、行为频率、行为难度的改变。风险控制策略优先针对空间环境要素中风险等级较高的要素,既包括环境作为直接因素的控制,也包括环境作为干预措施的控制。空间环境风险控制策略往往没有绝对的对错,而是比较滞后的相对优化策略。

1. 利于减少"患者医疗需求相关转移行为"的空间环境

患者被动的院内转移是指患者因医疗要求而不得不发生的院内转移,患者在医院就医的过程中需要奔波于多个医疗空间,转移的次数越多、距离越长,发生跌倒的概率越高。对就医流程和空间组织进行优化,是减少患者院内转移的重要措施。

(1)优化医院总体空间布局。

患者在医院长距离的转移大多是奔波于各种医技部门进行检查,医技空间的布局和医疗设施的分布是影响患者就医过程中院内转移的重要环节。传统医院以集中式医疗技术为主,各科室共用医院的检查设备,全院范围的患者以医技空间为中心辐射移动。现阶段随着经济条件的改善和移动医疗设施的应用,可考虑根据各个科室的自身需求,将各科室高频使用的医疗技术直接结合各科室进行设置。例如,妇产科的 B 超室应尽量独立设置,区别于全院范围医技中心的 B 超室,大大缩短孕妇在该类检查中的转移路程,这是有效防止其跌倒的重要措施。再如,对于住院患者住院期间血液的化验等可考虑使其在护理单元内部完成采血过程,避免其前往集中采血处的往返路程。由此可见,通过设置分散式的医技项目可在很大程度上改变患者的就医过程中的转移次数和转移距离,从而达到预防患者跌倒的目的。

(2)设置适应性病房。

急性适应性病房(Acuity-adaptable Patient Room)的理念在于将各种级别的医疗护理需求拉近到患者身边,患者在就医过程中可在同一地点享受到不同级别的医疗护理,从而减少移动。在英国的一项研究当中,CCU 病房从双人间改为急性适应性的单人间及分散式护理站之后,减少了 90% 的患者转移,同时患者跌倒事件下降了 67% ,并减少了 70% 的医疗错误。尽可能将所需的各项医疗设施拉近到患者的身边是减少患者转移的有效方法之一。适应性病房功能齐全,能够应对患者随时出现的各种情况,且充分考虑了患者家属的参与,对于患者跌倒的预防具有重要意义。拉什大学医学中心的急性适应性病房中通过医务区、微型护士站等的设置满足了患者医疗过程中的各种需求,减少了医疗过程中患者的转移需求,如图 2.37 所示。美国 St. Michael Hospital 医院妇产科适应性病房有常态使用和产中使用的两种转换,此过程减少了产妇在不同状态下的换床操作和空间转移。

2. 利于减少"患者生活需求相关转移行为"的空间环境

从患者角度出发,应通过建筑设计减少其行为当中不必要的环境障碍,尽可能将患者的各项需求以集中化的形式进行满足。病房是患者活动的核心区,也是患者跌倒的高发区。病房空间形式多种多样,但针对患者摔倒风险而言,主要的影响因素包括病床数量、卫生间位置、室内设施布局三方面,病房设计应与患者的各项使用需求高度匹配。

家属区

患者区

医务区

微型护士站

图 2.37　拉什大学医学中心急性适应性病房

（1）优化病房室内设施布局。

控制病房床位数量，减少患者行为之间的互相干扰有助于减少患者跌倒。单人间相比多人间可以针对单独患者的行为需求，将各种需求最优化，如尽量缩短如厕路程、从病床到卫生间之间设置连续支撑等。单人间可以最大化地保证患者的睡眠质量，减少由患者状态主导的跌倒概率。多人间中，床与床之间距离较小，且为了保证私密性，经常以垂帘相隔断，病床患者及其家属与其他人员间的视线经常受阻，同时活动时撞倒的概率增大。因此，控制病房内的床位数量对于患者行为的支撑具有多重作用。此外，可针对不同的患者提供不同的家具设施。例如，儿科病房由于患者年龄小、好动、缺乏风险意识等原因，因此是患者跌倒和坠床的高发区，适当增高儿童床的围护部分可有效减少儿科患者的坠床概率。图 2.38、图 2.39 分别为不同医院儿科病房儿童床的选择。

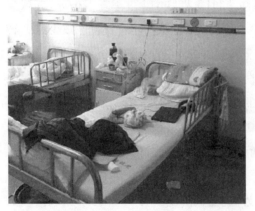

图 2.38　某妇女儿童医院儿科病房

图 2.39　某医院儿科病房

（2）优化患者病床与卫生间的空间关系。

文献和医护人员访谈资料均表明相当数量的跌倒发生在病床与卫生间之间和卫生间内部，病床与卫生间之间和卫生间内部是患者跌倒的高风险区。如厕作为患者不得不完成的必要性高频行为,是所有患者力争自主完成的主要行为。因此卫生间位置的选择设置与患者的活动有直接关系。

首先,卫生间布局取决于其是集中式卫生间还是独立式卫生间。其次,考虑不同种类卫生间的位置选择,集中式卫生间与病房的相对关系,独立式卫生间在病房中的位置关系。从患者跌倒预防的角度看,住院部护理单元宜以独立式卫生间彻底取代集中式卫生间。《现代医院建筑设计》一书进行过以下计算:以一个 40 床护理单元为例,集中建设卫生间盥洗室等至少需要 2 个 3 m 开间,约 84 m^2。如果将其改为独立式卫生间,以 2 人间为例,即 20 个独立式卫生间,每个小型卫生间约 3.6 m^2,即总共 72 m^2,如果为 3 人间则经济性更强,不过独立式卫生间建设的设备管线等肯定增加。综合考虑,二者在经济性上的差距并没有想象中那么大,然而使用独立式卫生间平均每位患者每天前往卫生间的距离可缩短 153 m。153 m 的如厕距离对于正常人或许仅仅是不方便,但对于病重、体弱、术后、打着吊瓶、易眩晕、内急的住院患者却是其康复过程不得不面对的巨大挑战,也是患者跌倒的高风险行为路段,且公共卫生间在家属陪护如厕方面十分不便,这为控制患者跌倒又增加了一重障碍。随着近些年经济条件的改善,独立式卫生间的理念已经被人们所接受,新建病房基本采用了独立式卫生间的模式,但我国仍有大量 20 世纪建设的医院住院部以公共卫生间的形式为主,是患者跌倒的重要隐患。在未来医院护理单元的建设中应以独立式卫生间彻底取代集中式,对于之前已经建设的集中式卫生间护理单元应及时改造转为独立式卫生间。本书下文所提到的护理单元卫生间一律指独立式卫生间。

不同科室卫生间设计应具有一定的针对性。患者使用时的连贯动作是卫生间防跌倒的基本因素。医院中不同科室患者身体机能差别较大,在有条件的情况下不同类型病房的卫生间需区别设计。例如,在设计肛肠科的卫生间时,要考虑痔疮、癌症患者术前以及术后的卫生间使用。温水冲洗功能很需要;设备设施要齐全,空间设计要位置合理,使用方便;最好配置清洗处理槽,以便于直肠癌人工造瘘、人工肛门术后患者使用,尤其是尿、便袋的更换、清洗和污物处理。如果这些功能动作无法连贯完成,患者在卫生间内的行为难度大大提升,其发生跌倒的概率也进一步增加。而对于骨科、老年科等的患者由于其疼痛级别高或移动能力十分有限,卫生间设计必须考虑陪护人员的进入,或同时兼备移动式坐便等设施。不同功能的细微改变对于卫生间的内环境设计都会产生一定的影响。总之,卫生间设计应具有一定的针对性,做到与患者需求的高度匹配才能切实预防患者跌倒。

卫生间位置是患者从病床到卫生间之间路径的决定性因素。外置式的优点在于便于护理人员从护士站和巡行过程中的观察,且外置式往往采光条件较好,可减少视觉上的明暗转换,从预防患者跌倒的角度是有利的。卫生间位于靠患者病床一侧,为患者进入卫生间提供了连续支撑的可能性。图2.40中(a)和(b)两种布置方式,分别将卫生间设置在病床靠脚一侧和靠头一侧,二者虽然在距离上接近,但(a)方案中患者需要经过一段没有任何支撑的区域,形成了跌倒的高风险区域,而(b)方案通过病床与卫生间之间设置沿墙的连续扶手降低了患者生活需求中的移动行为的难度,为患者移动提供了支持。因此,仅从预防患者跌倒的角度(b)方案优于(a)方案。

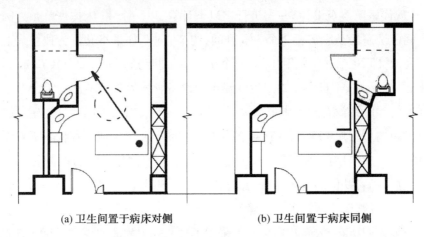

(a) 卫生间置于病床对侧　　　　　　　　(b) 卫生间置于病床同侧

图2.40　卫生间与病床相对位置关系比较

3. 利于支撑"患者转移行为"的空间环境

(1)消除空间环境形成的直接行为障碍。

①尽可能减少患者高频活动路径中的障碍物。

走廊是患者除病房外最高频的活动区域之一,走廊空间的设计与患者的活动关系密切,设计应尽可能减少交通空间中的各种障碍物。以某妇女儿童医院住院部走廊为例分析(图2.41),长时间放置的护理工具车、消防器材严重影响沿墙扶手的使用,物品供应推车、清洁设施等不间断地横置于走廊中间,形成患者移动的障碍,走廊近端强烈的眩光对患者形成视觉上的负面刺激,各个房间的标志牌内容不易识别,寻路过程分散其注意力,加大了患者移动过程跌倒的概率。在设计中可考虑借鉴国外分散式小型护士站的方式,将护理设施在固定位置嵌入式放置,减少走廊中物品的堆放,如图2.42所示,在芝加哥拉什大学医学中心住院部中,走廊与病房之间通过微型护士站作为过渡,给一些必要的需求提供固定而规律的空间。

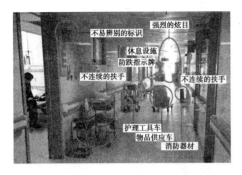

图 2.41　某妇女儿童医院住院部走廊分析

图 2.42　拉什大学医学中心住院部走廊

走廊设计应提高患者移动过程中对于周围环境的可视性。首先,当走廊中障碍物不可避免的时候,通过空间环境设计尽量使其明显,如采用增加照明亮度、障碍物运用警示色进行标示等措施。其次,尽量避免视线死角的形成,当不能避免时可通过其他措施进行协助,如在视线不佳的地方安置球面镜是国外医院走廊设计普遍采用的方式,如图 2.43 为达拉斯某医院走廊球面镜,图 2.44 为密尔沃基圣玛丽医院走廊球面镜,但这种做法在国内极为少见。

图 2.43　达拉斯某医院走廊球面镜

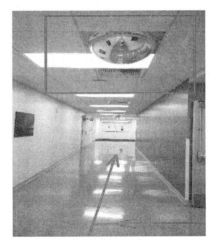

图 2.44　密尔沃基圣玛丽医院走廊球面镜

②地面设计应遵循整体性、系统性原则。

地面材料是患者跌倒预防最直接的空间环境要素,平整、防滑是其最基本指标,在医院地面材料选择时一般应首先考虑。在现阶段的多种地面材料中,整体式高科技柔性地面为相对较优的材料,既具有防滑特征,同时又在患者跌倒后的受伤严重程度上比刚性地面有一定优势。地面设计中,有研究指出地面的图案也应以整体性较强的为优先选择,过于复杂和过于细碎的图案会在一定程度上引起患者的心理紧张而增加跌倒的概率,如图 2.45 所示,以正方形为基本图案的四种地面铺装中,图案最大的整体铺装最有利于患者跌倒预防,图案较小且密的小尺寸铺装在一定程度上加剧患者的跌倒概率。此外,一些医院为了控制噪声、营造温馨的感觉而铺地毯,但地毯不利于患者站立的稳定性,且地毯与其他空间的边缘接缝等可能是造成绊倒的危险源,因此从预防患者跌倒的角度,地面材料应尽量不选择地毯。

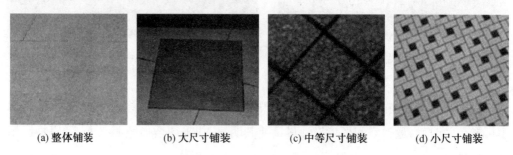

(a) 整体铺装　　　　(b) 大尺寸铺装　　　　(c) 中等尺寸铺装　　　　(d) 小尺寸铺装

图 2.45　地面图案的整体性差异

造成地面滑的另一个重要因素是湿,尤其是涉及用水的区域,如卫生间、开水间、衣物晾晒区等,在设计当中应系统思考。在调研过程中发现,衣物晾晒区在设计中考虑不足,导致患者及其家属利用扶手、栏杆等防跌倒的支撑措施进行衣物晾晒的现象频频出现。例如,某医院住院部的病房走廊虽然设置了连续性较强的扶手,但是病房设计没有考虑晾晒衣物的需求,因此夜间整个走廊的扶手上挂满了洗完的衣服,衣服的滴水导致地面湿滑,扶手的作用已经完全丧失,夜间患者去往卫生间的路变成了最危险的一段行程。再如,图 2.46 某医院病房晾衣区位于患者必须频繁经过的卫生间门口,成为患者滑倒的潜在危险。因此,设置专用的晾衣间是避免地面湿滑的有效途径。图 2.47 为武汉同济医院光谷院区,通过设置专用的阳光晾晒间来避免湿滑区域的形成。由此可见,空间环境要素对于同一安全问题的作用是互相叠加关联的,风险的控制不仅是最直观层面的现象,而且是以系统关联性思维对患者行为所需支撑进行的连贯考虑。

(2)提供易于支撑患者移动的空间环境设施。

①在垂直交通方面提供足够数量的电梯。

住院患者的体能普遍较弱,垂直转移的过程应优先依赖电梯。调研中发现各大医院住院部电梯排队的情况十分普遍,当等待时间过长时,有患者"自认为体力尚可"选择走楼梯,从而加大了患者跌倒的概率。提供足够的电梯是减少患者"铤而走险"使用楼梯间的重要措施。当患者使用楼梯间时,应尽可能保证患者在使用过程中的舒适度,楼梯间内应保证良好的采光通风,避免因视线不佳造成的跌倒。同时,楼梯间内应安装呼叫设施,楼梯间内发生意外时患者或周围其他人员能够及时与医护人员取得联系,进行及时抢救。

衣物晾晒

卫生间

湿滑的台阶　病房

图 2.46　某医院病房晾衣区与卫生间的关系

图 2.47　武汉同济医院光谷院区阳光晾晒间

②设置适当的休息设施。

部分疾病的住院患者在康复期间进行适当的活动有助于身体恢复,但由于其身体机能仍然较差,活动中极易出现疲劳、体力不支等情况,在患者活动区提供休息设施可减少其在活动过程中的跌倒现象。

4. 利于提高"护理质量"的空间环境

护理单元模式对于患者跌倒的影响客观存在,具体通过护士站与患者病房之间的可视性、可达性,以及护理的积极性等发挥作用。

(1)优化护理单元布局促进护理的及时性。

增强护士站与患者病房之间的可视性与可达性有助于患者跌倒的预防和救治。一项为期 4 个月的对处在不同平面布局单元的 1 000 多名患者的观察研究发现,病房的布局形式与患者跌倒的发生概率有关系,表现为布局结构影响护理行为,如护理人员对患者的观察等进一步影响患者跌倒的概率和跌倒后的救治工作。另有研究表明不在护士站视线范围内的病房和易达性较差的病房患者发生跌倒的风险更高。护理人员无法及时观察到患者的活动情况,在护理的及时性方面容易疏忽。同时,当患者无法感受到护理人员的存在时,自主行动的概率加大。因此在护理单元布局优化中,可通过视线分析对护士站与病房之间的可视性进行分析,清晰识别每种单元中的高可视性房间、低可视性房间,从患者跌倒预防的角度确认风险较高的空间,在患者安置中尽量避免将跌倒风险较高的患者安置于可视性较差的空间。

　　护理单元布局优化中,应控制每个护士站的管辖范围,设置小型护士站,尽量减少可视性、可达性较差的病房,将高风险患者在入院时安排在可视性、可达性较高的病房当中。分散式护理单元有值得学习的地方,但是在硬件建设、日常管理、人员配置等方面都不适应我国目前的具体情况。可以考虑将集中式护士站与分散式护士站进行结合,形成新的平衡的策略,如将大型护士站适当拆分为多个小型护士站,护理责任更加明确,既减少了可视性方面的死角病房,同时又拉近了护理人员与患者的距离,并且更加容易推广责任护理模式,护理工作的积极性更容易提高。

　　重症患者跌倒具有十分严重的后果,且对护理需求依赖性最高,下面以重症护理单元为例进行护理环境可视性与可达性的分析。重症患者由于插管、带呼吸机等,舒适度差、心理紧张,极易出现想要摆脱 ICU 环境的挣扎倾向,护理人员必须密切监视。表2.3 为三种常见 ICU 布局对比分析。我国常见 ICU 以集中式为主,其对于患者跌倒方面的优势在于通透可视,在医务人员资源有限的情况下可同时实现对多名患者的同时监控。ICU 通常不设置卫生间,一概认为患者不具备自主使用卫生间的能力,由工作人员统一照顾。这种空间设计方式在预防患者跌倒方面具有一定的优势,其可视性与可达性的均匀度相对较高,但是其在对患者隐私保护、感染控制方面具有明显缺陷,且家属与患者完全分隔,在空间层面完全拒绝了家属的参与。集中式护士站在可视性方面的均匀度较差,出现了部分从护士站观测的视线死角病室,因此需要通过其他设备进行

表 2.3　三种常见 ICU 布局对比分析

类型	大型集中式护士站和混合式病室	小型集中式护士站和独立病室	分散式护士站和独立病室
平面图			
来源	根据调研工程资料改绘		

协助(如患者离开病床的报警器等)。第三种分散式微型护士站的设计极大地拉近了护士站与患者病室之间的距离,无论是可视性还是可达性均得到很好的提升,且独立卫生间设置于病房内部,具有自然采光,有助于减少患者长时间在黑房间中的眩晕感。这种高标准的设计对于患者跌倒的预防具有十分明显的优势,但对于护理人员需求量较大,难以全面推广,但可以考虑集中式和少量分散式护士站相互结合的形式,以适应部分患者的特殊需求。

(2)改善工作环境舒适度提高护理积极性。

护理工作的积极性受工作环境舒适度的影响。护理人员定时巡视,主动做好基础护理,及时解决患者所面临的各项需求可有效减少患者自主行动的行为动机,进一步影响患者跌倒的概率。首先,护理工作主要是在病房内直接完成的,病房的舒适程度不仅影响患者的状态,同时影响护理人员的工作的舒适度。其次,护士站是护理人员长时间工作的环境,护士站条件的改进也可在一定程度上提高护理人员的积极性。最后,完善的设施设备有利于减少护理过程中的意外跌倒,护理环境和必要的辅助设施是护理人员护理过程中减少行为失败概率的保障。护理过程中涉及患者抬升、翻身等动作,这些动作对护理人员形成极大的体力负荷,当负荷超过护理人员承受能力时发生患者跌倒的概率陡增,医院环境设计中可通过完善相关辅助性护理设施以减少护理过程中意外的发生。例如,牵引设施的引入减少抬升患者过程中的坠床,选择可移动的病床减少患者转移过程中的换床概率等。简言之,完善的护理设施是对护理人员和患者的双重保护,尽可能减轻身体的疲劳程度是提高护理积极性的重要举措。

(3)创造以家庭为中心的病房环境发挥陪护人员的作用。

住院病房的设计理念从原来的"以患者为中心"(Patient-centered)逐步演化为"以家庭为中心"(Family-centered),通过空间环境设计鼓励患者治疗期间的家庭参与,发挥患者所需要的社会支持。在患者的各项移动行为中,与日常生活相关的内容占相当大的比例,这部分内容患者一般不愿意麻烦护理人员,而护理人员因工作繁忙容易出现关照不及时的情况,家属是患者在心理上和行为上均可充分依靠的人员。病房设计应当综合考虑家属的需求,提供家属参与所必需的空间环境。例如,病房设计在条件允许的情况下应优先选择带家属区的单人间,家属区的设计支撑了患者家属在医院当中长时间参与护理的可能性。图2.48为某医院家庭式病房设计,充分考虑了陪护所需的增量空间和相关设施,为预防患者跌倒提供了社会力量的支持。即使在难以全面推行此类病房的条件下,在退而求其次的情况下,多人间病房的尺度也应适当加大,将陪护所需的增量考虑在内,或对病房内的患者数量进行控制,消除三人间以上的病房设计,病床之间的距离在满足夜间陪护加床的情况下应满足患者下床行走的需求。

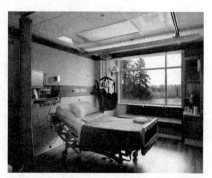

图 2.48　某医院家庭式病房设计

2.5　安全主题(四)：医院建筑与预防职业暴露

医院建筑的首要任务是为各个使用群体提供一个不受"伤害"的空间环境,保护医疗主体和医疗客体双方的安全。二者的安全在生命健康的伦理意义上具有同等的重要性,且彼此之间互相影响。医护人员是全民生命健康的守护者,没有他们的健康何谈保障患者安全? 空间环境作为职业防护的基础工程发挥着十分重要的作用。医护人员职业暴露的概念由职业医学之父 Bernadio Ramazini 于 18 世纪首次提出,发展至今,已经成为医疗安全领域不可规避的问题。医疗是一个高风险的行业,常年工作于一线的医护人员面临着多种职业风险。各种理化生危害、过度劳累、高压力高强度的工作、不规律的生活状态等导致医护人员的平均寿命低于我国人均寿命 3 岁,医护人员的职业健康问题亟待关注。建筑是医护人员的职业平台,为医护人员提供一个安全的工作环境是建筑设计义不容辞的责任。

2.5.1　医院建筑对职业暴露的作用机制

1.职业暴露的内容组成与发生原理

医护人员职业暴露是指医护人员因医疗工作职业属性产生的有损健康或危及生命的现象,这里说的健康包括身体健康和心理健康。在医院职业暴露事件的发生概率分析中发现,各类人群中护士、医生、医技人员、其他人员职业暴露发生概率依次递减。因此护士和医生是暴露的最高危人群,本章的职业防护仅研究这两类人群的安全问题。从空间的角度分析,高危场所依危险程度递减为:住院病房、手术室、处置室、急诊科、检验科、门诊。职业暴露的内容根据暴露源的性质可分为生物性、物理性、化学性和心理社会性四大类,每类所面对的具体问题既有常规常态的暴露源,也有动态变化的暴露源,及随医疗形势变化产生的新的暴露源。生物性职业暴露是指医护人员在工作中被微生物病原体所侵害的现象,是各类职业暴露涉及范围最广的内容,与医源性感染中医护人员感染的内容基本一致,本章不再详细展开。物理性职业暴露包括多种物理性暴露源,具体包括辐射源、过度体力消耗、噪声、过度疲劳、被精神患者抓伤咬伤等,每类暴露源可独立直接对身体健康形成危害。化学性职业暴露则是指医护人员由于长期接触各类药剂、清洁剂、消毒剂、麻醉剂等而产生的对身体的化学危害。心理社会性职业暴露可分为心理性职业暴露和社会性职业暴露,其中心理性职业暴露则是指由于长期处于高压紧张的工作状态导致心理健康受损的现象,是一种积累性的危害;社会性职业暴露并非直接的医疗活动导致的职业暴露,而是由此衍生出的二次伤害,常以医患冲突为爆发点,其造成的恶劣影响在近些年十分突出。

无论是哪种职业危害,均可概括为暴露源借助某种侵入途径对医护人员形成侵害,这个过程一定在相关的空间环境发生,且与某项具体的行为有关,这样的发生机理为空间环境的干预提供了可能性。通过对职业暴露相关文献的查阅,各种职业暴露的发生原理可按照暴露源、高风险区域、侵入方式、暴露特征等概括。图2.49 为医护人员职业暴露主要类型及其暴露原理。

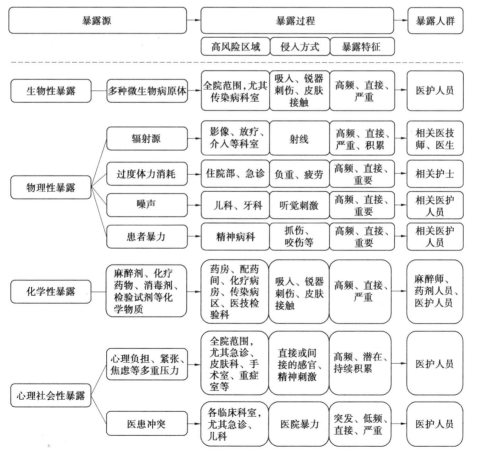

图2.49 医护人员职业暴露主要类型及其暴露原理

职业暴露是医护人员工作中一系列具体问题的集合,伴随医疗工作的不同内容呈现。首先,暴露源的复杂性。暴露源随着医疗功能的不同而呈现出多样性,且具有一定的动态变化特征。医疗工作是一系列活动的配合,由于工作内容的不同相关医护人员所接触的暴露源不同,且生物、物理、化学、心理社会等不同类型暴露源的产生机理具有多种可能性。由于不同空间所承载的具体内容不同、危险因素不同、侧重倾向不同,各个科室护理人员面对的职业暴露风险亦有所差异。例如,在烧伤科中最严重的职业暴露危害是心理社会性危害,其次才是医学意义上的物理因素的伤害。而放射科的设计则以射线防护为重中之重,感染科以生物性危害为首要风险。其次,侵入方式的多样性。侵入方式的多样性源于暴露源的多样性,侵入过程伴随医疗活动,在任何一个环节都有可能发生。侵入方式第一来自直接的物理层面的侵入,如射线;第二来自行为层面的侵入,如锐器刺伤、负重操作等;第三通过对医护人员的感官刺激发生侵入,如听觉刺激、视觉刺激、嗅觉刺激等。最后,危害的持续性。暴露源因医疗需求而存在,难以消除;职业暴露过程伴随医疗工作而存在,难以规避。医护人员由于长年累月面对相关的工作,暴露源对其身心健康的危害具有一定的积累特征。建筑空间作为与之对抗的保护措施,可发挥持续性的作用。

空间环境是各类职业暴露相关行为的发生的空间平台。职业暴露伴随医疗行为发生,行为的参与不可回避。行为作为某些暴露源的成因,是职业暴露发生的组成部分;行为作为主要的侵入方式,是暴露源产生作用的媒介。环境行为学的基本理论指出,建筑空间环境作为所有行为的承载平台与之产生必然的联系。首先,空间环境自身是某些暴露种类的成因。例如,空间布局对于护士疲劳程度的影响,来自环境的压力对于医护人员心理健康的负面影响,在这些类型的职业暴露中,空间环境是暴露源形成的原因。其次,空间环境是职业暴露标准防护措施的组成部分。空间环境对于职业暴露的预防侧重于行为操作的标准预防。例如,医院对于医护人员职业暴露的“标准预防”策略中的“洗手、环境控制、医用锐器处理、病室隔离”等内容均与空间环境有一定的关联。再次,空间环境与职业暴露类型之间具有一定的针对性,每类暴露在空间层面有相对明确的高风险区域。例如,辐射性职业暴露的高风险区域十分明确,具体包括影像科、放疗科、核磁共振检查室、核医学科、介入治疗用房、骨伤科、口腔科等以及其他需要借助辐射性仪器完成诊断的科室。射线伤害不分人群属性,只与空间距离、隔离措施等物理属性的要素相关,相关科室所面临的主要暴露类型也即辐射性暴露,其他感染性风险发生的可能性同时存在,但居次要位置。最后,职业暴露的类型在空间层面具有一定的叠加特征,置身同一空间内的医护人员可能同时受到多种职业暴露的危害。例如,儿科注射中心的护理人员,注射中心的噪声极其频繁地超过 80 dB,几乎达到了我国工业噪声暴露的控制值,在这种严重噪声污染的环境中医护人员需要集中精力完成婴幼儿的注射工作,精神压力极大。儿科注射由于患者幼小难以良好配合,因此发生自身锐器刺伤的概率也较高,并可能由此产生血源性感染和药物性伤害。由此可见,职业暴露的内容在空间层面具有叠加的效应。

2. 空间环境与职业暴露的关联机制——暴露源、暴露过程

在职业暴露发生原理的三个环节中,暴露对象由职业属性所决定,难以改变,与建筑设计无关。暴露源和暴露过程均与空间环境具有一定的关联。

(1)空间环境与暴露源。

空间环境和暴露源的产生与分布具有一定的关联性,必须承认暴露源由于医疗需求所产生,依靠空间环境策略无法消除。空间环境仅对与行为相关的暴露源的产生有一定的干预作用,并对各种暴露源在医院中的空间布局具有一定的影响。暴露源分为物理性暴露源、化学性暴露源、心理社会性暴露源三种。

物理性暴露源由多种内容组成,其中辐射源的空间分布离不开建筑的空间组织;过度体力消耗、疲劳程度与医护人员的行为直接相关,受到空间布局、功能配置等因素的影响。例如,患者转移过程是使护理人员腰肌受损的重要原因,而适应性病房的配置可最大限度减少患者转移。相关的牵引设施的配给、合理的空间布局等,均可对过度体力消耗的强度产生一定的影响,由此可见,空间环境与过度体力消耗暴露源具有内在的联系。噪声暴露主要在儿科和牙科。儿科以输液室、治疗室等空间最集中,婴幼儿患者的哭喊、家属的拥挤喧哗是儿科主要的噪声源,空间环境设计对于患者及其家属产生噪声的行为有一定影响,可通过对相关哭喊、拥挤行为的减少达到削弱暴露源的目的。牙科噪声则主要由机械操作产生,其暴露源与建筑无关,主要影响在于设备的空间分布。由此可见,空间环境与物理性暴露源的产生和分布均关联。

化学性暴露源中消毒剂的使用与空间环境的设计具有一定的关联。有研究指出,空间环境设计选用抗菌材料、易清洁的构造等有利于减少清洁剂和消毒剂的使用,从普遍意义上减轻相关化学物质对人体的伤害。

心理性暴露源的核心是长期处于紧张高压的状态以及面对各种痛苦现象所造成的心理负面影响。环境压力本身就是压力的源头之一,循证设计的多项研究表明环境的改善可减轻医护人员的工作压力。

社会性暴露源是患者安全问题衍生出的作用于医护人员的二次伤害,理论而言,通过空间环境的保障减少各类患者安全事故的发生可预防社会性暴露源形成。

生物性暴露源的汇聚、分布等受到各类人员在院内的行为影响,该问题已在医源性感染章节进行过论述。

(2)空间环境与暴露过程。

暴露过程是暴露源在一定的空间环境区域借助某种侵入方式作用于相关人员的过

程,涉及暴露发生的空间场所、侵入方式的相关行为、暴露发生频率等内容。

空间场所本身可作为切断或削弱暴露过程的基本防护措施。例如,放射科放射源本身是建筑空间所无法改变的,但是可通过建筑构造、材料等措施屏蔽射线,阻隔辐射过程,同时相关科室的合理布局可减小院内的辐射范围,减轻暴露源对于其他科室的影响。通过感官刺激进行侵入的暴露途径可通过空间环境措施降低刺激的程度。例如,建筑层面的吸声降噪措施可在一定程度上削弱噪声产生的刺激。

空间环境与侵入方式的关联性主要体现在对侵入行为的干涉。环境行为学的基本理论告诉我们,空间对于发生在内部的行为有一定的影响。侵入方式中与人员行为相关的途径包括呼吸道吸入、锐器刺伤、皮肤接触、过度体力消耗、感官刺激等,这些途径均在一定程度上受到工作环境的影响。例如,锐器刺伤是医院职业暴露过程中最直接的侵入方式,也是目前医院职业暴露中最为高频发生的情况,涉及血液、体液等生物性疾病的传播,同时涉及药物对医护人员的侵入性伤害。有研究指出,护理环境对于锐器刺伤的发生概率以及刺伤后的紧急处置具有一定的影响。再如,过度体力消耗指护理人员在护理过程中的体力消耗,常有过度疲劳、肢体损伤等,多项研究指出合理的建筑空间布局、功能配置等可以显著降低护理人员的劳动强度。

3. 空间环境对职业暴露的作用途径——行为心理和物理防护条件

(1)行为心理的环境干预。

职业暴露的环境行为属性是空间环境发挥作用的前提条件。空间环境对于暴露源和暴露过程的干预均是通过行为条件实现的,尤其通过高风险区域设计干预侵入方式相关行为。空间环境对于行为心理的干预主要表现在以下四个方面。

①空间环境与相关行为的发生概率。

职业暴露相关行为的发生频率越高则暴露概率越大,空间环境设计可在一定程度上减少某些行为的发生。例如,前三个安全主题均有提到的适应性病房可最大限度地减少患者的转移需求。对患者的转移是造成护理人员肢体损伤最重要的原因,病房功能的完善从根本上减少转移的需求,减少了护理人员体力负重操作的发生概率。

②空间环境与相关行为的强度。

职业暴露相关行为的发生强度越大则暴露程度越大。例如,疲劳是一种积累性的职业暴露,是超负荷工作对于医护人员健康的慢性伤害,优化流程、剔除医护人员操作中的无效环节可减轻疲劳暴露的强度。

③空间环境与相关行为的准确性。

医务人员职业伤害的调查数据显示,安全环境与安全操作之间具有极高的相关性,医疗操作的不准确性对于患者和医护人员均可能造成伤害。职业暴露的侵入行为中,锐器操作的准确性、药物操作的准确性等直接关乎职业暴露的发生。

④空间环境与心理伤害的程度。

医护人员心理伤害主要源头并非直接的环境刺激,而是来自医疗活动本身。第一,长期处于高压环境;第二,面对各种令人不愉快的病患现象形成心理上的负面刺激,如皮肤病科、烧伤科;第三,来自患者及其家属的不当行为与言论。由于环境压力是医护人员压力的一部分,因此可通过改善医疗环境减少多种压力的形成。

(2)物理防护条件的保障。

空间环境是职业防护的基本介质,从建筑层面提供一个相对安全的物理平台是空间环境设计的本职,物理防护条件不足严重影响职业暴露的发生概率和程度。空间环境主要通过切断暴露源对于相关人员的侵害途径发挥作用,为相关医疗操作提供精准可控的物质条件和物理条件,提供有利于安全操作所需要的空间尺度,温、湿度,空气质量等条件。以空气质量控制为例,空气质量与生物性暴露、辐射性暴露、化学性暴露的暴露过程均相关联,加强自然通风可发挥普遍意义上稀释暴露源浓度的作用。但自然通风的不确定性太多,且医院当中的许多空间是不能够依赖自然通风的,因此仅靠自然通风不能满足职业防护的要求,机械通风、气压控制等建筑技术措施对于精准的气流组织非常关键。又如,辐射性暴露源相关空间,医护人员长时间所处的空间环境应保持正压以尽可能减少被辐射污染过的空气的进入;药物配置相关空间则应通过严格的空气组织以减少工作人员对于挥发性药品的吸入;呼吸道传染病防控中医护人员工作区相对患者区应尽量保持正压或处于上风向;等等,这些职业防护的需求必须依赖空间环境技术措施的保障。

4.空间环境对职业暴露的作用机制

身体健康和心理健康在空间环境层面是复合在一起的,通过空间环境切断或减弱职业暴露发生的全过程的任何一个环节达到预防发生暴露和减轻暴露程度的目的,从而达到保护相关医护人员的身心健康的目的。医护人员身心健康的损害是从量变到质变的过程,具有一定的积累特征,病变的发生是直观的表现,背后是各种伤害的积累。空间环境所能产生作用的环节主要是在暴露过程,通过干预暴露过程对医护人员起到职业防护的作用。此外,当职业暴露已经发生之后,相关弥补措施所需要的空间支持也是建筑空间环境发挥作用的环节。作用机制模型的建构,并不特指某种内容的职业暴露,而是将多种类型的暴露进行概括,是对现象的普遍规律的总结。作用机制模型即空间环境与职业暴露发生过程的对应关系的解读,作用的具体途径包括对环境条件的直接改变和对相关人员行为及心理的改变,前者侧重于暴露过程的改变,后者则兼顾暴露源和暴露过程。综上所述,空间环境对职业暴露的作用机制如图2.50所示。

5.影响职业暴露的空间环境要素分析

根据职业暴露的内容按类别提取,即生物性、物理性、化学性和心理社会性四类,其

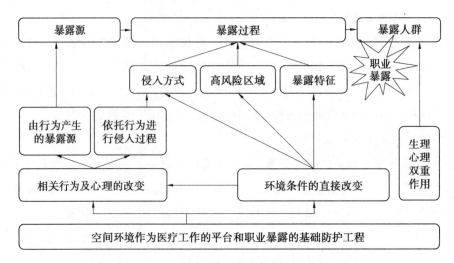

图 2.50 空间环境对职业暴露的作用机制图

中生物性暴露的原理与感染防控雷同,因此不作为本章重点分析内容。在提取过程中每个类别按照功能配置、空间组织和物理环境的顺序进行思考。具体的提取原则遵循以下三项:与空间环境和职业暴露的双重关联性;提取源来自建筑学和医学两个领域的已有文献和医护人员的直接反馈;对于影响行为安全性和直接物理意义上的建筑措施均包含。

通过对职业暴露相关空间环境要素的文献提取、专家访谈和现场观察三个途径获得了目前已知的与医疗职业暴露相关的空间环境要素。在这些筛查所得的要素当中,按照风险程度进行分析,风险值最高的集中为针对射线防护的建筑设施、构造、布局;针对医院暴力的报警系统;针对化学性暴露的功能配置、空气质量控制、冲洗设施、易清洁内饰面的选择。另外,还有大量的项目位于中度风险区,但处于中高度风险临界线附近,也应当在设计中给予重点关注。空间环境的防御作用主要通过减少暴露的概率和减轻暴露的程度两个途径来实现,暴露后及时补救的内容相对较少,主要体现在手卫生冲洗设施的完备性,以及发生医患冲突时防卫空间的设计。

6. 针对职业暴露的空间环境风险控制模型

职业暴露是一系列问题的集合,风险控制模型不同于前三个安全主题具体风险控制的要点,而是基于发生原理、作用机制和相关空间环境要素寻找普遍意义上的建筑学控制要点,是建筑空间环境在职业暴露防控过程中所发挥作用的概括,而非解决某一具体职业暴露问题。每一类职业暴露的特征不同,建筑学并非在每个环节都有可发挥作用的余地,因此在整体的控制思路上以完整过程的安全逻辑为指导,以建筑学可影响的相关行为心理和职业平台为关键点进行分析。图 2.51 为建筑学视角下职业暴露控制范围示意,在整个的职业暴露网中灰色部分为与建筑空间环境相关的内容。

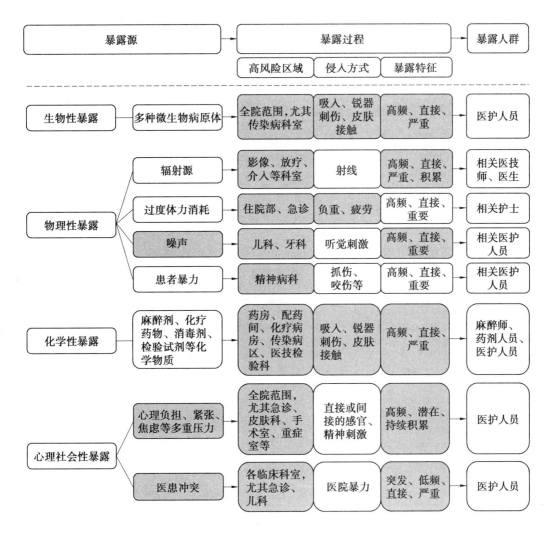

图 2.51　建筑学视角下职业暴露控制范围示意

对于复杂的一系列问题的防控,在上述可能的空间环节分析的基础上,明晰了空间环境风险控制的主要环节在于暴露源和暴露过程,具体包括通过空间环境要素对于行为频度、行为准确性、行为强度等进行控制。在医疗条件的改变方面,具体包括完善功能配置,提供安全的操作平台。通过建筑布局控制危害范围,通过建筑技术措施和保护屏障对侵入途径进行改变。综上所述,搭建一个完善的工作平台和构建安全的保护措施来对暴露过程进行干预,最终实现医护人员生理、心理的安全保障,具体针对职业暴露的空间环境风险控制模型如图 2.52 所示。此外,我们必须承认空间环境仅能干预一小部分暴露源,在暴露过程当中,通过对高风险区域进行专属空间的深入设计达到降低暴露频率和程度的目的是控制的关键。

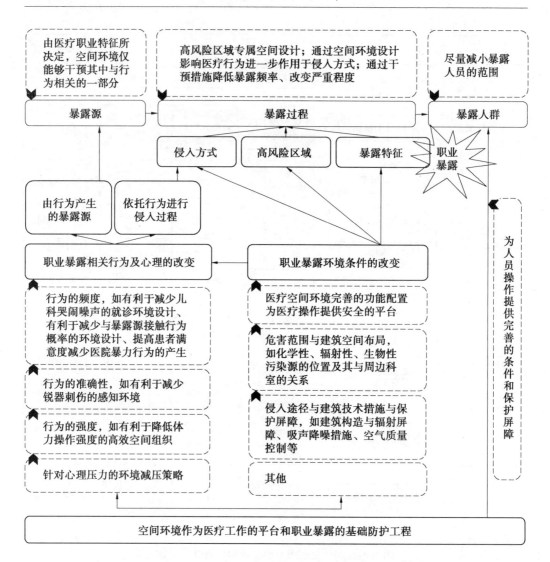

图 2.52　针对职业暴露的空间环境风险控制模型

2.5.2　应对职业暴露的建筑安全策略

　　针对医疗安全的空间环境控制策略必须将维护医护人员的身心健康作为重要的组成部分,将医护人员的职业安全在设计认知层面落实,是一个贯穿于设计全过程的思想。职业暴露一旦发生,建筑措施难以弥补,因此建筑学意义上的控制策略主要针对预防,围绕着控制相关行为的空间环境措施和物理防护条件的改善展开。

　　职业暴露空间环境风险控制策略应遵循"全局设计与分区控制"的总体思想。为医护人员创造安全的工作环境是需要贯穿于建筑设计各个阶段各个层级的思想,而不是散点式的应对问题的集合。安全的工作环境设计应具有全局观、系统观。所谓全局观,首先是覆盖医院全范围的空间层面的全范围,虽然有问题凸显的高风险区,但在设计中高风险区与医院整体之间的关系必须在全局范围内综合布局。所谓系统观,是指安全的工作环境由多个子系统共同构成,彼此之间互相影响,设计措施往往需要权衡利弊,从整体的风险性去考虑,而不是解决一个一个的独立问题。各种暴露风险在同一空间中可能以叠加的方式呈现,分区控制主要针对各空间不同需求有重点倾向地处理。根据风险的职能倾向性和空间区域性,每类职业暴露风险有倾向性地发生在某些高风险区域,在全局设计的基础上应当重点加强;同时,不同空间应当根据自身所承载的医疗功能,对所面临的主要风险种类进行重点防范。以辐射性暴露为例,暴露源的空间区位必须结合医院其他科室进行全局设计,而主要暴露的人群为影像科、放疗科的医护人员。全局设计的目的是将辐射危害在全院范围内控制到最低,分区控制的目的是对特殊科室进行重点防护,对具体医护人员进行针对性的保护。再如,生物性职业暴露的防控涉及全院各医疗空间,科室间的布局、流线等必须进行全局组织,但传染病科作为最高风险的暴露科室,进行独立的分区控制一方面可以减少其对其他科室医护人员的感染风险,另一方面可以集中优势资源对高风险区域的相关人员进行加强性保护。

1. 利于削弱暴露源的空间环境措施

大部分的暴露源是随医疗活动的需要产生的,固有存在,通过建筑措施无法消除,空间环境措施仅可以干预与人员行为、心理相关的部分暴露源,适当减轻或减少。例如,儿科噪声的产生、源自空间环境的环境压力、由于医疗失误引起的医患冲突等。

(1)针对削弱噪声源的空间环境设计。

儿科输液室、治疗室是医院噪声污染最严重的区域,噪声的主要来源包括排队过程的喧哗、叫号、啼哭和护患冲突。输液室和治疗室是儿科护理人员长时间工作的区域,多项研究指出儿科噪声对相关护理人员的身心健康形成危害,导致部分儿科护士听力减退、记忆力下降、注意力不集中、血压升高、头痛、烦躁,甚至性格改变。

噪声控制的最理想措施是从源头减少噪声的产生。有研究指出医院噪声中最令人讨厌的种类是由于人员吵闹等行为产生的噪声。患儿的哭闹声是儿科最大的噪声源。空间环境设计中,首先应尽量控制空间规模及其可容纳的患儿的数量,减少移情反应的发生。根据纽约大学儿童心理学家霍夫曼的移情理论,患儿在观察到其他患儿哭闹时,便会将这种情绪移植到自己身上,并引发哭闹情绪。因此对于关键的操作区域应尽量以独立空间的形式配给,如儿科独立诊室、治疗室每次仅容纳 1 名患儿进入,儿科单人病房等措施,从哭闹声的根源处进行控制。另外,创造轻松舒适的环境,减少患儿及其家属在就诊过程的恐惧程度、烦躁程度,从而减少哭闹、大声讲话的概率。儿科(儿童医院)的环境氛围应当尽量富有趣味性,包括空间界面的设计、相关设施设备的设计等,通过积极转移注意力的方法减轻患儿就诊过程中的恐惧感及缩短患儿在接受治疗之后哭闹的持续时间。

叫号声是候诊室又一噪声来源。可通过候诊空间形态设计、喇叭位置的合理布置等措施进行调整,在满足使用需求的情况下尽可能减小声音的响度。

由护患冲突引起的吵闹声也是噪声的重要来源。首先,合理的空间环境设计可减少护患冲突的形成。例如,输液操作区与候诊区进行空间分隔,减少候诊区产生的噪声对于治疗过程医护人员的干扰,提高输液操作的准确性,减少冲突的产生。其次,可设置调解室等,通过小范围的沟通解决,尽可能避免冲突声及其引发的混乱扩散。综上所述,空间环境措施可对由于人的行为引起的噪声进行一定的干预,从暴露的源头上进行削弱。

(2)针对心理健康的环境减压策略。

心理压力是一个到目前为止尚未获得准确定义的概念,泛指一种精神紧张的状态,与身体、精神、情感、环境、行为等均有一定的联系。工作环境压力是临床医护人员压力的重要来源,空间环境设计与之关联密切。临床护士工作压力源强度从高到低依次为工作环境及资源方面的问题、工作量及时间分配的问题、护士专业及工作方面的问题、患者护理方面的问题、管理及人际关系方面的问题,由此可见工作环境压力的重要性。诚然,工作环境压力不仅包括空间环境等物质环境,也包括文化环境,本书仅讨论物质环境。已经提到过"有利于减轻工作压力的空间环境设计",这也印证了医疗安全是一个系统问题,医护人员的安全和患者安全之间互相反馈。通过各种人性化的环境设计对患者进行减压的策略逐渐增多,虽然这些策略在一定程度上也有助于减轻工作人员的压力,但专门针对医护人员的减压措施却往往被大众忽视。现代医疗技术的进步使得患者在医院停留的时间大大缩短,出院后患者便可离开那种令人不悦的环境,而医护人员一生起码要在医院服务二三十年,针对他们的减压策略更显重要。

①改善医疗工作环境的舒适度。

舒适度是一个工作人员对环境感知结果的综合性概念,既包括生理层面的舒适,也包括心理感知的舒适。例如,尽可能为医护专用的工作区争取自然采光、通风,如图2.53佛罗里达医院拥有良好视野的独立办公空间所示。对于手术部、放疗科等特殊空间,以及其他不宜接受自然采光的科室,应在其一般工作区尽量争取自然采光。此外,医疗环境是医护人员较长时间所处的环境,并且舒适的医疗环境有助于减轻患者的痛苦,而患者的痛苦本身就是医护人员压力的重要来源。图2.54为美国某医院宽敞明亮带景观的 ICU 设计,大面积的落地窗,并且拥有良好的景观视野。这样的措施不仅有助于患者康复,也有助于减轻医护人员的压力。

②为医护人员提供间隙放松的环境。

休息环境与医疗空间的环境氛围尽量形成一定反差,这样可以有助于医护人员通过环境感知的变化达到放松的目的。以上海质子重离子医院的建设为例,虽然放射源空间作为医院中需要隔离的区域只能布局在地下,但设计中采用了下沉庭院的形式,从而形成了极佳的自然休憩空间。这种空间设计手段使得在地下工作的医护人员也能够在休息间隙在非放射源区接触到一定的自然光,并在亲近自然的过程中舒缓工作压力。

③为医护人员提供彼此沟通的空间。

这里所说的沟通空间并非严肃的会议室,而是使医护人员、患者、家属等能够在日常休息中较为轻松地进行沟通的环境,具体的形式包括专门的休息室或休息区、各种商业服务设施(如餐饮空间)等。如图 2.55 所示,佛罗里达医院的医院员工拥有休息区。此外,餐厅、咖啡吧等也面向医患开放。这些空间的设计促进了医患之间的沟通,有利于疏解医疗工作中的问题,提升患者对医护人员的信任度,提高医嘱传达的效率。

图 2.53　佛罗里达医院拥有　　图 2.54　美国某医院宽敞明亮　　图 2.55　佛罗里达医院的
　　良好视野的独立办公空间　　　　带景观的 ICU　　　　　　　医院员工休息区

沟通空间可以为医护人员心理压力的疏解提供有力保障。医者难以自医,尤其是心理健康,当医护人员的心理压力积累到一定程度时,必须设法帮其排解,否则将会对医护人员自身的健康造成恶性影响,并进一步影响患者安全。医院管理层已经意识到心理咨询等措施对于医护人员及时疏解压力、减少困惑的重要性。普通的办公空间难以良好地支持心理咨询的沟通需要,营造良好沟通氛围的专用空间可以更好地为医护人员提供"心灵驿站"。医院当中可以通过设置这样的特殊空间,使得心理咨询能够发挥更好的作用。例如,上海市精神卫生中心的心理咨询室,通过粉红色的室内色彩、悦耳的音乐等营造温馨的气氛,尽量使得心理干预过程在放松的环境中进行。

(3)针对社会性暴露源的满意度提升策略。

社会性暴露源以暴力为最尖锐的表现形式,其本质是患者及其家属对于医疗活动的不满意,当不满意累积到一定程度之时便上升为暴力。医院暴力的暴露源极其不稳定,虽然有相对高风险的区域(如急诊科、儿科、妇产科),但是具体发生区域的空间属性不够明确。这里所说的暴力不仅包括直接的身体伤害,也包括谩骂等语言暴力。空间环境在暴露源控制中的主要作用在于尽量减少冲突源的产生。医院暴力的当事者在陈述缘由的时候往往是一系列的描述,冲突产生的根源是患者对于医疗过程的不满,当各种不满和抱怨积累到一定程度时,便可能在某个时间、空间爆发出来。就医条件差、医疗失误、医护人员的态度差、医疗效率低等等均是造成不满的缘由,医院的空间环境作为就医条件(包括舒适度、寻路系统、私密性等等)与患者满意度具有直接联系,并且合理的空间环境可通过减少医疗失误、改善医护人员的状态等间接提升患者的满意度。例如,家属因患者不能得到及时治疗而谩骂医护人员、因住院部不能提供单人病房而迁怒于医护人员,儿科病房某家长由于打扰了患儿的睡眠而殴打护士,更有多起因医疗失误造成的伤医事件。循证设计的研究证实多项空间环境措施有助于提高患者满意度,具体如以单人间代替多人间、良好的病房采光、良好的声环境设计、高效率的空间组织、清晰的导引系统等等。再如,通过提供谈话间等使有不满情绪的患者及其家属能够进行及时的深入沟通,谈话间内部氛围的设计应尽可能让人冷静,这是避免抱怨积少成多的一项有效措施。总之,消除各种患者不满的环境因素均可认为有助于减少冲突的形成。提高患者满意度是一个不断提升的过程,是空间环境设计对于医院暴力冲突预防的具体贡献。

2. 利于控制危害范围的建筑空间布局

本书所说的危害范围包括三方面含义,空间范围、时间范围和人员范围,无论是从哪个维度进行暴露范围的控制均有助于职业暴露防控的总体效果的提升。大部分职业暴露类型主要在相关行为发生的高风险区域内产生危害,有些暴露过程受空间范围的影响十分显著,高风险区域的合理布局可有效控制危害范围,包括缩小危害的空间范围、缩短危害的时间范围和减小接触危害的人员范围,合理布置暴露源的位置十分关键。

(1)针对辐射性危害范围的暴露源位置选择。

辐射暴露的强度与辐射源的距离直接相关,人员距离辐射源越远辐射强度越低。辐射源相关科室在医院当中的位置和辐射源空间在本科室内部的布局是控制辐射危害范围的重要考虑因素。随着放疗技术、核医学等在肿瘤、癌症等疾病中的作用凸显及可移动医疗技术的普及,辐射暴露的范围和相关空间越来越多。此外,暴露源在质子重离子医院、肿瘤中心等以放疗为特色的医院中合理布局更为关键。综合医院以核医学、放疗、影像为辐射暴露最严重的科室,应各自独立成区且最好设置于地下空间,尽量减少对其他科室人员的影响,将辐射污染区控制在最小的范围内。各相关科室内部应严格按照控制区、监督区、非限制区的顺序进行布置,辐射源空间尽量设置于尽端。例如,佛罗里达医院转换医学中心辐射源空间设置于整栋建筑的角落;陕西省肿瘤医院则将放疗及同位素室置于整个院区的最北侧,力图将辐射源对院内人员的整体辐射暴露水平控制在最小范围;上海市质子重离子医院,质子重离子区域是医院的核心区域,辐射暴露问题是建筑布局中的关键因素,设计中将放射源空间整体布置于医院的地下空间,利用建筑及地质构造形成屏障,并以最严格的方式进行了暴露源位置的限定,从而达到控制危害范围的目的。

（2）针对化学性危害高风险区域的专属空间设计。

医院中化学性暴露最为严重的情况是医护人员长期接触各类药品引起的化学性暴露，其次为大量消毒剂、清洁剂的使用对医护人员造成的普遍性化学危害。后者由于存在于医院的各个空间，难以通过空间范围进行控制，而药品相关的空间具有相对明确的区域，对其进行专属空间布局设计有利于对化学性暴露在空间范围和人员范围进行控制。下面以药物配送系统建筑空间设计为例进行解析。

①设置静脉用药调配中心将配药空间集中设置，将化学污染区集中布局，缩小了污染范围且有利于高级别防护技术的应用。

通过对医院用药流程的分析发现，我国医院用药调配环节中，许多药剂的配置是在各科室的配药间或治疗室中完成，药剂科室只完成部分配药工作。这种分散的工作方式使得药品操作空间分散，难以满足操作过程中高标准的职业暴露防护条件，且无法发挥药学人员的作用和无法保证配药环境的洁净度，形成药物污染的可能性加大，对患者和医护人员的安全均形成危害，尤其是对长期操作配药工作的护士会形成慢性积累的化学性暴露。调查发现，国内外部分医院提出将所有的配药工作通过建立静脉用药调配中心进行集中处理，为配药行为提供专属的专业空间有利于多种防护技术措施的集中使用，从而实现在空间范围和人员范围两个层面控制药品所产生的化学性暴露。静脉用药调配中心作为医院的新部门，对于加强药品流程中的职业防护具有非常重要的意义，静脉用药调配中心药物配置间（图2.56）将药品的操作行为集中在更专业的空间中，且有利于设置各种防护设施。高风险区域的专属空间设计为高危药品的操作提供了相对可靠的环境，如对于抗生素类药物、抗肿瘤药物的配置等，不仅应在建筑空间上设置专属的区域以减少其对其他人员的危害，同时相关操作更应在生物安全柜中进行，尽一切可能控制其对操作人员的危害。

②在药品的配送环节中，以现代化的物流传输系统代替护理人员的操作，减少了中间的人工环节，从人员角度降低了化学性暴露的范围。

图2.57为复旦大学附属中山医院药品传送系统，药品的传输采用了智能化的传输系统，实现了药剂科与用药区之间的直接联系，减少了中间环节人员与药品的接触。

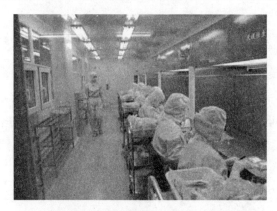

图 2.56　静脉用药调配中心药物配置间

图 2.57　复旦大学附属中山医院药品传送系统

（3）针对生物性危害高风险区域的规划布局。

生物性暴露源虽然在医院全院范围内均存在,但以传染病科最为集中。合理规划传染病科室在医院当中的整体布局是生物性暴露防控的重要措施。高风险空间的布局关乎医护人员的工作流程等内容,其布局对于生物性危害的汇聚与分布及暴露的过程产生一定影响。医院建筑设计中,高风险空间应尽量设置于偏僻、独立、人流量小的区域,减少传染病科室对其他科室医护人员的危害;用于安置感染疾病患者的病房应尽量设置于护理单元的尽端等。这些措施均是从空间布局的角度控制暴露源的位置,进而控制生物性危害的范围。

3. 利于控制侵入行为的医疗操作环境

空间环境与医疗行为关系密切,对于职业暴露而言,最严重的几个项目为锐器伤害、体力负重操作以及病原体感染。

（1）针对锐器伤害的感知环境设计。

锐器伤害是医院职业暴露中最高发的现象。针刺伤是锐器伤害最典型、最常见的表现形式,本部分以针刺伤害作为锐器伤害的代表,针对其空间层面的风险防控问题进行研讨。锐器伤害职业防护的相关研究指出人员因素、管理因素、工具因素和环境因素是造成医护人员针刺伤的四类主要因素,如图 2.58 所示。锐器伤害的发生不是随机的,而是上述因素合并作用的结果。另有研究从行为运作管理的角度指出锐器伤害必须将人员内在特性和医院外在环境进行联合综合制定干预策略。环境并非锐器伤害形成的直接原因,而是作为干预措施对其相关行为的产生具有一定的影响,良好的空间环境设计有利于促进安全的行为操作,减少行为失误对医护人员自身造成的伤害,同时减少由此衍生出的其他危害。

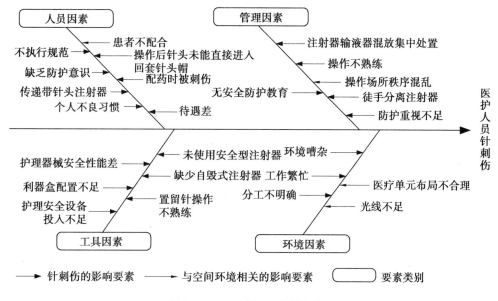

图 2.58　针刺伤原因分析鱼骨图

感知环境对于锐器操作的准确性极其重要,通过空间环境设计减少锐器伤害的主要策略包括以下三点。

①所有需要锐器操作的空间应保障良好的光环境,无论是自然采光还是人工照明,良好的视觉环境是减少锐器伤害的必要保障。

②涉及锐器操作的区域应尽量独立、安静,避免操作过程中的干扰。以护理人员输液扎针、拔针等相关操作为例,看似简单的锐器操作条件在许多医院并不理想。我国许多医院人满为患,门诊输液操作环境拥挤、嘈杂。住院部加床现象十分常见,许多昏暗嘈杂的走廊都可能成为加床的区域,可能导致一些锐器操作在没有专用照明的情况下进行。总而言之,当锐器操作所需的良好环境(尤其是视听感知环境)无法保障,医护人员针刺伤职业暴露风险概率将提高。

③合理的空间布局与操作尺度,为锐器操作相关需求提供精准的保障平台。

以手术室操作为例,手术室是锐器伤害最高发的空间,各种锐器频繁使用、工作空间狭小、设施设备复杂,忙乱之中极易形成锐器伤害。围手术期护理学会提出手术室成员应当在条件允许的情况下使用无接触传递技术代替直接进行的锐器传递。通过"中间区域"的设立,使主刀医生和护理人员均通过中间区域拿放锐器,因此手术室空间尺度、内部布局应当进行极为精准的控制。另外,通过空间环境的合理设计消除无效的操作环节,可以为护理人员争取充足的医疗操作时间。《护士锐器伤的根本原因分析》中对护士操作过程的分析发现,与治疗时间不足相关的锐器伤害高达 46.3% 。治疗时间不足的根本原因是病人过多,空间环境可通过高效的布局设计减少护理工作中的无效行为,从而将有限的时间集中用于医疗操作。

(2)针对过度体力消耗的护理空间功能配置。

完善的空间功能配置可以减轻体力消耗的强度。体力消耗的内容包括对患者的移动、放置、抬升,搬运各种设施设备、推拉各种物体、长时间的站立等等,完善的空间环境设施可以在减轻体力消耗强度的同时提高护理人员的工作效率。

①设置适应性病房减少由患者转移引起的体力消耗。

腰肌劳损、肢体扭伤等是护理人员最为普遍的职业病,与大量的弯腰护理操作、卧床患者的负重护理等密切相关。符合人体工效学的设施、操作空间尺度是有效的预防措施。从控制暴露源的角度而言,可通过合理的功能配置尽量减少相关操作。前文均提到过的适应性病房,能够尽量在原地满足患者所需的各项需求,从另一个角度讲,减少了由患者转移引起的体力消耗。

②高效的空间布局减少护理人员的行走距离。

据统计,临床护理人员平均每天的行走距离至少为 5 km,而外勤护理人员的行走距离则平均每天高达 20 km,护理人员平均将超过 40% 的时间用于行走,大量的行走是导致护理人员疲劳的重要原因之一。建筑空间环境设计与之关系密切,紧凑的空间布局、最小化的距离系数等措施是减少护理人员行走距离的有效措施。以护理单元设计为例,护理单元的规模,护士站的位置、数量以及与病房的距离等均可对护理人员的劳动强度产生影响。在大型护理单元中,多个分散式的护士站相比集中式的大型护士站,可显著缩短护理人员的行走距离。微型护士站的设置由于将患者所需物品置于最近的空间,从而也将护理人员的行走距离缩短到极致。

③完善的无障碍设计降低相关体力消耗的强度。

转运患者是护理人员体力消耗的重要组成部分,转运过程的空间环境条件对于体力消耗的强度有一定程度的影响。无障碍设计是实现顺利转运的必要条件,空间环境应支持和配合所有需要挪动、移动的相关行为。例如,空间设计是否符合人体工效学所需的最佳尺度,能否保证护理人员的自如操作。

（3）针对接触行为的手卫生设施布局。

手卫生设施的布局应满足应急、方便、可视等原则，通过完善的设施促进医护人员进行手部清洁。洗手是生物性暴露和化学性暴露在医学角度的标准预防措施，建筑设计应当提供充分的条件去支持。洗手的意义一方面是预防，同时也关乎侵入行为发生之后的紧急处理。在医源性感染一节中提到过医护人员手卫生对于患者接触型感染预防的重要性，所提出的"通过空间环境设计减少接触行为的概率"和"通过空间环境设计促进手卫生行为"的相关措施在这里同样适用，也是医护人员自身生物性暴露的预防的组成部分。化学性暴露在空间范围上不同于生物性暴露，但通过接触进行侵害的途径和发生暴露之后的第一步紧急冲洗程序这两点是类似的。化学性暴露的发生是在接触关于药品操作的行为之时（如配药、换药），经常性的洗手是减少化学性暴露累积的有效途径，尤其是高危药品，因此在进行高危操作的区域就近设置方便手部冲洗设施十分必要。

4. 针对特定侵入途径的建筑技术保护屏障

技术措施是职业暴露防护的最后关卡，也往往是最直接发挥作用的措施。具体的防护技术的内容因空间功能不同而不同，本书不一一展开，仅从建筑空间环境的角度针对特定侵入途径进行技术保护的控制原则和控制方向进行提炼。

（1）针对辐射侵入的射线屏蔽工程。

辐射防护是医护人员职业暴露问题的老话题，但是虽然医疗科技不断发展，具有辐射性危害的医疗技术仍然不断增多，且不同设备对于空间有不同的需求，因此射线屏蔽的技术措施也有一定的差别。射线屏蔽工程既包括传统辐射空间的设计，也包括新发展的具有辐射危害的医疗功能空间的设计，如越来越多的大型医院进行介入治疗的手术中心的数字减影血管造影（Digital Subtraction Angiography，DSA）机房的建设、移动式医疗检查器械的应用、与辐射性诊疗密切相关的专科医院的迅速发展等，对相关建筑空间的设计和射线屏蔽技术措施的应用必将产生新的影响。

辐射危害分为外照射和内照射，射线屏蔽工程是外照射防护最有效最现实的策略。高能射线及其屏蔽材料的研究主要由物理学专家进行，医院射线屏蔽工程的本质是将物理学中屏蔽辐射的措施应用在建筑工程上，可以说是在物理学专家和建筑师的合作下通过建筑技术措施予以实施。射线屏蔽工程的具体设计取决于具体的诊疗设备种类，本书不进行展开论述。通过对各类辐射源空间环境设计进行归纳，所有的屏蔽措施可概括为：空间设计、构造设计和人员防护设施。前两方面与建筑空间环境具有密切联系。关于辐射防护的建筑空间设计策略主要可概括为"遮挡"和"错接"，即针对各种具体的要求进行的迷路式设计。建筑构造设计策略包括两方面：将辐射源空间设置在地下层有利于利用结构的混凝土层厚度来屏蔽部分射线；根据物理学专家所提供的铅板防护厚度,对放射源空间的所有建筑构造进行防护,弗吉尼亚某医院的直线加速器室的平、剖面如图2.59所示,包括墙体、屋顶、地面、门、窗等所有环节,尽最大可能保护放射源附近的医护人员。再如,我国上海质子重离子医院的放疗区域墙板厚3.7 m、顶板厚2.7 m、底板厚2.9 m;治疗室主辐射区域由15块10 cm厚的钢板交错叠加而成;同步加速器和治疗室入口专门设置了防辐射的迷道,并设置辐射安全连锁系统和室内外辐射监测点,尽可能降低对环境、患者和医护人员等产生的不良影响。

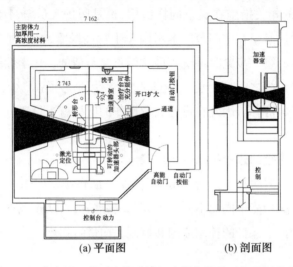

图2.59 弗吉尼亚某医院的直线加速器室的平、剖面图(单位:mm)

(2)针对听觉刺激的噪声控制措施。

噪声控制措施是指采用工程技术措施控制噪声源的声输出、传播和接收,以实现使用者所需要的声环境,建筑技术措施在医院当中主要发挥功效的环节在于噪声的传播。

医院建筑中的噪声必然对相关人员形成听觉刺激,而当噪声源已经不可避免地存在时,减轻其对于医护人员的刺激便成为设计的关键。医院噪声控制的策略主要包括:第一,在空间平面、剖面设计中引入声学设计,在同等噪声源的情况下改善使用者的听觉感受。诚然,医院当中相关空间的设计主要由内部功能需求决定,但在有选择余地的情况下,尤其是噪声高污染空间环境应当优先处理。第二,噪声源与医护人员之间的相对位置根据声学知识进行合理布置,如候诊空间中电声扩声设备与护理人员的位置关系,在保证患者听清相关信息的情况下应尽量与护士站保持一定的距离。第三,在噪声污染的区域布置合适的吸声材料,如首都医科大学附属北京朝阳医院门诊大厅顶部设置铝蜂窝穿孔吸声板。第四,在噪声污染区与周边其他功能房间之间采取隔声措施,减轻对于相邻空间医护人员的噪声干扰。

(3)针对呼吸侵入的空气质量控制。

医院通风空调系统与以"吸入"为侵入途径的暴露类型密切相关,具体包括生物、化学、辐射等多种暴露的防护。空气质量控制多是在建筑设计的基础上由暖通专业进行更加专业的设计。无论哪类空间其控制的核心均在于空气洁净度和气流组织。例如,在化学性暴露防护中,高风险空间药物污染气流组织的合理走向和合适的空气污染浓度是身处其中的医护人员安全的关键保障,是药物操作相关空间环境设计的首要指标。再如,在辐射性暴露防护中,空气质量控制是内照射防护的重要措施。内照射是指放射性物质进入人体内部,主要通过吸入被辐射污染的空气微粒、饮用被辐射污染的水或食用被辐射污染的食物造成对机体的危害。从客观条件而言,由于辐射污染范围控制的需求,辐射暴露的相关科室往往处于地下或比较偏僻、环境较差的区域,通风条件较差,而通过气压控制保证医护人员长期所处的区域相比辐射污染区保持正压是减少内照射的关键。总之,空气污染是身处其中的所有人员无法逃避的首要环境问题,依赖建筑技术进行空气质量控制是职业防护的重要措施。

　　本篇重点关注医院建筑空间环境对医疗安全的影响,聚焦医院建筑安全、医疗失误、医源性感染、意外伤害、医护人员职业暴露四类问题。强调建筑作为医疗活动开展的平台,不仅提供坚实可靠的本体安全保障,更要针对医院建筑使用中的安全需求和特殊问题做出反馈。论述以系统论、安全科学等基本思想为指导,以环境行为学为工具,结合实地调研和医护人员反馈,探讨空间环境与各类安全问题之间的具体作用机制,尝试建立建筑学视角的风险控制模型并据此提出相应的风险控制策略,以期发挥建筑学对医院建筑安全的促进作用。

第3章 医院建筑与医疗效率提升

3.1 医院建筑效率优化的理论基础

3.1.1 医院建筑效率的内涵

研究医院建筑效率要首先明晰医疗效率、医院效率和医院建筑效率的关系。医疗效率是一个宏观的概念,医院效率是一个中观的概念,而医院建筑效率是一个相对微观的概念,三者的关系如图3.1所示。医疗效率涵盖医院效率,医院效率涵盖医院建筑效率。

图3.1 三个基本概念的关系

医疗效率泛指医院投入和产出之间的关系;医院效率将医疗效率的载体具体地指向了某一个特定的医疗机构,研究这一机构的投入和产出之间的关系。医院效率的研究主要涉及医院管理学科和经济学科,研究方向有技术效率和配置效率两方面:技术效率主要研究最佳的生产要素组合和最佳的管理方式,其研究的目标是提高医院的组织管理效率,通过合理的人员配给、流程标准化、数据信息的管理优化、智能化的电信网络来实现医院的高效运行;配置效率主要研究各项投入是否达到了最佳配比。因为我国现在尚处于医疗资源不足时期,无法通过精简机构来实现高效资源配置,所以目前技术效率研究更受到普遍关注。医院效率的测量方法主要有比率分析法(Ratio Analysis method,RA)、多元回归分析(Multiple Regression Analysis,MRA)、计量经济学回归分析(Econometric Regression Analysis, ERA)、随机前沿分析(Stochastic Frontier Analysis, SFA)和数据包络分析方法(Data Envelopment Analysis,DEA)等五种。

医院建筑效率是在建筑学科范畴内研究如何通过优化空间设计达到提升医疗效率

目标的一系列具体研究的综合,其并不能用投入和产出的直接经济指标进行描述。具体的实现手段包括:优化医院建筑的功能流线组织、优化单体空间的医疗专业性、优化康复环境设计,以更好地满足患者的心理需求等等,重点在于提升医疗服务的品质。这些建筑学科范畴内优化的结果,反映到医疗效率的指标上可能是患者住院天数的减少、死亡率的降低、满意度的提升等等。

医院建筑效率研究,是医疗效率研究的一个分支,与医院经济效率、医院管理效率、医院运营效率等并列,是从建筑学的角度出发,通过提升环境对医院活动的支持来提高医疗效率的研究。

既往医院建筑效率研究根据目标差异可以总结为以下几个方面:建筑本体的功能效率、建筑建造的经济效率和全生命周期的生态效率,其中建筑本体的功能效率与医院效率中对身体治愈层面的追求有着密切的关联性,但是缺少对心理需求的考量,而建筑建造的经济效率和全生命周期的生态效率在医院建筑这一特殊的类型中,从本身的建筑目标上看,都需要让位于医疗活动所创造的生命价值,所以并不在研究所论述的医院建筑效率范围内。图 3.2 为医院建筑效率与传统建筑效率的关系。

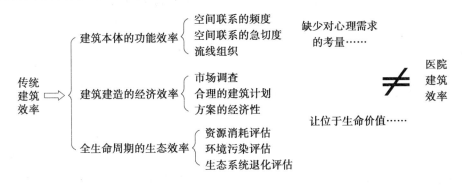

图 3.2　医院建筑效率与传统建筑效率的关系

研究医院建筑效率优化的问题,必须先从医学的视角出发,认识医院承载的医疗活动的价值含义,然后再落实到医院建筑设计本身,去支撑这种价值创造的过程,所以本书所论述的医院建筑效率侧重于通过空间对行为的支持优化医疗效率。

明晰本书所论述的医院建筑效率的内涵:医院建筑空间本身是一个物质属性的客观存在,本无所谓效率。效率与空间所从事的人类活动直接相关,效率的产生源于空间的流线、大小尺度、内部布局等等相关要素对内部从事的人类活动的影响,当其产生积极的影响时效率提高,当其产生消极的影响时效率降低,因此空间与人类生产生活的对应关系是解读效率的必然途径。对于医院建筑来说,其建筑空间对其内部从事的医疗活动的匹配程度,即为建筑学科内研究的医院建筑效率,具体来说建筑学科通过环境空间设计,达成对医疗活动的生理治愈和心理治愈两个目标的良性支撑,根据医疗行为的阶段性划分,在诊断、治疗处置和治疗康复的三个不同阶段对建筑空间提出了不同的设计要求,这里空间环境对三个阶段医疗需求的满足程度影响了医疗行为的最终效果,这一满足程度即为建筑学科内的医院建筑空间效率的内涵,其具体影响因素包括空间的功能流线、内部的导引方式、空间的色彩搭配、交通组织、空间的尺度和材质等诸多方面。图 3.3 为医院建筑效率的内涵。

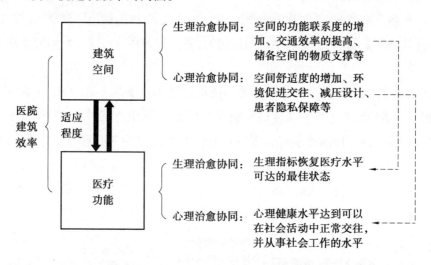

图 3.3　医院建筑效率的内涵

3.1.2　医院建筑效率的认知原型

1. 系统论的基本框架

系统论在效率优化问题的研究中是一个基本的理论框架,因为效率是对系统组织性能的描述,是对系统的内在结构以及外在功能的客观评价。如果缺乏系统认识,效率优化就无从着手。因为如果仅仅优化系统的一部分,由于系统之间的部分存在关联与制约,其并不一定是整个系统运行的薄弱环节,而对于优势部分的进一步强化往往会造成系统的整体失调或者局部的资源过剩,因此并不能达到最终的优化效果。彼此之间存在功能作用与联系的事物都可以归纳为一个系统,功能指向特定的结构形式,结构与功能之间存在对应关系,所以必须建立系统观才能谈到效率,因为效率就是对系统发挥其功能的效果的衡量与评价,离开系统观谈效率,是片面的,也是难于操作的。

(1)医院建筑效率的载体系统:医疗客体的生理治愈率和心理治愈率。

医疗效率探讨的是医疗投入与产出的关系,在减少投入的基础上提高医疗产出是医疗效率研究的最终目标。从提高产出的角度认识医疗效率,效率的载体最终落在了医疗行为的结果也即医疗行为的作用客体——患者身上。医疗活动对患者的作用具体反映在身心两个方面,也是医疗产出的两个方面。生理上,医疗产出表现为死亡率的降低、床位周转率的提升、门诊数量的增加等等,可以通过客观的医疗数据来衡量;心理上,医疗产出表现为患者情绪稳定、生活态度乐观向上、能积极融入社会生活等等,可以通过患者对医疗服务的评价等问卷数据来衡量。生理和心理作为医疗活动的两个载体,具体反映出医疗活动作用的两个层面,在医院建筑效率研究中以生理治愈率和心理治愈率为研究载体,明确地将医疗主客体在医疗活动中的作用划分为客观物质作用和主观心理作用两个方面,将有助于建立起两者与建筑空间环境的理性连接。

(2)医院建筑效率的内容系统:表观效率与深层效率。

效率研究的是单位时间内投入和产出的比例,这其中时间是一个很重要的概念,从医疗活动的整体过程来看,效率又有表观和深层两个不同的层面,其中表观效率追求的是相对较短时间内医疗行为数量的增加,而深层效率追求的是相对较长的时间内行为质量的提升。表观效率和深层效率赋予效率更丰富的内涵,其中最重要的是对效率中质量问题的认识。提高表观效率从表面上看似乎达成了一种数量上的高效,但是如果不注意深层效率,也即忽视了行为的过程质量,这种高效发生的低质量医疗行为必将造成长期的效率损失,反之,如果只注重深层效率,那行为发生的成本和单位时间也将大量增加,造成供给和需求的失调。表观效率和深层效率在医疗行为的发展过程中占据同等重要的地位,任何顾此失彼的措施都将造成综合效率的降低,在需求压力和经济水平的双向制约下追求表观效率和深层效率的平衡发展是提高医院建筑效率的最终途径。

总而言之,医院建筑效率的内容是表观效率和深层效率的综合,结合了表观效率所强调的行为发生的数量和深层效率所倡导的行为过程的质量,并从这两个方面优化对医疗行为的支持。

(3)医院建筑效率的作用系统:人因属性、物因属性和社会属性。

医院建筑效率的提升需要多种因素的综合作用,从医疗行为的角度分析,可以将影响医院建筑效率提升的作用因素划分为人因:医疗行为的主客体——医护人员和患者;物因:医疗行为的物质支撑——医疗环境和医疗设施设备等;社会:医疗行为的组织——医疗流程及信息化综合系统等。

①人因属性方面。

医疗行为的主客体对效率的影响是多方面的。作为医疗行为的主体,医护人员主导整个医疗过程,其身心状态影响工作效率,进而对医疗效率产生影响;医疗行为的客体,患者需要配合医护人员完成整个医疗过程,患者对自身状态的认知度与医生的配合度和自身的身心状态也将对医疗效率产生影响,主体积极引导客体形成良性的互动关系是提高主客体作用效率的途径。

②物因属性方面。

医疗行为的物质支撑,医疗环境和医疗设施设备是决定医疗主客体行为能否顺利发生发展的关键要素。主客体的交互首先需要一个适宜的环境提供行为支持,同时为了完成医疗行为中对疾病的诊断、治疗以及康复等内容还需要环境以及医疗设施设备的配合,医疗主体在合适的环境中利用医疗设施设备的辅助工具完成对医疗客体的医疗作用,干预疾病的发生发展。这里物质要素起到载体和工具的作用,是提升医疗效率的重要保障。

③社会属性方面。

医疗行为的组织,医疗流程以及信息化综合系统等为整个医疗过程中的各个环节起到统筹规划、合理安排的作用。因为医疗机构的人员庞杂、服务量大,只有合理的统筹安排、高效的信息处理才能使医疗行为有序进行。组织系统是医院高效运行的软件保障,是提升人因交互作用和物因支持作用的重要技术支撑。

(4)医院建筑效率的优化系统。

医院建筑效率系统是整个医疗效率系统中的子系统。医院建筑作为物因属性的环境支撑,为医疗行为提供空间载体和重要工具,其对医院建筑效率的影响需要通过作用于医疗行为的主客体发生。从空间环境的角度研究效率问题,首先要研究医疗行为,研究医疗行为的发生、发展和最终要达到什么样的结果,其中的主客体作用关系如何;其次要研究这种医疗行为在空间环境中如何开展,都有哪些环境要素对其产生影响,要素的重要度分级等,最终通过合理的资源配置,优化具有关键作用的环境要素提升对医疗行为的支持。医院建筑效率优化的系统性体现在四个方面:作用认知的系统性、要素分析的系统性、等级评价的系统性和资源统筹的系统性(图3.4)。效率优化的关键在于厘清医疗行为和空间环境之间的作用关系,并在关键的作用点着力合理分配环境中的资源投入,提升效率。

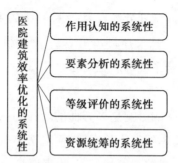

图3.4　医院建筑效率优化的系统性

第一,医疗的作用认知应当符合医疗行为发生发展的客观规律,而非主观臆测。虽然医疗作用的过程根据疾病的种类不同和病情的轻重缓急有所差异,随着医学技术的发展进步不断调整,但是其对疾病的作用过程有普遍性的规律可循,医疗作用的系统认知是优化效率的基础。第二,要素分析应以医疗作用认知为基础,通过分析行为与环境的关联作用,将相关要素进行提取并归类整理。这种要素的梳理过程以医疗作用的系统认知为主线,将单一要素串联起来,形成与医疗作用一一对应的网络关系,建立环境要素与医疗作用的系统连接。第三,等级评价是认识空间要素对医疗行为作用程度的重要环节,也是优化资源分配的前提,等级评价以医疗主客体的客观意见为依托,根据空间要素的影响程度和作用频度进行分级,建立明确的空间要素层级关系,筛选出对效率有着关键影响作用的空间要素,作为系统的主控方向。第四,资源统筹安排空间应根据影响的强弱关系,系统分配有限的空间、设备、设施,达到资源运行的最优化效果,提升医院建筑效率。

综上所述,医院建筑效率问题从不同的视角划分形成不同的子系统,从效率的载体层面可以分为生理治愈率和心理治愈率两个子系统,从内容层面可以分为表观效率和深层效率两个子系统,从成因层面可以分为人因属性、物因属性、社会属性三个子系统。这些子系统的划分将效率这一综合问题进一步分解,使得效率的优化问题有章可循。图 3.5 为医院建筑效率系统解析。医院建筑效率优化通过建立环境与医疗行为的理性连接,分析其中的作用关系,抓住主导因素,合理分配资源,达到医院效率和医疗效率的最大化。

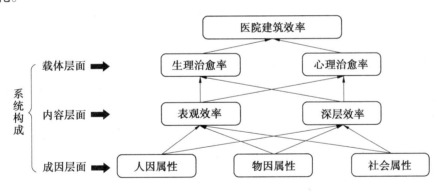

图 3.5　医院建筑效率系统解析

2. 协同论的思想指导

哈肯提出的协同学对一个开放的存在关联性的事物的集合,组织变化形成一个具有稳定形态并可以自组织的系统的生成规律做了科学研究。研究发现,不同学科的研究对象虽然有着极大的差异性,但是其发展变化的过程都遵循着近似的规律,并可以概括为三个方面。首先是系统中的要素存在协同作用,这也是其互相影响制约并紧密联系成为一个系统的必然属性,否则由于耗散的所用其系统必然解体;其次是伺服原理,即系统达到最终的稳态受到一个序参量——让系统达到有序状态的参量的制约,其余变量受到序参量的影响;最后是自组织原理,在系统受到外部作用的情况下,系统内部在没有外部指令的条件下可以自己形成一定的结构和功能。

医院作为一个可以适应变化并不断进化的系统,可能受到社会形态变化、新型疾病出现、经济发展、政治体制改革等一系列外界作用的影响,在这个过程中系统也需要通过自组织来调整自身的结构,在完成这一从原来的有序到无序再到有序的过程中也存在着主导的序参量,系统中的其他要素要对其进行服务与协同。在医院建筑中这一序参量就是医疗技术的发展与人的生理和心理需求,其他系统的要素都要服务于这两个主要控制参量。

医院建筑系统各要素的协同作用是系统在序参量的引导下进化的重要机制,在协同作用的带动下,系统各要素配合序参量产生变化。而要达到这种进化的结果,首先需要建立系统的协同认识,也即在认识的层面了解协同作用的目标、作用的过程和作用的结果。

(1)整体观——系统协同的基础。

系统协同理念下建筑设计观的第一个层次含义是整体观。医院建筑环境的营建虽然是建筑学科范畴内的设计活动,但是作为整个医院建筑系统的一部分,为了满足其系统的整体性,必须将医疗专业子系统和患者综合子系统协同考虑。系统论强调整体是由各个部分组成的,而为了形成一个系统,这些部分之间有着深层的逻辑联系和因果关系。医院建筑系统的整体也是由许多部分组成的,这些部分有主次之分,也有彼此作用的内在关系,整体观使得系统各部分之间的发展向着同一个目标迈进。

(2)联系观——系统协同的过程。

系统协同理念下建筑设计观的第二个层次含义是联系观。联系是子系统之间的密切配合和相互作用的过程,其中建筑专业子系统是医疗专业子系统和患者综合子系统的技术辅助、空间实现和需求保障,也是两个子系统完成系统作用的重要沟通渠道。建筑专业子系统对上层的医疗技术发展变化需要与医疗专业子系统交互配合,满足其技术革新后的空间需求变化,同时人类疾病变化反映在患者综合子系统中的生理和心理需求的变化也要通过各种空间处理的手段来实现需求的理性配合,医疗专业子系统通过建筑专业子系统的空间应变来与患者综合子系统进行交互,更好地完成对患者的服务。医学专业、建筑专业和患者生活这三个子系统在交互过程中完成理论的提升、技术的革新和方法的实践,这是系统协同理念的具体落实。图3.6为医院建筑系统协同模型。

(3)发展观——系统协同的结果。

系统协同理念下建筑设计观的另外一层含义是发展观。系统是动态的、不断演化的,这种动态的演化首先反映在医疗技术的发展和人类疾病的变化上,也就是首先在医

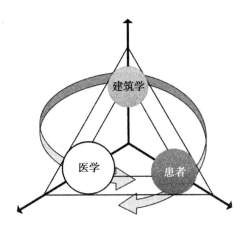

图 3.6 医院建筑系统协同模型

疗专业子系统和患者综合子系统中发生相应的发展变化。建筑专业子系统作为前两者发展变化的载体,必须合理适应新的技术和新的需求。这种与时俱进的发展更有赖于建筑专业子系统与医疗专业子系统和患者综合子系统的协同。换言之,建筑专业子系统的更新提升也是与新的技术和新的需求协同后的必然结果。建筑物按照初始阶段设计固定形态后,就进入了与周围环境不断进行物质交换的阶段,呈现出一种类似生命系统的开放特征,其功能与形态呈现一定的自组织倾向。

3. 医学的阶段需求引导

医学作为引导整个医疗过程的主体,通过科学技术手段和心理引导方法在临床实践的过程中完成对患者的身心治愈目标,这一过程是医院建筑效率优化关注的主体。医疗实践过程关注的目标,如通过哪些技术手段实现,这些技术如何作用于患者,作用效果如何等医疗实践中具体发生的内容成为指导建筑学科进行环境优化设计的重要研究对象,也是检验效率优化效果的重要经验反馈。建筑专业需要依托医学的实践经验扩展自身的学科视野,来完成对医疗环境的优化过程,这其中医学专业起到关键的需求引导作用。

(1)疾病的演化过程与阶段目标。

在人出生一直到死亡的漫长过程中,人体一直重复着从健康到疾病的往复过程,在健康状态到患病再到康复的一系列变化过程中医学的作用主要体现为 3 个阶段。

进入疾病状态后,人体表现为变异状态下的生命,出现了各种生理异常。按照患病的轻重可以将患者分为急重症患者、中度患者和轻度患者等几种类型。这一阶段,人倾向于去医疗机构寻求帮助。医学专业对前来问诊的患者首先要进行疾病的识别,通过大量的信息交互来确定疾病的类型并预后,此为诊断阶段。诊断阶段后,根据患者病情的轻重缓急,应用适当的医疗技术手段对患者进行治疗,这一阶段急重症患者有发生生命危险的可能性,其救治阶段所动用的医疗人力资源和物理资源较大,达到生理稳定的时间长。中度患者和轻度患者一般可以通过一般医疗手段,如输液、打针、服药或者其他物理、化学疗法治疗,一般不会出现生命危险,达到生理稳定的时间相对较短,这一阶段为治疗处置阶段。达到生理稳定后,患者进入康复阶段,这一阶段中患者的各项生理指标平稳,免疫系统已经基本克服疾病所带来的生命异化,由于疾病或创伤带来的身体损害已经不可能通过现有的医疗技术弥补,身体进入生理与心理的恢复和重建期。达到与患病前类似的身心状态后,这一阶段为治疗康复阶段。此后患者康复期结束,患者恢复到健康状态。

这三个阶段的医学作用差异造成了效率优化目标的差异,建筑专业需要正确认识这种差异化的需求,并用适当的空间优化方法与之适应,达成效率优化的目标。医学作用的阶段性是长期的医学临床实践发展形成的模式,认识这种阶段性并根据每一阶段的不同需求建立空间设计的目标,是效率优化的基本认识。

(2)作用的主体差异与反馈机制。

追本溯源,纵观医院建筑的发展变革,从最初的经验医学模式到机械医学模式再到整体医学模式,其中有两个影响医学模式变革的推动力,一个是技术变革——“科技”,一个是人本主义——“人性”;医院建筑的本体设计除了服务于医疗技术之外还需要兼顾医患的心理影响。在医院建筑系统中,“科技”主要依托于医学的技术发展,而“人本”则需要联系患者的生理以及心理需求,进而做出相应的设计考虑,在三个不同的医疗阶段中这两种不同的医学理念分别主控不同的医疗阶段,形成了作用主体的差异性。

在诊断阶段和治疗处置阶段医学对患者的作用主要体现在技术方面,包括用各种影像处理技术、介入技术、手术、药物等完成对疾病的识别和对疾病的介入处理;在治疗康复阶段,医学对患者的作用主要体现在人性化方面,包括设置康复庭院、创造公共空间促进交往等。从建筑学的角度解决医院建筑效率的问题,需要将效率这一客观结果与医疗功能蕴含的核心思想“科技”与“人性”进行对接,作为容纳“物”之“器”。医院建筑环境只有更好地服务于“物”之性才能更好地发挥其“器”的作用。

对于作用主体的差异认识,有利于建立正确的反馈机制,在技术需求主导的空间载体中,应主要侧重于医护人员的空间反馈,而在人性化需求主导的空间载体中,应主要侧重于患者群体的空间反馈,对于反馈机制的差异化认识是空间影响因子评价和重要性分级过程中指导实践操作的重要基础。

4. 建筑学的空间优化策略

效率的优化策略由效率优化的目标和方法共同构成,是为了实现医疗效率提升而运用的空间环境优化手法的集合。通过理论认知分析,最终使得效率这一宏观的问题,得以具体化,而具有实际的操作性。提升医疗效率可以发挥作用的环节包括提升医疗行为的发生效率、提高医疗行为的过程质量以及提升单一医疗行为连接和一系列医疗行为发生的信息传递等。因此必须明晰医疗行为的作用过程与建筑空间的联系机制，从而寻找建筑设计可以发挥作用的环节。空间环境设计的合理性，直接影响医疗行为的发生、发展和结果，这种合理性也体现在对医疗行为的理性支持和基于共同目的的协同作用。在本书中优化策略是理论层面的行为逻辑和空间优化侧重点的复合，并结合建筑学的学科特征加以提炼。

（1）依据行为逻辑寻找空间优化因子。

行为逻辑是行为发生的必然性、行为过程的规律性和行为结果的有效性的体现。行为逻辑是由一系列环节和要素构成的完整过程。具体到医疗行为的范畴，医疗行为的目的将直接决定医疗行为发生方式、指向及效用大小。比如诊断阶段，医疗行为的目的是识别疾病，这一目标决定了医疗行为的方式主要是信息采集、交互和综合判断，行为指向以患者为主要载体，以各种医疗设备为技术支撑、医疗信息系统为联系纽带，医生为最终的效果输出终端。依托行为逻辑的分析可以使我们正确认识空间环境和医疗行为之间的关系，正确识别有效的医疗行为并制定建筑环境的支持策略。在本书中，空间环境优化的作用机制与医疗行为自身的发生逻辑紧密相连，通过对医疗行为发生的全过程进行分析，针对有效的环节提出优化策略，提升整个系统的运行效率。空间优化因子的识别过程需要研究者根据医疗行为的实际发生发展过程，从实际的空间环境中找到相应的支持要素，将其提取出来，并运用逻辑学将其进行归类整理，形成与医疗行为的理性连接。

（2）依据评价反馈确定空间优化侧重点。

寻找侧重点的过程也是"集中优势兵力"的过程，体现出效率研究中用最少的资源投入达到最佳的设计结果的基本出发点。在效率研究中，需要通过空间影响因子的实际作用效果来评价空间影响因子的重要程度。理论上，环境所能提取出的所有空间影响因子都与医疗行为有着或多或少的联系，只有在实践的检验下，这种联系的强弱关系才能体现出来。通过空间影响因子的重要程度评价，医患双方将实际使用中的经验具体反馈到空间影响因子的重要性上，根据这种反馈，对医疗行为具有关键作用的环境因子被筛选出来，为进一步的空间优化给出具体的载体范围，形成建筑学的努力方向。

（3）体现效率优化的建筑学学科特征。

环境行为学明确指出了建筑空间可能对人的行为以及心理产生影响，这种影响可以分为积极和消极两个方面。优化医疗效率需要优化整个的医疗行为过程，而建筑空间环境可以对这种医疗行为过程产生积极的影响。用空间设计优化的方法去影响医疗行为进而促进医疗效率的提升，这是效率优化在建筑学领域的具体体现。

建筑学科对医疗效率的这种积极影响体现在两个方面：第一，空间环境作为医疗行为发生的直接载体，通过尺度调整、内部物理环境的优化、设备设施的建立健全，全面支持行为的发生发展,促成良性的行为结果。第二,空间环境作为医疗行为发生的支持客体,通过建立与行为载体空间的合理关系,提高行为发生的连续性、行为的过程衔接效率,减少环境干扰,提高组织效率。

　　建筑学科的效率优化策略基于医护人员和患者的评价反馈,但与医学视角下的医院效率有所不同,它所关注的不仅仅是提高医疗服务的个体数量,更在于提升医疗服务的质量,提高整个医疗资源对社会健康的作用效果。

　　综上所述,系统论、协同论、医学和建筑学共同作为本书后续问题分析的理论框架,联合形成医院建筑效率优化的认知基础,原型图示如图 3.7 所示。

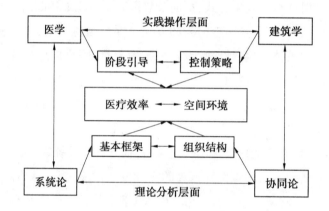

图 3.7　医院建筑的系统构成与效率研究阶段划分

3.1.3　医院建筑效率的系统与阶段

1. 医院建筑的系统构成

　　医院建筑系统是由多个子系统共同影响而形成的复杂系统,其中根据不同专业学科的出发点不同,其系统的架构方式也不同。按照医院建筑参与学科可以划分为:医疗专业子系统、建筑专业子系统、患者综合子系统、医院管理子系统、医院监管子系统等;按照建筑系统的构成可以分为:医院空间子系统、医院交通流线子系统、医院结构子系统、医院消防子系统、医院景观子系统等;按照信息系统的构成可以分为:临床信息子系统、病人管理子系统、决策支持子系统、公共服务子系统、协作交互支持子系统、知识管理子系统等。

　　根据不同的分类方式,不同学科的研究人员对医院建筑系统内的不同子系统进行研究优化。医院建筑的空间设计首先受到医学专业工作流程的影响,其次因为服务于患者群体,患者在空间中的交通效率、对环境品质的诉求也会对医院建筑的空间设计造成影响。

　　在基于效率优化的医院建筑空间模式的研究上,选择按照医院建筑的参与学科和对医院建筑空间设计有直接影响的对象进行系统划分,医院建筑系统主要分为医疗专业子系统、建筑专业子系统、患者综合子系统等。图 3.8 为效率研究中医院建筑系统构成。

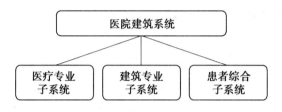

图 3.8　效率研究中的医院建筑系统构成

(1)医疗专业子系统。

医疗专业子系统是医院建筑承载的核心内容。通过与建筑专业子系统的协同,建筑空间得以完成医疗服务的相应内容,具体包括对普通患者的诊断、治疗处置、康复;对急症患者的抢救;对传染性疾病患者的预防隔离;对精神性疾病患者的心理疏导与行为限制等医疗服务内容。医疗专业子系统的构成分析图如图 3.9 所示。

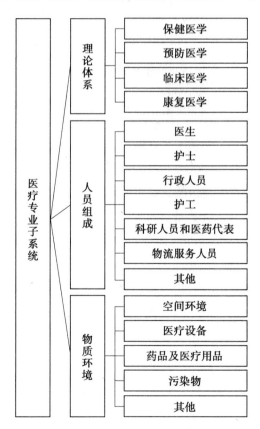

图 3.9　医疗专业子系统构成分析图

医疗专业子系统涵盖的信息量巨大,按照具体的学科体系划分,可以分为保健医学子系统、预防医学子系统、临床医学子系统和康复医学子系统,其中保健医学子系统包括生物遗传因素影响下的保健,环境、行为、心理因素影响下保健、健康教育与健康促进。预防医学子系统又包括急性传染性疾病的预防接种,流行性季节病的预防,创造健康的生存环境,提高人群的免疫能力等。临床医学子系统包括疾病的病因研究、诊断、治疗和预后。按照具体的科室划分又可以分为呼吸科、消化科、心内科、心外科、脑外科、妇产科、耳鼻喉科、口腔科、儿科等分门别类的子系统。康复医学子系统又包括应对机体功能障碍的预防、诊断、评估、治疗、训练和处理等系统内容。

医疗专业子系统的人员组成包括掌握医疗知识的医生、护士、护工,从事医疗教育的医科大学师资团队与实习医生,从事医疗投资的医院建设者和投资方,从事医院管理和信息金融服务的行政人员,从事大型医疗设备研发的科研机构和企业,从事药品研发的科研人员和医药代表,从事医疗物品供应的物流服务人员和从事医疗废物处理的卫生服务人员等。

医院专业子系统的物质环境包括空间环境、医疗设备、药品、医疗用品及医疗垃圾等。

医疗专业子系统是医学科学技术的载体。无论是临床医学还是康复医学的知识都需要具体的医生和护士在一个配备齐全的空间环境内,通过各种行为实现,而空间环境营建的目标就在于配合这种医疗行为的展开。空间环境的好坏也就取决于其对医疗行为的支持程度。因此医疗专业子系统是整个医院建筑系统的核心。

(2)建筑专业子系统。

建筑专业是医院建筑空间环境的设计者,通过空间的功能、秩序、尺度、细部等一系列建筑控制要素,决定了医院建筑的最终物质形式。作为医疗技术服务的客观支撑,建筑专业起到一个平台作用,让医学专业拥有一个平台来容纳相应的工作人员、进行医学服务的相关内容,最终完成对人类健康的贡献。建筑专业子系统构成分析如图3.10所示。

从具体的空间设计流程上分,建筑专业子系统包括医院建筑的策划、城市规划、建筑设计、室内设计、景观设计等子系统,其中建筑设计又分为建筑的功能结构、空间形式、立面造型、细部处理、材质选用等等。其中每一部分对医学专业功能实现的影响都是不同的。比如空间的功能结构影响的是医学专业的操作流程;而空间形式通过三维尺寸以及内部声、光、热以及空气情况影响人在空间内部的心理以及生理状态;立面造型对人有一定的导引作用,可以满足审美需求,同时为建筑提供较好的采光、通风、屏蔽;细部处理可以从细微之处体现人性关怀;等等。

建筑专业子系统的人员组成包括城市规划师、项目策划师、建筑师、结构设计师、水

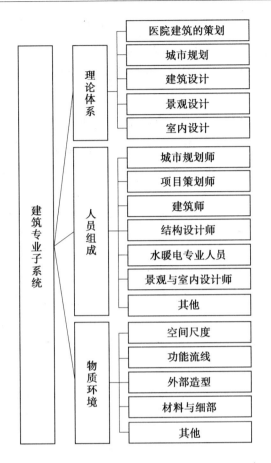

图 3.10　建筑专业子系统构成分析图

暖电专业人员、景观与室内设计师等,同时也包括从事医院建筑施工建设的施工团队、材料供应商、医疗设备供应商等相关配套人员。

建筑专业为整体医疗系统提供了一个运转的平台,承载医学技术,服务患者,是整个系统的物质支撑。

(3)患者综合子系统。

患者是医院建筑的服务对象,通过患者的检验,建筑空间对医学技术的支持才有了一个评价的准绳。这里的患者是患者及其在医院的活动中需要的人员支持的总称,具体包括患者、家属、陪护人员、探视人员等。

患者在医院建筑中的活动可以大致总结为:寻路、挂号、问诊、检查、缴费、取药、输液、抢救、住院、出院等。其中包括满足基本的生理需求的衣、食、住、行等基本行为,满足生理健康需求的从打针、吃药到手术、重症监护等医疗行为,也有满足心理健康需求的独处、社会交往等行为。

患者综合子系统可以分为患者信息子系统、患者需求子系统和患者病程子系统三大部分,其中患者信息子系统包括患者的生理信息和心理社会信息;患者的需求系统包括患者生理需求的保障系统、患者心理需求的保障系统,还应包括对患者生活有重要影响的患者家属及陪护人员及其生理和心理需求保障系统,具体包括患者及其附属人员的饮食供应、无障碍设计、储物空间、休闲活动场所等;患者的病程系统按照患者病程的轻重分为高危抢救、重症监护、病房监护和病房康复四个部分。

　　患者综合子系统是医院建筑服务的客观对象,检验着医疗服务的最终效果,是整个系统的作用对象,系统构成分析图如图 3.11 所示。

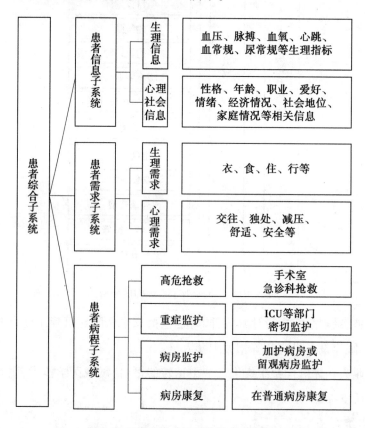

图 3.11　患者综合子系统构成分析图

2. 医院建筑子系统的相互关系

　　医院建筑系统的交互模式需要从理论到实践的所有环节完善子系统之间的协作,从三个方面建立联系:学科理论的补充、设计过程的交互和设计结果的反馈。医院建筑系统的交互模式图解如图 3.12 所示。

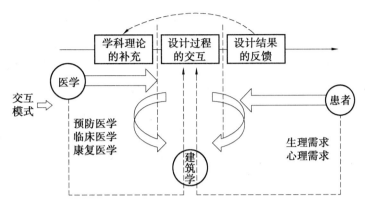

图 3.12　医院建筑系统的交互模式图解

（1）医疗专业子系统与建筑专业子系统——学科理论的补充。

从学科的研究范畴来看，医学与建筑学并没有交集，医学的研究对象是人，建筑学的研究对象是为人服务的建筑。具体来说，医学研究的是疾病在人体中的作用过程和如何通过化学、物理等治疗手段加快人体康复的进程，而建筑学研究的是服务于人的各种生理及心理需求的类型化空间体系，包括空间本身的功能与形式，空间建构技术以及相关历史等。

医学与建筑学并不像医学与药学或者建筑学与结构学等学科之间有着或多或少的联系，这就使得研究这两个学科的人群对彼此的需求与目的非常陌生，难以形成天然的合作默契。

医生与建筑师的职业分离造成的矛盾已经被西方广泛认识并加以重视，如美国特别注重针对医院这一复杂建筑的专业的建筑师的培养，并称其为医疗规划师，美国得克萨斯农工大学，硕士阶段就有医疗专业建筑师的专业方向选择，并建立相应的学位体系和设计课程，以沟通这种由职业分离造成的知识的缺失。

得克萨斯农工大学是美国开设医疗建筑设计专项的为数不多的院校中公认的最为杰出的学校，每年为美国顶尖的医疗建筑设计事务所输送大批的行业人才。选择医疗建筑设计专项的学生会被授予这个方向的职业资格证书。其培养体系大致分为以下两个方面。

①专业理论课程体系。

开设医疗建筑理论的研究方法、医疗建筑类型学与医院功能编排等课程。其中医疗建筑理论的研究方法对循证设计理论做了系统的阐述，该理论也是由任教于得克萨斯农工大学的柯克·汉密尔顿教授首先提出的。循证设计理论注重通过对设计结果也就是医疗空间对医护人员和患者的实际影响，通过大量的数据形成证据，从而佐证设计的有效性。该课程会介绍各种数据收集的科学方法，包括采访、问卷调查、实际测量等，还有相关的数据分析方法,从而将空间数据与空间设计进行反馈式的对接,最终为医疗规划师提供准确的设计依据。

医疗建筑类型学课程重点介绍主要类型的医疗建筑的功能组织方法,此外各种医疗器械的名称以及使用方式也将作为补充内容来弥补学生对医疗专业知识的缺失。该课程中学生还会选择建成的医疗建筑空间案例进行分析,包括医护人员和患者流线、洁污分区、公共与私密分区分析等,让学生进一步了解医疗建筑的复杂流线和功能布局。医院功能编排课程主要侧重于医疗建筑的策划,包括各个科室的功能面积划分、投资估算等内容,并要求学生学会编制医疗建筑的设计任务书。此外,在该课程中学生还会对美国的医疗建筑设计规范有全面的研究和认识,因为各部分功能划分的依据都要参考规范的具体要求。以上理论课程,从设计方法、研究方法、实践方法等一系列角度补充了建筑专业学生对医疗专业认识的不足,达到了医学专业学科知识的有力补充。

②专业设计课程体系。

专业设计课程体系包括每学期必修的医疗建筑设计课程与毕业设计两部分,其中医疗建筑设计课程类似于我国建筑学科学生每学期要学修的专业设计课程,在该课程中学生将对医疗建筑进行实践性设计,题目包括诊所、养老院、专业医院、康复医院等;毕业设计的题目也类似于我国专业课程设计,需要自己拟定设计任务书,并组织答辩。通过专业设计课程体系,学生将学到的医疗建筑理论知识付诸实践,并通过老师的指导明确该类建筑设计中应注重的要点与必须规避的错误,达到了理论与实践的连接。

通过专业理论和专业设计课程体系的培养,建筑专业的学生能够初步了解医疗建筑设计的知识体系,初步具备设计医疗建筑的能力。该培养体系能够构建建筑学科内医疗建筑领域的专业细分,使得医疗建筑的设计具有更系统的理论支撑。

(2)医疗专业子系统与患者综合子系统——设计过程的交互。

医生和建筑师的社会分工截然不同,所服务的人群和社会圈子也缺乏交集。医生所服务的人群是病人,其可能来自社会的各种行业,而经常接触的人群主要是医院管理人员、护士、医药代表、卫生部门政府职员等。建筑师所服务的人群主要是政府、开发商、私营企业老板等,经常接触的人群有其他相关专业如结构设计师、暖通设计师、电气设计师等,还有招投标公司人员、施工部门人员等。社会分工、服务对象和接触人群的迥异也造成了建筑师与医生之间的职业鸿沟。

医院是医生工作的场所,应该满足医护工作者的各方面需求,并符合医疗过程的专业性要求,由于目前我国的大型医院建设按照西方主流医院模式进行架构,注重科室细分,而各个科室不论是在使用需求还是在治疗处置流程上都差别很大,因此医院的设计需求更加复杂,建筑师在缺少专业背景的情况下,很难照顾到这种需求的差异性,而千篇一律的空间设计又难以满足医学科室细分后的复杂要求,这就形成了供需的矛盾体。

医院这一类型的建筑设计,难以通过个体认识和行为学理论或是经验上升到整体认识。举例来说,一般建筑师可以通过人体经验,比如参观或入住酒店等,观察一个建筑的空间,并得到一系列空间体验,这种空间体验可以沿用到其他设计中,并传递给使用者相应的设计感受,这一从经验上升到自身的理论认识并指导实践创作的过程是建筑师的重要认识途径,包括安藤忠雄等很多建筑大师在内的后入行者,都是通过这种认识方法和多国游历的经验积累成功地创作出一系列知名建筑。而对医院的认识很难窥一斑而知全貌,建筑师也大都有生病住院的经历,可是疾病类型的差异与手术、血库、中心供应室、放射治疗科的封闭性要求和医院的巨大规模使得这种经验性认识不可能涵盖全部,西方知名的医疗规划师在获得建筑学教授职称之后又兼修医学学位,可以看出这种经验性认识的获取过程的艰辛与其涵盖的知识之庞杂。

在医院建筑设计中,受众群体更为特殊,建筑师往往难以凭借正常的心理推测来设想病人的行为模式和心理需求。这就需要借助各种专业的技术手段来减少这种“认知摩擦”。第一种方式是通过提前搭建试验性质的实体空间并通过医护人员和患者的现场参与来进行交互验证,这种方法虽然对医生和患者来说非常直接,不存在认知的偏差,但是需要大量人力物力资源支撑,操作起来比较烦琐,设计周期也会加长;第二种方式是用三维虚拟现实技术进行交互设计,通过实时渲染技术和球幕三维浏览系统在虚拟的模型中互动;第三种方式是通过可变的等比例缩小的空间模型,让医生和护士参与到具体的方案设计中,边讨论边形成确定的空间形式、家具布局和医疗器械选位。图3.13 为设计过程的交互模式图解。

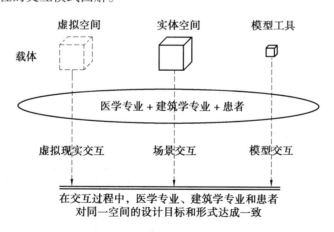

图 3.13　设计过程的交互模式图解

不同的交互方式,可以让建筑师更好地聆听使用者的心声,从而提高使用者的满意度,减少由于空间设计失误造成的后期使用问题,提升医院建筑的空间品质,完成空间需求与空间设计之间的直接对应。

（3）患者综合子系统与建筑专业子系统——设计结果的反馈。

大型医院建筑设计方案一般是按照招投标的形式确定，招标文件中会给出相应的功能需求，功能需求以面积指标、房间列表和具体的文字描述体现，建筑师拿到需求书或计划书后根据相应的指标安排建筑内的功能布局，并设计符合甲方要求的医院形象。方案评审的过程院方主管部门回避，由招标公司在专家系统中抽选相应的医疗专家和建筑规划专家参与评审，确定中标方案。方案中标后会综合整体评标过程中获取的方案的优点进行综合优化，局部调整。

在上述过程中，建筑师与医院建筑的最终使用者——医院的医护人员和患者缺乏对话，建筑师不了解具体科室治疗过程中医护人员的需求、患者的需求，还有相关医疗影像技术专业的需求，只是根据面积指标划分了一下房间，具体怎么用不清楚，而作为后期使用人员的医生和患者只能将就，实在将就不了就进行改造，通过二次装修设计拆墙补洞来解决空间与现实需求的矛盾。在这一过程中，医学内核与建筑场所之间的分离带来的是医生工作满意度和患者满意度的降低，它会直接引发医疗失误，催生医患矛盾，进而降低医院效率。

在一些前沿的医疗建筑设计中，建筑师与医生一起通过现代化的交互设计力图弥补这一不足。中国台湾大学癌医中心医院的设计就采用了这一思路，在建筑筹划之初建筑师通过搭建1∶1的科室实体模型和志愿者的参与，观察建筑的后期使用者——医生和患者在空间中的实际使用情况，并通过观察法、问卷调查以及满意度打分等方法来确定设计中的不足之处（图3.14），以期在建筑未建成之际加以弥补和修正。这种方法虽然提高了设计前期的成本，但是却提高了医院的空间品质，达成了供需的直接对话，为解决设计建造与后期使用分离的现状问题提供了宝贵的思路和方法。

对于医院建筑建设完成后的使用过程的关注，是医院建筑设计中极为重要的内容，后期空间使用过程的反馈，将提供给医院建筑设计师重要的经验参照，以提升其职业生涯后续的设计水平。

设计结果的反馈可以通过对建筑的回访和循证设计等系统的理论方法实现。对建筑的回访关注的是建筑的整体运行情况，比如是否满足前期策划中计划的相关需求，具体部门如门诊、医疗技术部门以及住院部的使用情况等等，同时反馈结果可能受到回访时间和回访对象的影响，也存在一定的片面性。通过循证设计的方法取得的设计结果的反馈更加科学，具有说服力。循证设计关注的是医院建筑中环境设计与具体医疗行为的对应结果，比如窗外的景观对患者康复时间的影响、配药室的照度对医疗失误率的影响、护士站的位置对患者跌倒的影响等问题的设计反馈需要通过搜集大量的数据、观察与比对分析数据反馈的内容得到最终的结论。

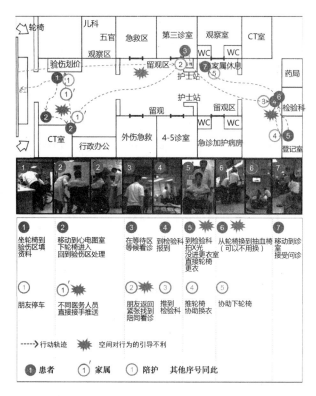

图 3.14　中国台湾大学癌医中心医院的实体搭建与使用评价

3. 系统协同的阶段性与目标差异性

疾病并不是一个状态而是一个过程,因此,时间,一定是其进程中的一个"要素",疾病发展的不同阶段,展现出不同的特征。为了更好地发挥医学对疾病的干预作用,古往今来的医学研究者都试图归纳出一个具有普遍性的典型过程,这其中包括希波克拉底医学派的未熟期、成熟期、分离期;加伦的初期、增长期、极期和消退期。诚然不同的疾病有着各自迥异的发展过程,急性传染性疾病有潜伏期、进行期、高峰期、退热期;急性发疹性疾病可以分为前驱期和出疹期;而一些特殊的疾病如百日咳又可以分为卡他期、惊厥期和恢复期;与此同时慢性疾病又有与急性疾病不同的漫长而跌宕起伏的发展过程。在这些不同的过程中,疾病的结果为造成机体的死亡、与疾病的妥协共存或有代价的痊愈和痊愈。这是一般的疾病过程和结果。

现代医学对人类健康的贡献在于可以人为地干预疾病的进行过程,辅助机体完成与疾病的抗争,加速痊愈并减轻疾病带来的痛苦,而这一干预过程也具有阶段性特征。

(1)第一阶段:疾病的识别——医疗诊断。

首先为了对疾病采取有效的干预措施,医生必须识别疾病,这一阶段称为诊断。在诊断阶段医生与他的患者初次见面,并在接下来的一段时间内建立了一种特殊的社会关系,患者在信任的基础上,将把自身的状态毫无保留地告诉一个陌生人,并依赖他给予的帮助赢得与疾病的斗争。为了这场斗争的顺利进行,医生必须尽快识别发生在患者身上的状况,为了达到第一时间准确识别疾病的目的,医生需要联系自己知识体系的全部,尽可能详细地获取五感可以观察到的各种疾病的信息,依靠医疗技术辅助得到的各种生理和影像数据,也可能求助于更有经验的同行。这一系列过程的发生是海量信息交互的过程,在这一过程中医生寻得疾病的蛛丝马迹,并根据他所能得到的所有证据进行判断,而这一判断的正确与否,是患者能否战胜疾病的先决条件。对疾病的误诊可能导致非常严重的后果,因为医生给予的处置将起不到应有的作用,对其病程的预期与实际情况不符,造成患者对医生信任度的大幅下降,对药物和医疗处置的抗拒,对疾病的恐惧和焦虑等各种负面情绪。根据某患者口述,其反复出荨麻疹三年多,一直找不到病因,各种药物也没有作用,非常绝望,最后在北京协和医院被确诊为小麦依赖运动症,只要不吃面粉制品就不会发病,在得到诊断后,服用了一些急救药物,注意平时饮食,就好了,患者重新找回了生活的信心,患者描述说:"医生专业的讲解,真的让我眼泪不停地流,对疾病的恐惧感,瞬间降低了,就觉得自己有救了。"在这一实例中,医生对这种特殊疾病的治疗经验,让他可以迅速做出判断,并依据先进的医疗检测技术得到证实,可见正确地识别疾病确实有事半功倍的效果。

(2)第二阶段:干预的采取——治疗处置。

判断了疾病的种类、患者的体质和其自身功能损伤的当下状态后,医生应该适当给予疾病干预,"适当"这个词在这里非常重要,这个干预不能多也不能少,多了可能对患者的免疫系统造成不可逆的伤害,少了可能无法达成对病程的干预作用。在病程发展的过程中医生可能需要采取很多种干预手段,在这里我们把医生对患者的干预统称为治疗处置。处置的手段可能有很多,其大致可以分为五类:调整生活习惯、食物疗法、理疗、药理学疗法、手术疗法。干预的正确性取决于医生对患者病程的充分了解和处置本身的及时性、准确性、高效性、专业性。如果医生对病人的病程疏于观察,可能无法及时地给予处置,造成疾病的进一步发展,或者处置后的各种风险。比如术后患者必须24小时被监控,在休克和感染发生的第一时间采取进一步干预,又比如女性生产过程中要时刻监控胎儿的情况,在可能发生危险的情况下及时进行人为干预加速产程或者进行剖宫产处理。处置得不及时还有可能造成病程的延长或者损失的增加,比如某肝囊肿患者,需要进行穿刺及引流,但是由于没有液化无法顺利进行,为了减少病人的痛苦,医生决定在囊肿上培养加速其液化的细菌,将液化时间缩短,成功引流。这样的处置加速了病程,减少了病程可能带来的风险,并将损失减到最低。在治疗处置阶段,医生用一种或多种处置方法对病人的病程进行干预,起到挽救生命、加速病程、减少痛苦、降低疾病损失的作用。

（3）第三阶段：自主的恢复——治疗康复。

疾病的康复还是依赖于人体自身免疫机能的运作，在这里干预起到的是一种辅助的作用。在医生进行了各种治疗处置之后，就要等人体的免疫系统自主工作，战胜疾病，恢复到最佳的身心状态。这一过程需要的时间较长，因为疾病造成的结果不同，治疗康复对不同的患者也有着不同的意义。与疾病的斗争可能造成死亡、身体机能损伤、体表疤痕、心理创伤等等，为了减少这种不可避免的损失造成的后果，在治疗康复阶段患者需要与医生和护理人员协作，避免可能危害自身的各种行为，调整生活和饮食习惯，摄入有助于恢复的营养元素，并接受护理服务与心理辅导。在治疗康复阶段医护人员工作的重点从对疾病的关注转移到对患者健康水平的关注，从生理和心理两个方面帮助患者摆脱不良的身体状况和孤立的社会关系，重新建立正常生活的积极心态。

4.诊断阶段与交互协同模式

交互协同模式是系统协同工作的模式之一，在诊断阶段，医生通过与患者进行交互取得必要的生理信息与心理社会信息，这一阶段以信息的交互为主要特征，以信息渠道为沟通纽带，以面对面观察、问诊、医疗技术辅助检查、相关科室会诊为具体操作手段，达成对疾病的识别目的。

（1）医学专业——交互协同的主动方。

作为交互协同的主动方，医学专业引导与主控整个交互的过程。在与患者交互的过程中，医生首先通过问诊取得患者的基本信息，然后根据五感等可以识别的生理表征对疾病做出初步判断，这里可能会用肉眼观察皮肤和五官的变化、行为机能的损失情况，用嗅觉感知一些病理性的气味，用叩击感觉胸腔内器官的共振情况。在这一直接交互的过程中医生根据自己既往的经验判断需要做哪些方面的检查以找到疾病判断的证据。在中医大夫对病人的诊断中，这一面对面交互的过程显得尤为重要，在病人踏入诊室的当下，医生就通过他的言谈举止、面色、神态判断这个人的性格和疾病的种种可能性，在后续诊脉的过程中大夫得到了他所判断的疾病的证据，进而不依靠医疗仪器做出对疾病的判断。在西方医学占主导地位的今天，面对面问诊和观察作为得到结论的第一步也是不可或缺的，得到初步的判断后，医生进一步主导接下来的医疗技术检查，让病人做血尿检查，拍摄 X 光、CT、核磁共振以及做必要的介入性病理检查，这一过程因为结果的理想性与可靠性不同，可能存在反复的情况，在医生得到确切的证据之前，他会不断升级医疗技术检查的精密程度，来得到最接近实际情况的诊断。对一些危险性高、病情复杂的疾病，诊断的过程可能经历漫长的时间。举例来说，某确诊为肺癌早期的患者，可能经历 CT、64 排螺旋 CT、高精度 CT 血管成像、支气管镜介入病理诊断、CT 引导微创病理诊断等一系列检查。对于病情复杂且有多种疾病的患者来说这一过程可能还会针对不同病变的器官进行多次，并在几个不同科室的医生的共同干预下进行，最后医生会综合所能取得的所有的疾病信息,最终确诊,进而为确定下一步的治疗方案提供重要依据。

(2)患者——交互协同的被动方。

诊断阶段,患者是所有信息的提供者,他信任医生并被动接受医生的引导,诉说疾病给自己带来的痛苦、疾病可能的来源、疾病从最初的不适发展到不得不就医的全过程、疾病带来的生理变化以及一些具有标志性的数据,如体温、排便次数、排泄物性状、血压血糖等,医生会引导病人尽可能准确地描述疾病,像肚子疼等主诉经常在医生的引导下得以确定具体的范围。在医生主导的面对面诊断中,患者还需要配合医生做一些常规的检查,包括一些听诊器听诊、耳鼻喉检查、按压和敲击检查等,这些检查可能会带来一些不适,但是为了让医生尽可能快地做出疾病的判断,患者必须积极予以配合。除了面对面检查中与医生的交互外,患者还需要往返于各种医疗技术部门,通过仪器的辅助将自己的生理信息数据化,以提供可以和各种疾病指标进行比对的医学数据,通过不断地交互,患者的信息充分地以医学专业可以处理的形式被输出,作为诊断的依据,展示在医生面前。

(3)建筑学专业——交互协同的载体。

诊断阶段的医患交互都是在一个空间载体中进行的,这一过程的有序发生首先需要经过一个流线合理的前驱空间,这一空间可以引导大量患者高效地与其相匹配的科室医生进行会面,因为医疗资源紧缺,这一空间设计的合理性将提高患者对医院的信任度,使得交互的过程更加顺畅,减少由于空间混乱和拥挤给患者造成的心理紧张,保障面对面交互的顺利进行。医患面对面交互的过程通常发生在诊室,在这一空间载体中,应该尽量保证患者之间、医生之间不要相互干扰,保障患者的隐私,进而增加医生的专注度,为患者陈述病情和配合诊断中的身体检查提供宽松的环境。得到初步诊断后,患者需要进入医疗技术部门进行辅助检查。医疗技术部门是这一阶段的空间载体,这个空间应该与诊室有便捷的交通联系,有顺畅的内外沟通渠道,有分流明确的检查、候检、内部工作区,并与医生的信息终端有便捷的联系。综上所述,在诊断阶段建筑专业为了医患交互的高效进行,需要提供适合的空间载体,其中应该包括利于人员分流与导引的前驱空间、具有抗干扰能力和私密性的诊室空间、利于信息传递的智能化建筑系统等。

5. 治疗处置阶段与介入协同模式

介入协同模式是系统协同工作的模式之二。在这一阶段,医生主动介入患者的病程,采取有效的医疗措施对患者进行适当的治疗处置,以达到加速病程、减少痛苦、挽救生命、减少损失的目的。医学专业为介入协同的主体。在医院建筑设计的过程中,建筑学专业需要了解各种治疗处置的发生过程与关键技术需求,并根据具体医学临床操作过程的专业需求进行建筑空间的设计。建筑空间服务于具体的医学处置流程,并根据患者也即受众的反馈进行空间设计的评价与优化。

（1）医学专业——介入协同的主体。

作为介入协同的主体，医学专业根据所需要进行的治疗处置种类和方法，提出针对医疗技术服务的客观要求，进而成为属于服务性的建筑学专业的各项技术要求。

根据医学专业的学科理论特点，主体的要求可能呈现为与多种处置手段相配合的技术流程、相关的配套设施、人员服务、医用物品供应以及其他污物处理等具体技术细节。主要的措施有对高危患者的抢救、对生命体征平稳的高危患者的手术治疗，对中低危患者的入院收治、微创治疗和其他治疗手段。

治疗处置的技术发展使得可以使用的医疗技术极大丰富，近几年随着纳米技术和微创技术的发展诞生了一些新的检验技术和治疗技术，比如胶囊内视镜，可以将影像诊断的时间缩短为几秒，拍出来三维立体的全彩图像，取代过去的穿刺活检，避免了患者的痛苦；分子靶向治疗技术，提高了针对癌症治疗的准确性，取代了传统化疗的"试错模式"，通过分子诊断找到特定基因给予针对性的靶向治疗，副作用较小；微创脊柱内固定技术，解决了骨科患者原来治疗创伤大，后期并发症多等一系列问题；此外还有纳米晶体技术、唾液血糖检验技术等。这些新的医疗技术的出现所带来的医院建筑空间的适应性变化，医疗检验仪器的小型化、治疗手段的分子化，治疗过程的智能化等一系列发展变革都是建筑空间服务系统产生更新变化的内在动因，所以在治疗处置阶段，医学专业作为系统协同的主体，有多数话语权，建筑学专业需要配合其需求进行相应的设计与应变。

（2）建筑学专业——介入协同的服务。

医学专业的理论发展体现在治疗理念的革新、新诊断技术的发明、新治疗技术的发展等方面，而这里前沿理论的应用都需要建筑学专业的支持，在治疗处置阶段建筑学专业作为医学专业的辅助支撑在整个系统中的职能是服务。

建筑学专业的服务职能体现在对先进的医疗和技术的支撑上。比如医学在治疗处置心肌梗死疾病的理论和技术上，发展出了心脏冠状动脉支架和动脉造影检查技术。理论上需要通过造影技术来实现介入支架的准确定位和置入，那么反映在建筑学专业的支撑上就出现了杂交手术室。与以往的常规手术室不同，杂交手术室兼顾了检验和手术两部分功能，整合了原来的导管室和手术室的功能，要容纳 MRI（磁共振成像）、DSA、CT、DR 等检查的大型医疗设备，有血管成像系统、C 形臂、导管床、高清监视屏、控制室、数据处理系统、监护仪、手术灯、手术床、吊塔、麻醉系统、心肺复苏机、主动脉气泵、内窥镜、超声设备等。与传统的手术室不同，杂交手术室需要加大层高，增加面积，设置机房、控制室，考虑器械摆位、地面预留空间等等。这些都是建筑学专业服务于新医疗技术的结果。

（3）患者——介入协同的受众。

患者在治疗处置阶段，需要配合医生的治疗方案，被动接受药物治疗、理疗、手术治疗等一系列医学处置，其中在药物治疗过程中患者可能出现其他生理不适的情况，包括过敏、食欲减弱等，但是在风险可控的范围内患者需要忍耐药物的副作用，直到自身的免疫系统足以应对被药物减弱的疾病；在理疗的过程中患者也需要配合各种物理治疗的手段，包括接受日光浴、水疗、针灸、按摩等等，在这一过程中医生根据患者的身体情况决定物理刺激的强弱和作用的时间，而患者也需要根据物理治疗的常规流程来配合医生的治疗；在手术治疗的过程中，这种受众被动性体现得最为突出，接受手术治疗的患者处于生理波动和心理感知封闭的矛盾一体化时期，换言之，在手术处置过程中患者都是在局部麻醉和全身麻醉或者只有疼痛等负面感受的情况下完成的，作为介入服务的受众，是接受医学专业作用的被动客体。

6. 治疗康复阶段与自主协同模式

自主协同模式是系统协同工作的模式之三，以患者需求为主体，在医院建筑设计的过程中，根据环境对患者的心理影响的积极和消极的方面，通过患者的自主选择建立有利于其生理和心理康复的建筑空间环境。建筑学专业作为自主协同的学科支撑为患者提供自主选择的备选方案，医学专业作为自主选择的指导对有利于患者康复的建筑环境提供建议。

（1）患者需求——自主协同的主体。

治疗康复阶段的患者处于生理平稳期和心理感知的敏感期。康复的概念不仅仅是一个人的生理指标的全面恢复，更为重要的是获得重新融入社会的身体机能和心理勇气。

世界卫生组织（WHO）1981 年提出的康复定义是："康复是应用所有措施，存在减轻残疾和残障状况，使他们不受歧视地成为社会的整体。"目前 WHO 将康复扩展为康复与适应训练，定义为通过综合、协调地应用各种措施，帮助功能障碍者回归家庭与社会，能够独立生活，并参与教育、职业和社会活动，其重点着眼于减轻病损的不良后果，改善健康状况，提高生活质量，节省卫生服务资源。

为了实现这种身心共同康复的目标，在康复阶段，患者应当作为自主协同的主体，发挥自主作用，通过建筑学专业的支持和医疗专业的指导来完成身心的共同康复。

自主协同包括几个方面的内涵：首先是生理上的自主化，也就是说患者在康复过程中通过建筑子系统和其他辅助支持包括器械等可以满足其基本生理需求，比如吃饭、穿衣、睡觉、排泄等；其次是心理上的自主化，这里主要反映在对于患者自我空间的尊重、对其自理能力的信任和对医疗干预的选择上；最后是社会交往的自主化，在社交层面提供给患者必要的空间支持，创造社交环境等。

（2）建筑学专业——自主协同的支撑。

患者自主协同的实现依赖于建筑学专业的支撑，因为环境对人具有一定的影响作用，而且环境行为学的观察也发现了通过空间环境的设计可以规避人的不良行为，促进人的良性活动，在更高的层面还有治愈人的心理疾病的作用。

在空间支撑的具体实现过程中，首先需要在功能上提供相应的空间功能设置，比如在患者生理自主化层面，必须设计可以无障碍通行的走廊、独立的浴室、卫生间、营养厨房、物理治疗室、作业治疗室等；在心理自主化层面，设置多种病房布局方式供患者选择、设置专门的心理辅导室等；在社会自主化层面，设置利于交往的花园、职业辅导室、供休息的平台等。在空间细部的处理上可以通过设置无障碍使用的家具扶手、可移动的家具滑轮，考虑私密性的隔断、可以自主控制升降的病床，加大床位之间的距离，设置分门别类的储物空间，走廊采用软质铺装、设置两侧扶手等方式实现对患者自主的支撑。

（3）医学专业——自主协同的指导。

在患者康复的过程中，医学专业的干预减少了，患者渐渐回归到社会的正常人群中，从"病人"的身份中解脱出来。在这里，医生扮演的角色是一个观察者、指导者、评估者。

在指导的过程中，医学专业通过观察了解病人的身心状态情况，这个时候患者和医生的关系不像在手术室和 ICU 病房那样密切，患者只需要指导他的医护人员在心理可达的范围内，与其有可以联系的途径就好。指导过程中医生通过提供给患者一系列让其身体恢复常态的治疗手段供患者自主选择。对于治疗手段的选择考虑到患者的心理承受能力，其恢复的过程也是长短不一的。最后医生要完成对患者的评估，对其身心的康复程度给予客观评价，从而对其是否完成康复治疗进行确认。

3.2　效率主题（一）：医院建筑与医疗诊断效率

医疗诊断阶段是整个医疗过程的开端，以病征信息收集的方式为初步诊断提供依据，并以初步诊断的结果指导下一步的治疗处置方案。诊断的有效性是处置和康复得以正确进行的基础。对于患者个体而言，高效的诊断可以加快其就诊速度，避免病情的延误，提升就医体验；对于医院整体而言，高效的诊断意味着医院整体运营速率的提高，接诊人数增加，经济与社会效益提升。以优化医疗诊断效率为目标的建筑空间实现办法在于：正确理解诊断阶段的阶段特征，明确诊断阶段的空间效率优化目标，并寻找可行的策略。

3.2.1　医疗诊断阶段的特征解析

要想提升医疗诊断效率,应首先建立对于医疗诊断阶段及其特征的认知。本节着重从医疗诊断阶段的内容组成、典型过程两个方面展开。

1.诊断阶段的内容组成

接诊后首要要对病人进行诊断。现代医学的诊断依据主要来源于两方面:其一是传统医学望、闻、问、切等方法的观察结果;其二是依靠先进的医疗检验、检测技术得到的理化指标检验结果或成像结果。其中,后者是现代医学诊断的主要依据。此外,除了对疾病类型、致病类型的判断,初步诊断还需要全面了解病人的身体情况、患病历史和用药禁忌的内容。图 3.15 为诊断的内容组成分析。

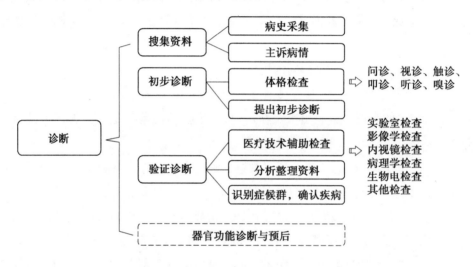

图 3.15　诊断的内容组成分析

诊断阶段的内容组成包括以下九个部分。

(1)问诊。

通过语言交流,医生引导患者对疾病的症状、部位、持续时间进行准确描述,并问询可能的病因、病情演化的过程以及伴随症状。这一过程一般在诊室内医生诊察办公桌前进行,参与者包括医生、患者以及可能的陪护人员。问诊过程可能涉及患者的隐私和需要避讳的情况,应保证患者的隐私不被泄露,以争取患者的配合。

(2)视诊。

医生用眼睛观察患者全身或局部表现情况的一种诊断方法。视诊过程要求诊室有较为宽裕的空间,避免阻碍医生的观察视角,造成反复调整观察位置的情况;同时,还需保证室内具有较好的光照条件,以避免医护人员产生视觉疲劳,影响观察结果。

（3）触诊。

医生通过指腹检查身体的病变部位以发现异常情况,如痛觉、摩擦感、包块大小与硬度等。触诊过程中医生需要手脑并用,边检查边思索,因此要求环境有助于医生的注意力集中;同时检查的过程可能需要患者暴露身体,涉及患者隐私,应避免旁观人员和陪护人员的视线接触。

（4）叩诊。

医生通过手指叩击身体某一部位,使之震动产生声响,来判断疾病的异常情况。叩诊需要安静的诊室环境,此外由于叩诊常用于胸腹部的检查,因此同样需要对暴露隐私部位的患者进行遮蔽和保护。

（5）听诊。

医生通过听觉感知患者患病部位发出的声音,判断疾病的情况。听诊常用听诊器辅助,在紧急情况下还会采用耳贴附式听诊。听诊在心肺疾病的诊察中应用广泛,需要安静的诊室环境和安全的视线保护。

（6）嗅诊。

医生通过嗅觉感知患者发出的气味来判断疾病。嗅诊多用于昏迷患者的快速诊断。需要洁净的室内空气环境,以排除其他气味的干扰。

（7）医疗技术辅助检查。

常用的辅助检查有实验诊断、医学影像学技术检查、临床器械检查等三大类,具体包括血尿便常规检查、生化检查、肿瘤标志物检查、治疗性药物监测、X 光检查、CT、核磁共振、超声波、心电图、肺功能、内视镜等。根据疾病的进程和相应的病变部位,医生需要相应的医学辅助手段来确认初步诊断的正确性,取得疾病的确切证据。

（8）识别症候群与客观确认疾病。

在常规诊断和辅助检查完成后,所有关于病人疾病的信息展现在了医生的眼前。将疾病症状与医学已知的疾病及其症候群特征一一对应,医生得以更加客观地确认疾病。在这一过程中,医生需要根据经验和已知的数据进行综合判断。由于疾病的复杂性和可能的叠加性,判断的结果还将在后续的治疗中得到进一步的反馈确认。

（9）器官功能诊断与预后。

同一种疾病对不同体质的人所产生的作用也是不同的,为了进一步确认治疗的方案,医生还需要对病人的病变器官进行功能诊断,了解这一器官目前的情况,以及它还能对机体产生哪些作用、能够承受怎样的治疗等,通过对疾病治疗的经验和患者信息的了解,医生可以做出疾病的预后。一个可以预期的未来可以让患者从心理上战胜对疾病及其未知结果的恐惧,预后的准确性同时可以增进医患间的信任。

2. 诊断阶段的典型过程

病人在诊断阶段经历的过程具有一定的相似性,除了急诊和直接走重症绿色通道的患者外,一般患者的就诊经历可以描述为:到院、分诊、挂号、一次候诊、二次候诊、与医生会面、陈述病情、观察患者、询问既往病史(了解患者体质)、初次判断、身体检查(问诊、视诊、触诊、叩诊等)、医疗技术辅助检查(血常规、尿检、X 光、CT、超声波、核磁共振、心电图、肺功能、内视镜检查等)、获得检查结果、诊室复诊、判断初次诊断结果的正确性、识别症候群与客观确认疾病、器官功能诊断、预后。

3.2.2 基于系统交互协同的诊断阶段空间效率优化作用机制

1. 系统交互协同目标

在诊断阶段医生为了对患者的病情做出正确的判断,必须全面了解患者的情况,这一情况包括患者的过去,需要预判可能的病因,内因、外因或者是意外伤害;患者的现在,其身心目前的状态,疾病发展的程度等;患者的未来,医疗可能发挥怎样的辅助作用,患者将面临怎样的病程,结果如何等。

为了帮助病人,医生在诊断阶段必须判断是哪一种或哪几种疾病造成了病人目前的情况,要达到判断疾病的目标,必须全面获取病人的信息,包括其生理信息和心理信息,同时这两种信息的准确性与及时性也是至关重要的。

(1)生理信息交互。

所谓的交互在这里并不是医患互相的了解,而是医生通过各种途径传递获得患者的生理信息,并在脑海中加工转译,形成可以识别的医学专业信息,并通过一种基于经验的判断筛选,去粗取精的过程。在生理信息的交互过程中,医生了解到患者的体质、生化指标的变异,血液情况,消化系统的代谢情况,病变部位的病理特征,疾病导致的脓包、肿块以及其他特征物的大小、位置等等。要全面取得这些信息,除了依赖医生的五感之外还需要借助现代的医疗技术辅助手段和智能信息传输系统。全面获取患者的生理信息,并通过便捷的信息渠道使这些信息展现在医生眼前,形成生理信息的交互,这是诊断阶段的首要目标。

(2)心理信息交互。

医生要治好病人,首先应该与病人建立彼此信任的医患关系,这就需要把病人看成一个有血有肉并有情感的人,疾病的各种生理表现与其带来的心理折磨总是互相交织,了解病人的心理情况,有利于排除精神对疾病的负面影响,让病人拥有积极健康的心态,去迎接与疾病的斗争。在心理信息的交互过程中,医生会发现疾病与患者情绪有着莫大的关联,所谓的喜、怒、忧、思、悲、恐、惊,无不是孕育疾病的温床,在治愈患者身体的同时有必要劝诚病人排除心中的不良情绪,这有利于患者未来的健康生活,同时了解病人的社会关系、经济情况和其他一些相关的信息,也有助于医生对未来的治疗方案和病人的情绪变化做出合理的计划与判断。全面了解患者的心理情况,并适当对患者进行心理疏导,建立融洽的医患关系,形成心理信息的交互,是诊断阶段的重要目标。

在生理信息交互和心理信息交互的过程中,获得信息的准确性与及时性非常重要,为保障信息的准确性,应避免患者信息输入错误、检查结果系统录入错误、病历书写不准确、送检样本标识错误等医疗失误,同时避免由于环境干扰所导致的诊断过程不连续、重要信息遗漏,或者由于隐私保障不足造成的信息无法传递等问题。

在疾病发展的过程中诊断虽然是第一步,但并不意味着医生只在最初的诊断获得了正确的结果之后就可以高枕无忧了,随着疾病的发展医生还需要不断判断患者新的情况,去不断调整治疗方案,这其中信息的及时性非常重要。为了保障信息传递的及时性,医生需要不断获取病人的最新情况,这依赖于通畅的医患沟通渠道、合理的医患交互环境、便捷的医疗辅助检查渠道与智能化的信息传递系统。

2. 交互协同目标与空间环境的理性连接

为了达到生理信息与心理信息交互的准确性与及时性,医院建筑的设计过程需要注意三个关键点,分别是空间导引、诊察环境与信息渠道。

(1)空间导引。

在诊断流程的最初阶段、中间的检查阶段和最后的复诊阶段,患者都需要在挂号、候诊、诊室、检查室、收费处等功能空间中来回走动,这一过程对于门诊患者来说占据了其在医院的90%以上的时间。在这段时间中医院的空间导引设计合理与否,将很大程度上降低或增加患者的焦虑程度。患者与普通人群不同,其行动能力和心理耐受度都比普通人低,在一个建筑环境中不断寻找目标空间并希望用最短的时间完成在非目标空间中的徘徊本身就是对患者体力和心理的巨大考验,良好的空间导引可以让患者减少由于判断错误而导致的体力消耗和心理挫败感,进而保证较为良好的身心状态。同时良好的空间导引还可以减少医院交通空间中的人流混乱、减少无关人员在交通空间内的逗留时间、降低医院公共空间中的噪声、为紧急人员创造较为宽松的交通环境、减少人流疏导的交通组织压力等。

(2)诊察环境。

诊察环境主要指包括诊室和医疗技术辅助检查室在内的功能空间的内部环境。医生在诊察环境中与患者进行交谈,并通过自己的五感去检查患者的身体情况,做出对疾病的初步判断。诊室是门诊医生的工作场所,为医生提供完成诊察行为的有利环境,一个设计合理的诊室可以让医患在轻松愉快的氛围中完成交流,促进彼此的信任,并利于保护患者的隐私。例如,宽敞、明亮、清新、洁净的诊室环境将有利于病人的放松,并使其对医院以及医生的水平产生信心。安静和不受干扰的声环境有助于病人和医生谈话信息的有效传递,为各项身体检查创造适宜的环境,有助于医生集中精力分析获取的声音信息。合理地设置洗手池和消毒器械有助于手卫生处理,减少传染风险。较大的回转空间设置有助于无障碍通行。合理地设置检查床位置和必要的隔断设施有助于患者隐私的保护。艺术品的陈设和墙壁颜色的选择以及图案装饰有助于缓解患者的紧张情绪和心理压力。

（3）信息渠道。

通畅高效的信息渠道的建立有助于提高信息的交互效率,减少不必要的等候时间。在医院建筑系统中,这一信息渠道的建立包括三个重要的方面:信息的录入端、信息的传输和信息的输出端。这里除了有由网络和计算机连接的医院建筑智能化信息系统外,还应该包含云端互联的手机 App 智能医院系统,支持信息数据录入整理和输出查看的办公空间系统。通畅的信息渠道有助于医生实时了解患者的最新情况,有助于患者安排检查和诊疗时间,有助于诊断的快速形成和治疗方案的调整,是现代医院不可或缺的重要组成部分。

3. 诊断阶段的系统交互协同机制模型

协同机制模型是基于诊断阶段的生理、心理信息的交互过程及其对信息传递的准确性和及时性目标而建立的,是建筑空间环境在诊断阶段所能发挥的积极作用的概括。

建筑学专业子系统的协同的主要目标在于为信息交互的发生创造适宜的空间环境,提高信息采集的过程质量、提升信息传递的效率,进而提升初步诊断、验证诊断和预后诊断的效率。在提高发生效率方面,应创造利于人员分流与导引的门诊空间环境;在提高过程质量方面,应提升诊室的环境,同时创造利于心理信息交互的私密性空间环境;在提高信息传递效率方面,应创造利于信息传递的职能化信息系统。合理的建筑空间环境在诊断阶段对医疗行为具有积极作用,诊断阶段系统交互协同机制模型图解如图 3.16 所示。

4. 空间影响因子重要度评价与设计对策建构

诊断阶段空间影响因子的提取:首先从医疗专业子系统的诊断学原理出发,了解诊断的行为目的、技术手段、发生过程等内在规律,然后分析诊断阶段的建筑空间环境,包括建筑功能、空间组织、细部设计等;提取的空间影响因子应该与诊断阶段所涉及的医疗行为密切相关,可能对诊断的过程效率和结果质量产生影响;提取来源为可靠的研究文献,采访记录和可追溯或有实证的网络资料。本书中按照空间影响因子提取所述的相关方法,就诊流程、空间组织、物理环境、设施设备等四大类别,采集了相关的空间影响因子,共计68 项。对空间影响因子的重要度调查,采用现场问卷调查和网络问卷调查相结合的方式,参与的相关人员包括医院的医生、护士、管理人员、患者及其陪护人员。问卷设计依据为李克特五分量表。根据空间影响因子的重要性对其进行打分。根

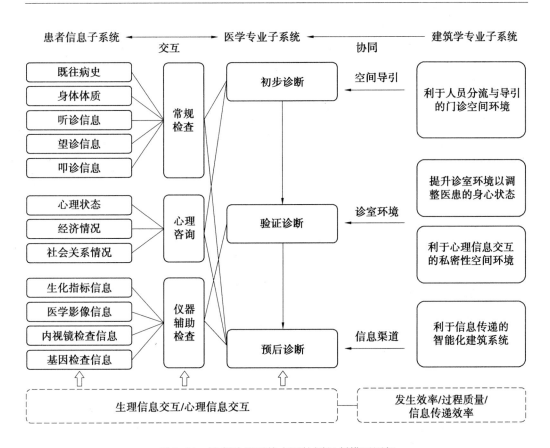

图 3.16　诊断阶段系统交互协同机制模型图解

据问卷回收的数据对空间影响因子的重要性进行分析。按照分值的高低将空间影响因子分为 4 个等级,分值在 3.5 分以下的为 I 级——低重要度,分值在 3.5—3.9 分为 II 级——中等重要度,分值在 4.0—4.4 分的为 III 级——高等重要度,分值在 4.5 分以上的为 IV 级——极高等重要度。

　　从空间影响因子的内容归类上,高等重要度的空间影响因子主要内容首先指向利于人员分流与导引,其次是利于信息传递的智能化系统与利于提升诊室环境,调整医患身心状态,最后是利于心理交互的私密性需求。由于利于信息传递的智能化系统主要与医院的信息系统和网络系统设计以及服务终端的设置等内容相关,与建筑空间本身的设计关联性不大,因此在形成具体的设计对策方面没有针对此项内容建构专门的空间优化设计对策。空间影响因子打分重要度较高的对应内容,其主要分布的空间区域为候诊区、电梯和扶梯区、诊室、门诊出入口、卫生间以及医疗技术检查部。综上所述,空间效率优化对策建构的重点应主要关注空间影响因子重要度等级高的相关空间区域的人流引导、布局联络、环境的独立性和人性化等方面的内容,对 I 级、II 级、III 级共 68 项空间影响因子的前 30% 的内容进行分析,提炼出以下四个方面的空间效率优化对策:①提高寻路效率的导引系统设计;②提高检查效率的科室布局设计;③提高心理适应效率的空间适压性设计;④提高诊察效率的诊室空间设计(图3.17)。

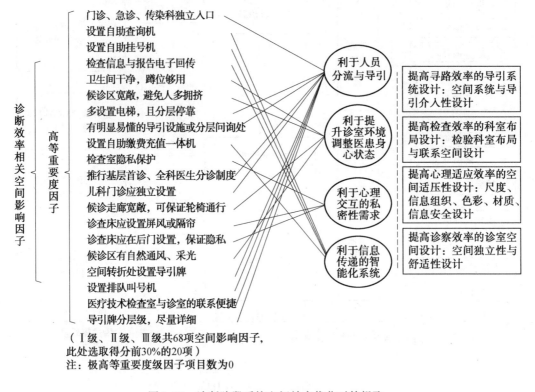

(Ⅰ级、Ⅱ级、Ⅲ级共68项空间影响因子,此处选取得分前30%的20项)
注:极高等重要度级因子项目数为0

图 3.17　诊断阶段系统空间效率优化对策提取

3.2.3　诊断阶段空间效率优化设计对策

1.提高寻路效率的导引系统设计

(1)提高空间系统本体的有序性。

在迷宫中,人们通过将起点到终点间的路径复杂化使得进入迷宫中的人丧失方位感,最终感到迷失与恐惧。路径的复杂化通常是通过设置曲线道路、增加大于90°的转角实现;除了路径复杂化之外,身处迷宫中的人的视线可及的范围只有局部的通道,而认识不到迷宫的其他部分,这也是造成迷失的一个重要因素;此外,即使迷宫中的图案具有对称或均衡的秩序感,仍旧可能由于本身过于复杂、信息量太大而造成认知困难。

综上所述,一个失序的空间具备的特征有:复杂、局限和信息叠加。反之我们可以推知一个有序的空间序列应该是:简洁、全局和信息单一。为达到空间的简洁性,需尽量运用较少的母题元素,保持空间排列的节奏感,减少穿插,尊重轴线对位,表3.1为增加空间有序性的常用手法。具体到医院建筑设计中,每一个单独建筑体量应该与建筑主体体量分离,通过连接体联系,或沿轴线等距穿插在主体体量中。建筑空间内部,应利用建筑的主要轴线安排交通空间。空间的全局性可以通过增加开敞空间、设置中庭或上下层贯通的天井实现,同时应该增强分支交通空间与室外的联系,避免出现黑走廊。为实现空间信息的单一性,应减少多向路口的出现,避免多交通节点聚集在同一空间区域内,同时保持建筑空间内外部秩序的一致性。

表 3.1　增加空间有序性的常用手法

空间秩序感	视野开放	信息单一
武汉同济医院光谷院区	湖北省妇女儿童医院	博鳌超级医院

建立一个基本的参考点也是增加空间有序性的重要方法。在一个建筑内部空间中增加点状标志物也可以让人们易于识别自己在其中的位置。这种定位效果除了可以帮助人们快速建立目标与标志物之间的关系从而寻找到适合的路径外,还可以帮助迷路的人迅速辨别自己当下的位置。标志物可以是雕塑、特色构件、特色墙面等。应该注意的是标志物应该具有各向异性,而不应采用圆柱形等无法进行方位参照的形状。

根据功能的主次,采用不同的形象表现方式是增加空间有序性的有效方式。空间形象的不同表现,可能导致人的不同趋向性行为。比如城市中霓虹灯闪烁的商业橱窗、透着温暖灯光的酒店大堂的空间形象更吸引人们靠近;而废品堆积的垃圾站、两个楼之间的狭长走道的空间形象会迫使人们本能性远离。在医院建筑中,有些空间需要吸引人流,如建筑出入口、挂号处、问讯处等;而有些空间需要避免无关人员的靠近,如检验室、停尸房、医疗垃圾暂存间等,而这两种空间就需要塑造不同的空间形象来达到不同的趋向目的。

利用空间形象合理趋避人流有以下几种具体的办法:第一,增加趋向性空间的对比效果,如采用大尺度的空间构件、增加鲜艳的色彩装饰、灯光较其他区域明亮等;第二,拉开两个趋向性空间的距离,避免人流的误导,建立缓冲区域;第三,增加地面与天棚设计的导向性装饰,合理引导人们的视线。反之,为减少空间的趋向性,应该减少空间对比,利用主交通人流视线不可达的内部走廊设计,或利用金属面漆等具有距离感的装饰材料。

（2）分层连续的导引系统设计。

①与寻路目的相适应的引导系统分级。

根据行为分级理念，到医院看病的行为也可以按照时间轴和行为的主次划分并依次展开。对这一展开进行分析，我们可以看到患者在医院中的寻路行为有着明显的目的性和层级性。图3.18为患者在医院门诊看病的导引目标检索过程分析。

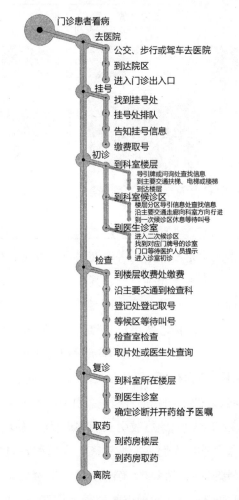

图3.18　患者在医院门诊看病的导引目标检索过程分析

首先，患者和其陪护家属都希望能够尽量缩短在医院的逗留时间，所以其行为与商业空间中的休闲人群有明显的不同，交通目的指向性非常明确，寻路的特征尤为明显。患者首先在心里有一个明确的目标，然后通过一系列导引信息找到目标的大致位置——楼号、楼层；在通过主要交通尽快到达所在楼层后，再次检索区域信息，找到目标区域，最后找到目标房间。概括地说，这一系列寻路行为包括：信息检索1（出入口）——信息检索2（挂号处）——信息检索3（楼号楼层、主要交通）——信息检索4（科室区域）——

信息检索 5(对应房间)。在 5 次检索过程中导引系统应该为患者提供对应的信息,尽量减少不必要的信息内容,做到信息系统分层。

分级导引系统的设置包括以下几个层面:第一,要根据空间体系的尺度关系在对应的位置安排恰当的导引信息,规划层面应该在交通分叉路口和主要建筑出入口标识临近建筑和院区主要建筑的建筑功能和位置信息;第二,在单体建筑入口大厅,标识挂号处、问询处、缴费处等使用频度最高的空间区域位置;第三,在入口、挂号处附近标识主干交通位置,并在主干交通处标识楼层对应的科室信息;第四,在楼层出入口处标识主要科室的楼层区位,并运用认知地图的形式建立信息与空间的对应关系;第五,标识所有门牌号信息,并通过色彩区分的方式建立相应科室房间之间的联系关系;第六,对主要的公共服务空间,建立统一风格色彩的符号化的导引系统。

②避免信息过载与认知冲突。

医院导引系统的信息量大、信息陌生感强,大量信息叠加在有限的区域里非常容易造成寻路患者的焦虑,从而放弃寻找,被迫求助于经过的医护人员、邻近科室的工作人员或者其他患者,造成对医护人员正常工作秩序以及其他患者的干扰。

在医院中,信息过载的现象经常出现在两类导视图中:主干交通的竖向楼层功能导视图、楼层出入口处的楼层科室分区功能导引图。信息过载的原因主要有两个:其一,门诊楼面积大、层数高,需涉及的信息量大;其二,导引、导视牌的选位不当、面积局限,字体小、信息多。为了解决信息过载的问题,需要从以下角度考虑:第一,医院建筑的设计师需要首先认识到主干交通出入口处导引信息的空间需求,预留出这部分空间;第二,做好信息的归类简化,区分信息的主次,并设计好板式、色彩,通过构成控制,将原来较多的信息区分出类别和主次,减少检索时的无关信息干扰;第三,合理利用空间的竖向分层,将不同类别的信息放置在不同的高度上,便于检索。

认知冲突也是导引设计不良出现的常见问题,其表现为同一空间中信息彼此指示内容存在冲突,造成人的行为选择障碍。由于患者无法评价信息的正确性,因此会造成信息导引的失效。在导引设计中应注意不同信息的一致性。

③增强信息的连续性。

首先,依赖导引系统寻找路径的人,往往希望这套导引系统能够一直延伸到他找到既定的目的地。因此要求导引系统必须在寻路人员需要进行选择的时候给予支持,如在需要选择走廊方向的路口或出现了相应出口时,导引信息应适时出现。如果在整个寻路过程中,出现了导引系统断档的情况,那么寻路者往往需要以尝试性的判断去寻找目的地或下一个信息点的位置,有时甚至需要返回上一个路径节点重新确认信息。为避免尝试和折返的寻路行为,必须在设计中避免这样的导引信息缺失。其次,在信息的连续性方面还需要保证同一信息在不同节点的一致性。举例来说,如果上一个导引牌显示的信息是"医院安保处",而同一信息在下一个节点显示为"医院保卫科",那么就会造成寻路人员的困惑。在必要的交通选择性节点设置连续而一致的信息,是保证导引信息连续性的有效手段。

2. 提高检查效率的科室布局设计

(1)检查科室内外交通的独立性设计。

检查科室隶属于医院的医技部门,主要包括检验科、电生理科、放射科、内窥科、超声科、核医学科、病理科、药剂科。其中部分科室需要独立的设备机房和相对独立的影像信息处理环境。另外,检查科室区域内的患者人数相对较多、等待时间较长,候诊空间需求量大,所以设计相对比较复杂,需要合理地组织医生和患者的内外流线,其中最为必要和有效的方式是保证内外部交通的独立性。

①医患交通空间的分离。

交通空间的分离主要采取三种交通方式:第一,双侧分离型,即医护用走道和病人用走道分别位于建筑的南北或东西两侧,中部为检查空间、机房,医护用走道一侧设置医生办公室和休息室,病人用走道一侧设置候诊休息区、公共卫生间以及联通室外的平台或庭院;第二,三廊式分离型,即两侧设置病人用走道,中间设置医护用走道。这种模式可以在检查区的外部形成患者环形动线,设备安装更新时不会因为局部施工造成整体使用不便;第三,板块多通道分离型,这种布局方式适合科室面积大的情况,通常多组检验空间并列,组间共用二次候诊空间。如果检查科室的面积较小也可以采用医患共用走道的布局形式,但一般在走廊两端分别设置医护人员入口与患者入口,以保证不同人群进入检验区域的流线组织仍旧具有方向上的区别性。表3.2为检查科室的常见空间布局方式。

表3.2　检查科室的常见空间布局方式

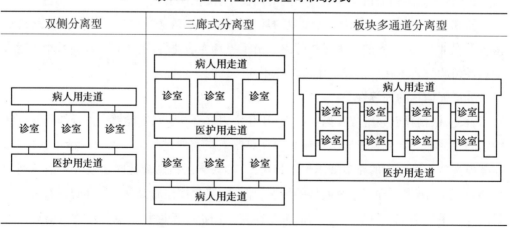

②设备与信息处理空间的分离。

根据医技人员的访谈记录可知,现在工作流程中设备检查、信息处理与报告输出都在一个空间内进行,这很容易造成工作干扰。比如,在检查和报告录入的过程中,经常出现患者向医技人员询问病情、要求解释图像显示意义等行为,直接影响医技人员的工作进程;另外,患者站在医生背后观察整个报告的录入过程也会对录入人员形成心理干扰。可见,为避免干扰,在检验、信息处理、结果录入的过程中,保持医护人员的空间分离是十分必要的。然而,设备操作间与信息处理间的分离只在部分科室得以实现,如放射科。在放射科内,通常设备工作中只有患者一人处于设备扫描间,而医护人员都在控制间,设备检查的过程影像、信息处理、结果输出都在控制间、阅片室或信息处理室完成。但在另外一些科室(如超声检查室),这样的分离却存在现实的困难。专业人员可能需要操作仪器部件,指导患者穿戴仪器设备,调整患者检查姿势以完成检查。设备操作员与患者之间的密切关系就决定了其间不宜采取任何隔断措施。但是在后续的信息处理过程中,合理的设计能够很大程度上避免干扰,如避免信息处理电脑桌和检查报告输出人员的电脑屏幕方向朝向患者及陪护人员,避免敞开的无有效的隔挡的办公区域,避免办公桌后方留有人员迂回空间,有必要时可以设计房间内部的隔断,给信息处理和录入人员创造相对安静的工作空间等。

③服务窗口位置的分离。

在检查科室,候检登记处与取片处的位置不应互相临近。在可能的情况下应对检查区的入口和出口做分离处理,登记处和取片处分别位于入口和出口附近,避免人流的迂回、交叉,排队窗口的人员混乱。

(2)便于医患沟通联系的空间设计。

①加强内外部的窗口联系。

内外部的窗口联系主要体现在三个方面:第一,候诊区的病人发生紧急状况时(如过敏、休克等不良反应)可以与控制间的医护人员取得直接联系,为此控制间应设置直接向候诊区开启的门。第二,控制间应设有可以直接观察扫描间情况的窗口或透明隔断,供医生观察患者的检查进程。如果空间受限、视线不可达,应安装专用摄像头。第三,控制室与扫描间在独立设置时应保证联系距离最短,为避免电缆沟过门和轮椅平车的回转半径不够,二者的门宜相对设置。如表 3.3 所示为检查科室对外联系的常见空间布局方式。

表3.3　检查科室对外联系的常见空间布局方式

联系类型	联系示例
走廊联系	
窗口联系	
门联系	

②增设检查室护士站。

在共用控制间的多组并列CT扫描区外,可增设护士站,负责登记、询问、应急处理和报告发放等任务。增设护士站对处理患者过敏或需要增强注射的情况是十分必要的。

3. 提高心理适应效率的空间适压性设计

具有亲和力的环境能够促进交往、减小身心压力、调节人员情绪。在医院建筑中塑造具有亲和力的空间环境能够帮助医护人员缓解由紧张工作带来的生理疲劳和心理压力,促进医患之间的交流与信任,进而辅助医生更好地了解患者并给出医疗引导。简而言之,具有亲和力的环境设计从调节医患的身心状态和促进医患之间的和谐关系两方面对诊断阶段的心理信息交互发挥作用。研究表明,合理地控制空间的尺度、保持环境的开放安全、保证环境的可达性、运用具有亲和力的色彩及体感舒适性材料、合理增加无障碍设计和为特殊人群服务的公益设施有助于提升环境的亲和力。

（1）空间尺度的分级控制。

在控制空间尺度方面，空间的高宽比、空间中的人员密度、行为目的与行动方式都会影响人对空间尺度的感知。在医院建筑中，诊断阶段不同的行为目的和行为方式决定了其需求的空间尺度的不同。

在医院门诊大厅中，就医者的行为主要是寻路行为，其目的是根据自己的不同需求找到不同的目标路径。这一过程类似火车站、飞机场等站房类建筑的门厅中旅客的寻路行为。开放的视野有利于寻路行为的进行。而从空间的尺度层面，医院疏散门厅的尺度与医院的门诊人流量有直接的关系，过大的门厅将造成空间浪费，而过小的门厅将造成空间压抑、人员拥挤，提高传染风险。相关研究表明，医院建筑的门厅面积与日门诊人次比值高低可以反映出门诊大厅面积的合适与否，其比值小于 0.2 时往往会让人感觉门厅比较压抑、拥挤，比值在 0.2—0.3 之间时让人感觉空间比例较为合适，而当比值大于 0.3 时空间会显得较为空旷，随着比值的进一步增加空旷感和造成的空间浪费也将加大。图 3.19 为国内医院门诊大厅面积与日门诊人次比值分析。图 3.20 为哈尔滨医科大学附属肿瘤医院门诊大厅（比值约为 0.4）。

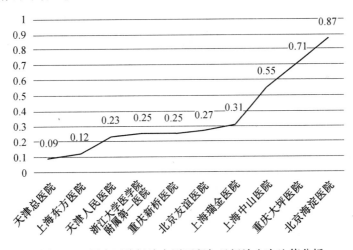

图 3.19　国内医院门诊大厅面积与日门诊人次比值分析

在到达目标部门或科室的区域后，患者一般需要经过一段时间的等待才能进入诊室，这一阶段患者的行为为等待叫号的休息行为。虽然是休息行为，但是与无目的的休息行为不同，患者需要随时关注叫号系统的信息指示，精神一直处于比较紧张的状态。另外由于需要与大量陌生的患者在同一区域休息，彼此之间又无法保持相对安全的防卫距离，患者的紧张感和疲劳感也会大幅度增加。在休息等待的区域，应充分预留一定的空间，不应使人流集中的密度过大。因此，应考虑科室门诊量的实际差异来设置等待区域的空间尺寸，避免平均设置等待区面积，导致出现有些科室等待区人满为患，而有

(a)门诊大厅鸟瞰图　　　　　　　　　(b)门诊大厅透视图

图 3.20　哈尔滨医科大学附属肿瘤医院门诊大厅(比值约为 0.4)

些却门可罗雀的情况。此外,等候区空间的封闭性和区域内座椅的布置方式也会影响人的感知。国内医院的候诊区常采用成排布置条形座椅的形式,这是经济和空间条件制约下能容纳人数最多的座椅排布方式。但是这种排布方式将患者群体压缩在了一个极小的空间范围内,座位之间的距离较小,难以保证候诊人员的舒适性,亦不利于人员的走动,亲和力较差。在医疗资源丰厚、设施完善的国家和地区,医院候诊区的座椅常采用成组布置的方式,一般一组可容纳 3—5 人休息。这样的设计方式亲和力较强,患者群体间的干扰性小,但是占用空间面积较大、设施成本较高。在儿科和妇产科等人性化需求更为明显的科室应该尝试应用。

进入诊室后,患者会与医生进行面对面交流。与前两个阶段中的空间尺度不同,诊室是一个较为小型的独立空间,其中的活动主要以谈话和身体检查为主。这一空间的尺度既不同于一般的办公空间,要保持一定的私密性和亲切感;又不同于绝对放松的家居空间,要保持彼此之间的独立性和一定的庄严感。根据调研,我国新建大型医院诊室空间的层高大都在 3.6 m 以上,有些医院达到了 4.5 m,但是由于医院的设备管线较多,完成吊顶后的净高往往在 3 m 以下。过低的层高会带来压抑的心理感受,降低患者和医护人员的心理适应效率。

(2)减弱空间与信息的复杂性。

点、线、面、体是构成空间的基本要素,减弱空间的复杂性可以从控制空间中点、线、面、体等要素的复杂性入手。第一,医院建筑空间中的导视信息构成了游离在空间界面中的点状要素。由于标志物的醒目性要求,这些点构成了彼此独立、相互竞争的空间要素网络。合理地控制点与点之间层级关系、排列秩序是减弱空间复杂性的重要手段。第二,在医院建筑空间中,条带状的装饰物、灯带和成排摆设的公共设施可以连续形成空间中的线性要素。线性要素的复杂性体现在单线的多变性与多线间关系的复杂性上。简化连续线要素的转折变化,尽量采用平行、垂直的多线关系,可以简化空间中线要素的复杂性。第三,医院墙面和空间中的面状隔断形成连续或间断的面要素。面要素的复杂性体现在面要素形式的多样化和排列的无序化。根据格式塔理论中的相似原则和邻近原则,距离相近和特征相似的要素可以被认知为一个整体。形式母题的一致性设计可以大大降低读取面要素时的信息容量,降低空间的复杂性。此外大小一致、等距排列、形成节奏与韵律也是降低面要素复杂性的有效手段。第四,在医院建筑中,墙面围合成空间体量。体要素的复杂性体现在空间的形态复杂性和边界感知的视觉复杂性上。从人的视觉感知来看,一个空间的形状越接近完形,边界越清晰,空间中的界面越少,空间的复杂性越低。

(3)增强环境色彩与材质的亲和力。

空间色彩作为视觉感知的重要部分,对人的情绪具有潜移默化的影响。利用这种色彩引导可以舒缓紧张感、缓解疲劳感、提升注意力、发挥引导作用。色彩心理学研究发现人对于不同颜色的心理感知和情绪投射是不同的。而由于地域文化的不同,不同的色彩在特殊的文化背景中也有着不同的寓意。通常来说暖色系给人感觉温暖、亲切、柔和;冷色系给人感觉宁静、清爽、高雅;高明度的色彩给人感觉清新、明亮;低明度的色彩给人感觉沉静、压抑。医院建筑常以白色为空间底色,因为白色给人感觉洁净、光明、神圣,与医学被赋予的精神内涵相一致。但是长时间处于这种无彩度的空间中会让人感觉单调乏味、忧郁不安。国外的医院建筑室内空间很少以纯白色为底色,多用高明度的色彩打底并搭配有各种补色的装饰,显得更加具有亲和力,图 3.21 为德国调查医护人员在不同功能空间的色彩倾向。此外在不同的空间中,色彩的应用也有不同的目的。具体来说,在空间较大的门诊大厅,宜运用白色底色和高明度的色彩搭配,让空间显得明亮、易于分辨;在门诊交通走廊中,宜运用冷色调的高明度色彩,以提供一个相对安静、清爽的环境背景;在候诊区,人群进入了等待状态,心情焦躁不安,应该适当地应用暖色系来舒缓人的紧张心理;在诊室设计中,同样应当采用暖色系为主的色调来增进医患之间的亲切感。

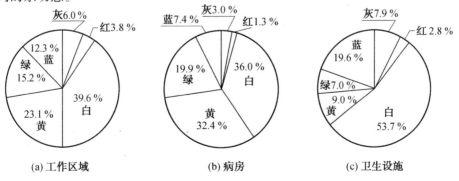

图 3.21　德国调查医护人员在不同功能空间的色彩倾向

　　与色彩相似,不同材质也具有不同的亲和力。表3.4为不同属性的材料搭配的空间效果。材质具有或刚或柔的不同外在表现:刚性材质会让人产生距离感、冰冷感,同时也会给人科技感;而柔性材质会让人感觉温暖、亲切,易于放松。国外的医院建筑中常见木质材料和地毯的应用,形成的空间也让人感觉更加舒适。由于经济条件和医疗卫生要求的限制,这类材料并未在国内得到广泛的应用。但是木塑材料和彩色橡胶地板等材料已经应用到了医院建筑中,并取得了很好的效果。增加环境中柔性材质的应用可以增加环境的亲和力。在保证环境卫生和经济适应的前提下,应适当运用这些柔性材料以满足具有较高人性要求的医院部门的具体需求,比如儿童门诊和妇产科门诊。

表3.4　不同属性的材料搭配的空间效果

柔性地面、柔性家具	刚性地面、柔性家具	刚性地面、刚性家具
美国芝加哥西北纪念医院	美国圣迭戈雷迪儿童医院	哈尔滨医科大学附属肿瘤医院

　　(4)增强患者的隐私保护和信息安全。

　　患者隐私指在社会伦理道德观念可接受的范围内且不危及社会公众健康的前提下,患者为保护其合法权益与人格尊严而隐瞒有关疾病的信息资料,医疗机构及医务人员不得泄露的私人秘密。保护患者隐私的具体内容主要体现在两个方面:减少患者的生理暴露和增强患者的信息安全保护。

　　①减少患者的生理暴露。

　　诊室应首先考虑减少患者的生理暴露,其中应主控医生对患者进行身体检查过程中的视觉和声音暴露,具体需要做好以下几点:第一,采用"一医一患"制度,陪护人员如无特殊必要应在二次候诊区等待;第二,对诊查床应进行视线遮蔽,避免在开门视野可及的范围内设置诊察床,具体可采用利用门后空间、在诊室内做空间隔断处理、设置挡帘并悬挂提示标志等做法;第三,诊室门宜设置开启权限,尽量采用内侧开启的方式,避免外部患者和医务人员随意进入;第四,诊室门和墙体做好隔声处理,避免医患的谈话内容泄露;第五,诊室设置投单窗口,候诊患者如有特殊情况可以通过向窗口内投递便条的方式与诊室内部医护人员取得联系;第六,患者座椅应背向诊室开门方向,避免门开启时患者暴露在其他候诊人员的视野中;第七,对于可能有实习人员参加的教学诊室,应进行标识,患者在挂号时可自主选择。

②增强患者的信息安全保护。

在增强信息安全方面,主控患者的非医疗个人信息暴露在公众视野中,应做好以下几点:第一,加速医院病历挂号的无纸化进程,医生通过刷卡终端获得患者的挂号和检查信息,避免记载患者姓名、年龄、电话等个人信息的纸质材料被无关人员获取;第二,候诊叫号排队系统,应隐去姓名等关键信息,采用号段显示或隐去患者姓名中间字的方式叫号。

4. 提高诊察效率的诊室空间设计

(1)诊室环境的独立性设计。

①交通独立性设计。

门诊医生与患者的交通流线分离是大型综合医院的常见做法。交通独立性设计要注意如下方面:第一,医生电梯厅与患者电梯厅分离,且位置不宜互相邻近;第二,医生通过电梯厅进入诊室的流线中途,不应穿越候诊区;第三,医生诊室具备独立的逃生路线,包括通长外部挑台、相互联通的诊室门、暂避间等。此外一次候诊区应靠近诊室房间走廊通道,患者从一次候诊到二次候诊的路线不应穿越门诊平层的公共交通流线。

②卫生用房独立性设计。

访谈和问卷调查结果显示出了医护人员对其独立的卫生用房的客观需求。卫生用房的独立性设计包括设计医生专用的卫生间、洗消池、清扫间、开水间等。以卫生间为例,首先,由于医生工作繁忙,去卫生间的时间极为有限,与公共人流一起排队会占用工作时间,降低工作效率。其次,对于医生来说,与公共人群混用卫生间,会增加其感染疾病的风险。长期暴露在感染风险之中,医生的心理状态和工作满意度会受到影响。独立卫生间应在医生走廊邻近诊室区的位置设置。

(2)诊室环境的舒适性设计。

①视觉舒适性设计。

长时间处于同一环境中工作的人,容易产生视疲劳。良好的色彩设计和光环境处理能够在一定程度上弱化这种不良反应。在诊室设计中,第一,要注意医生工作台与窗户的位置关系,医生工作的电脑屏幕不应朝向窗口方向,造成屏幕反光;第二,医生的座椅方向应与房间窗口有直接的视线联系,便于其在工作间隙延长视距,缓解视疲劳;第三,采用柔和的房间色彩设计,减少对比和高反差,引入浅绿色、浅黄色、浅蓝色等具有亲和力的色彩搭配;第四,减少室内反光材质的应用,特别是地面铺装材料,同时减少照明反光的不利影响;第五,增加绿色植物点缀。

②声环境舒适性设计。

声环境舒适度的提高对提升诊疗速度与准确度有着重要意义。如表 3.5 所示,《民用建筑隔声设计规范》对医院门诊室的噪声要求是小于等于 55 dB。相关研究的调查统计显示,目前国内大型综合医院的诊室平均声压级在 57 dB 以上,造成诊室声压级普遍超过规范标准要求的原因来自多个方面:其一,排队造成的人因噪声干扰显著;其二,候诊区逗留人员多、人员流动性大,电话铃声和谈话声成为主要噪声源;其三,扶梯与直梯候梯厅相邻布置,造成候梯厅噪声的上下传递;其四,采用大量声反射系数高的室内装饰材料,造成噪声的放大。

表 3.5 《民用建筑隔声设计规范》GB 50118-2010 中的控制性指标

医院建筑室内允许噪声级				
建筑类别	房间名称	允许噪声级(dB)		
		一级	二级	三级
医院	病房、医护人员休息室	≤40	≤45	≤50
	门诊室	≤55	≤60	—
	手术室	≤45	≤50	—
	听力测试室	≤25	≤30	—

做好诊室的声环境设计包括以下几个方面:第一,采用分级候诊,将二次候诊区、诊室走廊与一次候诊区隔开,并做隔声处理,有效屏蔽来自主干交通和一次候诊区的噪声干扰;第二,诊室外窗不应开向重要的城市街路,或应做隔声处理,第二候诊室不应邻近电梯间等噪声源;第三,诊室候诊区及诊室的墙体和门做隔声处理,墙面与吊顶做吸声处理;第四,地面应采用软性材料,降低行走时的撞击声。

③体感舒适性设计。

诊室环境的体感舒适性设计,可以帮助医护人员调整身体状态,以保证其工作中不受身体不适的不良影响。研究显示,温、湿度以及空气中的氧含量可以影响一个人的工作状态。而当环境质量差时,人容易发生昏沉、困倦、烦躁、呼吸道不适、头晕等,这对本身工作强度较高的医护人员来说是不利的。

营造体感舒适性的空间,要注意调整房间的三类指标:温度、湿度与气体浑浊度。第一,注意诊室的办公桌椅、诊查床的位置与空调系统进、出风口的关系,不应在医生办公桌椅上方和诊查床上方设计空调出风口,也不应在此位置的下方设计空调进风口。第二,控制诊室窗地比,访谈显示,过小的窗地比会造成空间的压抑感,也不利于空气的流通,而过大的窗地比容易分散人的注意力,且在寒冷地区还对冬季保暖不利。在采光等级的相关规定中,办公室的窗地比宜为1:5,在寒冷地区相应的系数可以减小到1:7。第三,应增加新风系统的送风量,增设除菌功能,处理飘浮在空气中的细菌、病毒与粉尘,注意控制新风系统的噪声大小。

3.3　效率主题(二):医院建筑与治疗处置效率

治疗处置阶段是整个医学救治过程中具有承上启下作用的关键环节。治疗处置是否有效直接影响整个医疗活动的结果。对于患者而言,获得治疗处置是其于医院就诊最关键的目的;对于医院而言,治疗处置的质量和效率体现着医院的整体实力。这一阶段所涉及的医疗活动复杂而多样。了解治疗处置阶段的特征,是确定治疗处置空间效率优化目标的前提;以建筑空间的技术办法实现效率目标的优化,则是建筑学专业的任务。

3.3.1　治疗处置阶段的内容与典型过程

治疗通常是指干预或改变特定健康状态的过程。一个人从生病到治愈的过程,是人体系统调节的过程,包括生理系统调节和心理系统调节两个层面。治疗处置阶段,患者的生理系统失衡,严重者可能承受主要器官病变和各种并发症,生命受到严重威胁。此时,患者的心理系统需求降至最低值,其中处于昏迷和濒死状态的患者的心理感知能力基本处于封闭状态。因此,针对医学救治处置阶段的医院建筑设计重点是保障患者生命安全,为患者生理系统治疗提供具有专业性、直接性和稳定性的空间环境。

1.治疗处置的内容组成

在确定了诊断结果和预后之后,可以进行尝试性的治疗。治疗处置的手段按照其目标可以分为三类:内因诱导处置、外因介入处置和应急手术处置(图 3.22)。其中,内因诱导处置包括疫苗和充血疗法等;外因介入处置包括食疗、药理学疗法和理疗等;应急手术处置包括抢救消除恶性症状、排除异物、矫形和关键功能辅助等。

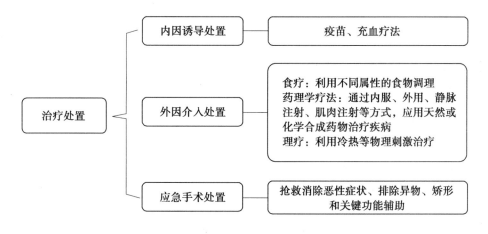

图 3.22　治疗处置的内容组成

在所有治疗手段中手术治疗最为直接,可以在短期内彻底根除病源,但是对环境和人员要求较高,同时会对人体造成新的生理性改变;药物治疗是最广泛采用的治疗方法,治疗方便,对环境和人员的要求不高,经济性较好;介入治疗具有手术治疗的直接性,同时创伤面积小、对机体的伤害小;基因疗法目前还属于实验室研究阶段,其理论的实用性还有待验证。其他治疗方法虽然也有一定效果,但是应用范围较小,见效慢。在尝试性治疗的检验下可以对初步诊断的正确程度做出判断,并结合新的检查做出验证诊断,以推进下一阶段的治疗。

2. 治疗处置的典型过程

治疗处置的过程因人而异,疾病轻重程度不同,所采用的治疗处置方法就不同,治疗处置的过程也存在很大的差异性。从治疗处置的目标角度可以大致将治疗处置的过程分为三个阶段,分别为消解主要症状、处置症候群的起因和根治原发性病因。

(1)消解主要症状。

消解主要症状指消除由于疾病造成的可能危及生命的主要症状,这些症状虽然不代表疾病的全部却往往是致命的,可能包括高热、心脏衰竭、脑出血等。

(2)处置症候群的起因。

当消解了疾病的主要症状之后,病人暂时脱离了生命危险,这一阶段的工作重点转向治疗一个症候群的起因,比如有肺炎,当心脏衰竭主要症状得到控制之后,就要对引起发热、咳痰、气喘、脱水等症状的炎症的起因进行治疗,包括使用各种消炎和抗菌药物。

(3)根治原发性病因。

这一过程并不是普遍的,对于一些由于外在原因造成的疾病,针对原发性病因的治疗将发挥作用,比如维生素缺乏、寄生虫入侵、中毒等。对于入侵人体的细菌和病毒,很难针对性地给予相应的灭菌药物,因为其也将对人体的免疫系统造成伤害,对于这种疾病和其他由于身体内因造成的疾病,这一过程就不再适用。

3.3.2　基于系统介入协同的治疗处置空间效率优化作用机制

1. 系统介入协同目标

(1)全面支撑医学技术。

医学技术的需求按照物质属性分类主要分为三个方面:人因需求、物因需求和环境需求(图3.23)。

①人因需求。

医学技术是一个宏观的知识概念,这些专业知识存在于从事医疗服务的医生、护士及其他从业者的脑海中,通过具有专业知识的人的工作实现其技术输出,转化为生产力。除了技术服务人员之外,医院还需要投资人员筹划医院的建设和发展,需要管理人

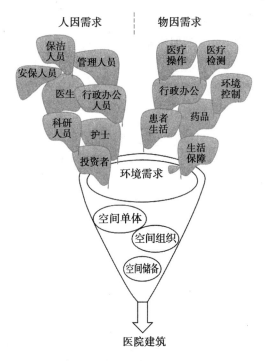

图 3.23　医学技术的需求图解

员统筹安排医疗服务工作的人事架构,需要行政办公人员办理各项内部和外部工作,需要保洁人员维持环境的卫生,需要安保人员维护环境中的人员安全与服务秩序等。

②物因需求。

技术输出的过程需要借助各种物质要素的辅助,这些物质要素可以分为几个类型:医疗操作物因、医疗检测物因、药品物因、患者生活物因、环境控制物因、行政办公物因、生活保障物因等。医疗操作物因指医疗操作过程中需要用到的医用器械和敷料,包括听诊器、检查器械、手术器械等;医疗检测物因包括实验室检测用到的仪器设备,X 光机、B 超机、核磁共振等大型检测设备;药品物因指药物治疗中用到的西药和中药还有给药需要用到的输液设备、针具等;患者生活物因包括患者住院生活中需要用到的备品等;环境控制物因包括空调设备、通风设备、照明设备、消防设备等;行政办公物因包括打字复印、会议报告等服务设施;生活保障物因包括食品供应、卫生设施等。

③环境需求。

医院中的人因需求和物因需求都需要环境空间平台的承载,行政办公人员需要相应的工作空间,医生需要在诊室和手术等医用空间中完成医疗操作,检验设备需要安放在相应的设备空间中用于完成检测工作,患者需要在护理单元中接受医生和护士的治疗服务。空间环境是各种物质要素的载体,人在承载不同物质要素的空间中活动完成医疗行为。

　　综上所述,人因需求和物因需求是定额需求,可以根据医院的规模和等级确定,环境需求是软质需求,变数较大。空间环境是物因要素与人因要素的载体,其空间的尺寸大小、功能定位和组织关系均受到主观因素的影响,可以通过系统协同理论的相关支持进行效率优化。

　　(2)全面优化处置流程。

　　具体到本研究所涉及的空间效率优化问题,按照空间层次分类,在不同层次的空间中医学的需求又可以分为两个类型:空间单体的医疗操作需求,空间组织的医疗流程需求(图3.24)。

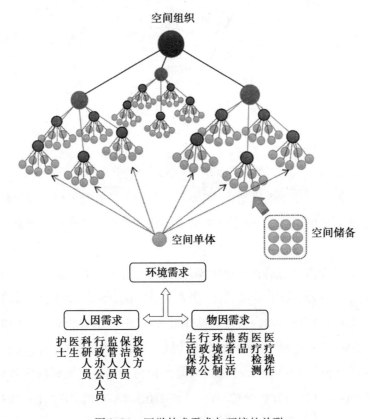

图3.24　医学技术需求与环境的关联

　　①空间单体的医疗操作需求。

　　单体空间中所能进行的医疗行为也相对单一,为了满足某种医疗行为的发生,应该从空间单体设计的方方面面考虑某种行为发生所需要的物质条件,并为其创造专业的空间支持。医疗操作需求具体可以细分为:人员需求、设备需求、照明需求、感控需求、医疗用品需求等方面。

　　②空间组织的医疗流程需求。

　　医疗服务是一系列医疗行为的合理组织和顺利进行,因为不同医疗行为发生在不同的单体空间中,按照发生的逻辑先后顺序,不同的空间在三维空间位置中的排序就生成了医疗服务发生的具体流线关系,即医疗流程。医疗流程需求包括功能空间的逻辑先后关系,洁污流线的分流,医生、患者交通流线的组织等不同的方面。

一个系统的顺利运行除了要依靠运行过程中所涵盖的空间对象外,还需要设置空间储备,保障医疗服务发生过程中人因、物因需求的最佳状态和应对可能出现的突发状况,所保障的主要需求包括人员保障需求、物资保障需求、能源保障需求等。

(3)全面监控患者病程。

对于患者病程的把控,能够让医生了解患者当下的生理状态和其目前处于病程中的哪个阶段,从而确定当下治疗的重点以及下一个阶段可能面临的问题和应对措施,从而最大限度地保证治疗处置的及时性和准确性。对患者过去、当下和未来的知悉让医生的工作更加游刃有余,降低了病程中可能的风险,缩减了病人承受病痛的时间,减少了疾病带来的负面影响。

①患者生理指标监控。

生理指标的监控关注的是患者当下的生理状态,是一个时间点。生理指标监控的实现,有赖于评测生理指标监控的医疗监控仪器,同时由于患者所处病程的阶段性差异和所患疾病的轻重差异,所需监控的频率和指标的数量也是不同的。手术室和重症监控室等分别为进行有医疗技术操作风险的空间和需要对抵抗力弱或处于重危疾病患者的各项重要的生理指标进行实时监控,比如脉搏、体温、血氧、血压、呼吸等的空间。在住院病房等患者状态相对稳定的空间中,有时也设置有心电监护仪器,对患者的体温、血压也进行监控,但是其测量的频率较之前的手术室和 ICU 空间就大大降低了,大约是每天 1—2 次。测量方式也由仪器测量改为护士手动测量或患者陪护人员测量。

②患者病程变化监控。

患者病程本身是一个时间段的概念,关注一个时间段内患者生理指标的变化,这一目标的实现,除了要有医疗技术设备的支持外,还需要医护人员对患者状态的记录和时时关注。因为仪器显示的是一个客观的物理指标,这一指标的上下浮动对仪器来说是物理测量的必然结果,是纯粹的数据,而人具有分析能力,能够根据指标的变化联系医学经验,判断患者的情况,从而使这些数据具有现实意义。在这个过程中医护人员对患者的关注程度也是存在差异的,关注度的高低往往与患者病情的轻重成正比,在手术室和 ICU 的患者往往会得到更多的关注,而普通病房内的患者得到的关注就较少。

2. 介入协同目标与空间环境的理性连接

(1)专业性的单体空间。

对于单体空间的设计可以通过基于多专业交互的实体模型或三维虚拟模型讨论来了解医疗技术服务人员对空间的需求,因为每个单体空间功能不同、服务的科室不同,相应的医疗操作也有很大区别,建筑师通过对医疗基本需求的预想可以建立一个试验性的空间模型,作为与其他专业交互的载体。在交互过程中医学专业的人员对空间中的各种要素的位置、尺度以及细部设计的适应性进行衡量评价并给出建议,建筑师进行空间优化以形成具有专业性的医疗通用标准单元。

这种交互方法可以具体通过如下步骤实现:第一,需要设计人员对未来医疗空间的使用者进行初访,了解空间的使用意图、空间中有哪些医护人员、医疗操作的过程、使用到的医疗器械和设备等。第二,初访后建筑师拟定空间设计的任务书,并交付使用者确认。第三,设计任务书确认后建筑师根据确定的空间需求和既往的设计经验与循证设计取得的成果进行设计,设计初步成果形成后,通过实体模型交互、虚拟现实交互、场景搭建交互来与医护人员和患者进行交流,采纳使用者对空间的建议和意见。第四,建筑师对初始的设计方案进行优化,使其更加符合使用者的要求。

(2)最优化空间组织。

治疗处置阶段建筑空间的设计受到就医流程、医疗操作流程、功能动静分区等因素的制约和影响,这些因素都可以通过科学的理性思维加以分析,并总结成若干空间影响因子的联系关系和流程的前后关系,这是建筑空间的内部拓扑结构也是建筑学设计中的功能气泡图所揭示的医院建筑中的功能联系拓扑关系(图3.25),通过功能联系的急切度、强度和频度结合功能空间的位置关系和算法设计进行系统建模和优化。依托空间句法的建模分析方法还可以就不同功能组织形式下的空间深度、可达性和可视性进行数据分析,用以找到最优化的空间组织方式。

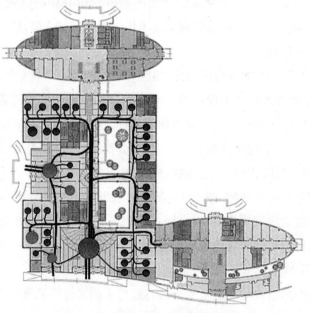

图3.25　医院建筑中的功能联系拓扑图解

提升群体空间的联系度,可以优化医疗操作流程中人流和物流的交通效率,减少流线交叉带来的负面影响,使得医疗功能能够在建筑空间中顺畅地运转,优化医疗操作流程效率。

(3)全程监控空间界面。

对患者生理指标监控的实现首先需要医疗技术设备的支持,其次也需要在不同的医疗空间中设置合适的监控仪器数量、位置,满足技术人员操作需求的同时不影响医护人员对患者的其他医学处置工作的进行,最后设备界面与工作人员应该有很好的视线联系,不影响房间内其他使用功能的实现。

为了完成对患者病程的监控,在空间环境设计中,对于需要长时间关注的患者,应在医疗空间中为医护人员提供相应的护理站,每个护理站应该与其所负责的患者有直接和平均的视线联系。在普通病房中,护士站的位置选择和走廊交通流线中的视线均好性也是影响患者受到关注程度的重要因素,所以视线联系的均好性和视线联系的直接性是设计的重点。

3. 治疗处置阶段的空间效率优化作用机制模型

治疗处置阶段的空间效率优化依托介入协同模式,以医疗技术需求为主导,形成空间对医疗技术需求的协同,按照空间层级分类可以分为三个方向的优化作用,分别为单体空间对医疗操作需求的协同,空间组织对医疗流程需求的协同和空间界面对病程监控需求的协同。

在每个不同的空间层级中,医疗技术对建筑空间提出不同的要求,建筑空间处理通过协同需求的设计达到对医疗技术需求的满足,从而优化治疗处置阶段的效率。具体的效率优化作用机制模型如图 3.26 所示。

4. 空间影响因子重要度评价与设计对策建构

医院对病人的处置方式主要包括外因介入处置和应急手术处置两个方面,常用的方法包括一些以急救为目的的应急手术处理、药物处置和需要在专业手术部门进行的无菌手术,在治疗处置的过程中反复的验证诊断与预后诊断也在同步进行,作为重要的决策依据,诊断所必备的医疗检验设备与治疗处置空间的联系关系也对治疗处置过程中诊断的进行有着重要的影响。空间影响因子提取的范围为:辅助外因介入处置的医院药剂部空间位置和联络关系与辅助药品配发的物流传输系统(制剂部门内部的流线不在讨论的范围内)、辅助应急手术处置的急诊部、中心手术部空间以及其与检验部门和供应部门的联系关系、ICU 加护病房等治疗处置后的留观空间。按照空间影响因子提取所述的相关方法,采集了相关的空间影响因子,共计 42 项。

治疗处置效率相关的空间影响因子与诊断效率和治疗康复效率的空间影响因子重要度调查的对象不同,主要是医院的医生和护士以及医院的管理人员,问卷收集的方式

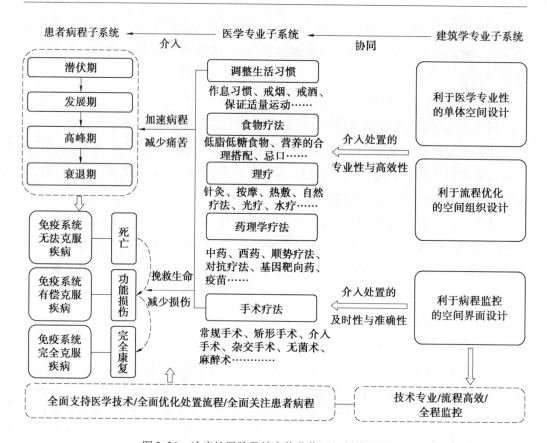

图 3.26　治疗处置阶段效率优化作用机制模型图解

以网络问卷调查为主,通过对调查对象的前期筛选确定目标人群,回收问卷 58 份,调查对象均为医院工作人员,且在药剂部(药房)、急诊部、手术部、ICU 有过相关的工作和实习经验,其中医生占比 29.31%,护士占比 34.48%,医院管理人员占比 36.21%。问卷填写的相关数据显示,人员来源主要是全国的三级甲等医院,占比 70.7%,其中包括北京协和医院、兰州大学第一医院、天津医科大学总医院、上海市第一人民医院、广州市第一人民医院等。

问卷设计依据李克特五分量表,根据空间影响因子的重要性对其进行打分。根据问卷回收的数据对空间影响因子的重要性进行分析,按照分值的高低将空间影响因子分为 4 个等级,打分值在 3.5 分以下的为 Ⅰ 级——低重要度因子,分值在 3.5—3.9 分为 Ⅱ 级——中等重要度因子,分值在 4.0—4.4 分的为 Ⅲ 级——高等重要度因子,分值在 4.5 分以上的为 Ⅳ 级——极高等重要度因子。

均值分析结果,42 项空间影响因子的平均得分为 3.90 分,Ⅰ 级因子有 0 项,Ⅱ 级因子有 32 项,Ⅲ 级因子有 10 项,Ⅳ 级因子有 0 项。得分最高的空间影响因子有:ZLCZ-41 封闭式的探视人员区域和廊道;ZLCZ-8 急救入口分流;ZLCZ-37 在 ICU 中增

设抢救手术室;ZLCZ-18 手术部与 ICU 的联系方式等。综合反映出治疗处置阶段空间
的独立性、功能的完善性、相关功能的空间组织关系以及导引的按需分流等方面对治疗
处置效率的影响较大。

从空间影响因子的内容归类上,高等重要度的空间影响因子主要内容首先指向利
于空间组织的流程优化,其次是利于空间单体的医学专业性,最后是利于空间界面的病
程监控。从空间区域分布的重要度打分结果上看,手术部和急诊部占有的Ⅲ级因子数
量最多,其次是 ICU 和药剂部。综上所述,空间效率优化对策建构的重点应主要关注
空间影响因子重要度等级高的相关空间区域的空间组织流程优化。对相应的高等重要
度因子和前 30% 的中等重要度因子的内容进行分析,提炼出以下四个方面的空间效率
优化对策:①提高急救效率的急诊与 ICU 空间设计;②提高手术效率的手术部空间设
计;③提高供应效率的物流组织空间设计;④提高病程监控效率的空间界面设计。图
3.27 为治疗处置阶段系统空间效率优化对策提取。

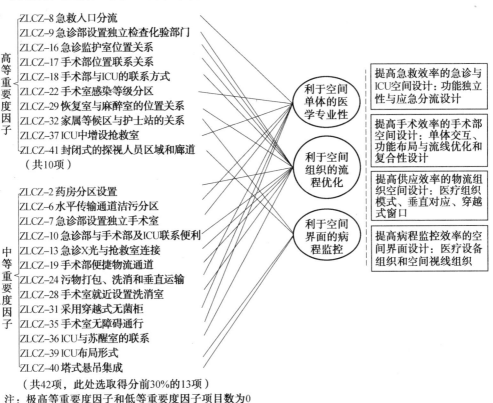

图 3.27　治疗处置阶段系统空间效率优化对策提取

3.3.3　治疗处置阶段空间效率优化对策

1. 提高急救效率的急诊与 ICU 空间设计

（1）急诊部的功能独立性和应急性设计。

①功能独立性设计。

我国综合医院的急诊部设计规范中规定急诊部需要有必要的抢救设备，但是对检验和影像诊断等对急诊处置决策起到重要作用的功能单元并没有硬性的设计规定。规范的相关内容说明急诊部的运行有赖于医院检验科和影像科的配合，但是随着我国综合医院规模扩大、急诊量增加这种依附性的急诊部设计模式已经不能符合实际需求。我国大型综合医院中急诊量一直处于上升趋势。据相关研究统计，广州某三甲医院急诊量在2005—2016 年12 年间的年均增长率为8.6%，大型综合医院的年急诊量可达到300 万人次，日最高急诊人次可达到18 000 人次。综上所述，从依附性到独立性的功能转变是医院适应日益增长的急诊需求的必然趋势。

急诊部的拥堵是国际学术界讨论的重要问题，其中美国学者 Asplin 在 2003 年提出了"入口—通过—出口"概念模型，为科学地研究急诊部拥挤提供了较好的理论基础。其中"入口"模型通过对患者的评估和前期预诊分流将人流按照其情况分为急诊照护、非计划紧急照护和安全照护三类，有效控制了非紧急人群对急诊效率的干扰；"通过"模型提出加强急诊医疗服务过程中的分诊、实验诊断、治疗处置和护理等过程的效率；"出口"模型强调加强患者的转归效率，避免需要转至住院部的患者占用急诊区资源。在以"入口—通过—出口"概念为指导的急诊部模型中，提高诊断、检测和处置的效率有赖于建立独立的综合诊断、检测和处置空间，减少对医院门诊部相关科室的依赖性。在美国类似的可以独立于医院运行的急诊部被称为 Freestanding ED，这种类型的机构可以附属于综合医院或完全独立运行。依附型与独立型急诊部功能联系比较分析如表3.6 所示。

表 3.6 依附型与独立型急诊部功能联系比较分析表

依附型急诊部的功能联系关系图	独立型急诊部的功能联系关系图
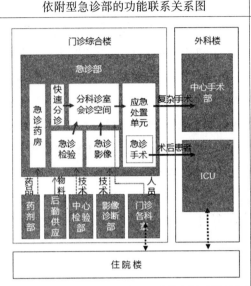	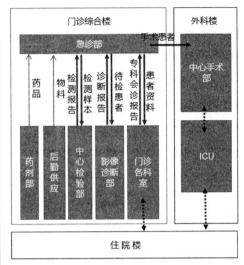

一个独立性的急诊部要拥有独立的诊断、检验、影像和处置等相关功能。具体来说，首先，综合诊断空间的建立需要提供功能完善的专科诊断科室和综合会诊空间，对于情况复杂的患者，专科人员间可及时联络和讨论以形成最终的治疗方案。这一部分空间在由快速评估室围绕的中心区域，由分护士站、医生临时工作区、会诊讨论区、会议室等功能部分组成，占用空间面积较大。其次，急诊部应该配备自己的影像诊断单元和检验单元，对危重症患者进行及时的影像评估，快速形成治疗方案，避免患者再转运至门诊检验和集中的影像诊断科室，面临感染风险和转运中突发的异常情况。这部分功能应至少包括 X 线检测室、CT 室、MRI 检测室。急诊检验科应满足常见的血尿常规的独立检测需求，设置常规检测区，当无条件设置生化免疫检测区和微生物检测区的时候应与医院中心检验科建立便捷的样本传输通道。最后急诊部应该配备手外科、骨科单元以及应急外伤处置手术室，对骨折、外伤以及需要进行常规手术抢救的患者给予及时的治疗处置。在国外成熟的急诊部设计中，急诊部还与 ICU 有着便捷的空间联络渠道，可以将危重症患者及时转运至 ICU，让其得到更好的照护。

②应急性设计。

急诊患者的分流是保障急诊医疗资源使用效率的基础环节。国际上在 20 世纪 90 年代开始建立现代预检分诊的标准，如澳洲的分诊量表（ATS）、美国的急诊危重度指数（ESI）等。分诊护士可以参考预诊标准对患者病情的轻重进行准确的判断，对患者可能占用的医疗资源情况进行预估，并及时对不同情况的患者给予适当的预后处理。2012 年 9 月国家卫健委发布了《医院急诊科规范化流程》，对急诊功能区按照红、黄、绿进行了功能性区分,并将患者分为濒危患者、危重患者、急症患者及非急症患者四个等级,但是缺乏相应的指标配合,前期的分诊很难发挥应有的作用。从国家政策层面,提高分诊效率有赖于国家建立相应的预检分诊标准;从卫生系统的整体层面考虑,提高分诊效率需要基层医院对患者的前期分流、家庭医生对患者的信息掌握和就医建议发挥实际作用;从医院建筑空间设计层面来说,提高分诊效率需要建立与之相应的分诊空间。

提高医院建筑的分诊效率首先应该按照人员到达方式做好入口空间的三级分流。一级分流是急诊部人员不同到达方式的分离(图3.28)。医院流线将由救护车运达的危重症患者和自行前来医院的患者进行分流,救护车抵达入口应该有可供救护车停靠的泊位,或设置雨棚和风挡,或可直接驶入建筑室内。担架落地空间应连接应急通道,可直通急诊部的危重症抢救空间;自行前来的患者可由急诊步行入口进入,到达急诊大厅中的预检分诊区。在我国急诊大厅中的分诊台只起到咨询作用,患者根据护士的建议进行挂号,而国外患者必须经由预检分诊区才能到达急诊诊室,分诊区的护士有对患者进行预检和分级处置的权力。

二级分流是对自行前来医院的患者的分流,如图3.29所示。根据不同的预检分诊标准,这一级别的分流方式也是具有差异化的。以美国标准为例,在二级分流的过程中,按照ESI标准对患者病情的严重程度和所需占用的医疗资源进行患者分级,共分为五个等级,这五个等级的患者将被分流进入不同的空间,急诊手术室、抢救室、快速诊疗区、急诊候诊区或建议前往门诊部就诊等。

人员三级分流指急诊医护人员与患者及其陪护人员的分流。国外的相关研究发现,让陪护人员进入急诊的医疗核心区将影响急诊医生和护士的工作效率。在治疗过程中,由于对患者病情的担忧和焦虑,陪护人员经常会过度关注急诊医生的行为,不恰当的问询和行动会分散医护人员的注意力。将这两部分人员进行分流是提高急诊诊断

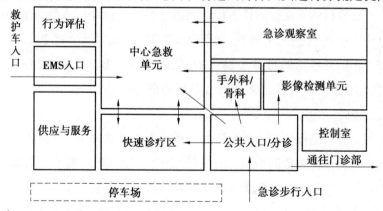

图3.28　急诊部人员一级分流方式

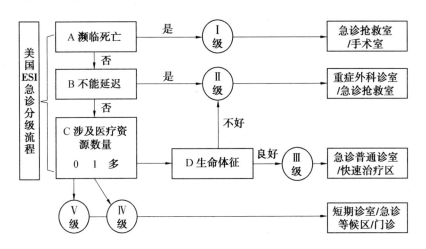

图 3.29　急诊部人员二级分流流程图

单元和紧急抢救单元效率的重要途径。三级分流并非将陪护人员排除在诊区之外,而是通过医护工作核心式组团和外周廊空间的分离性设计将陪护人员限制在公共走廊和诊室的外侧空间中,避免陪护人员通过诊室进入医疗人员的核心办公区。

　　诊室的组织方式有医患混合型、局部分流型和医患分流型三种,其中医患分流型设计满足人员三级分流的要求,综合效率最高,具体见表 3.7 所示。

表 3.7　诊室的组织方式及综合评价

类型	内部分流方式	综合评价
医患混合型	步入急诊人流　诊室 诊室 诊室 诊室　诊室 诊室 诊室 诊室　医护工作单元　诊室 诊室 诊室 诊室　救护车	医护人员和急诊患者及其陪护人员共用走廊,人流交叉严重,效率较低
局部分流型	步入急诊人流　诊室 诊室 诊室　诊室 诊室　医护工作单元　医护工作单元　诊室 诊室　步入急诊人流　诊室 诊室 诊室 诊室　救护车	分组形成诊室组团,对急诊人流进行分流,医护人员工作区相对独立,效率有所提高

续表

类型	内部分流方式	综合评价
医患分流型	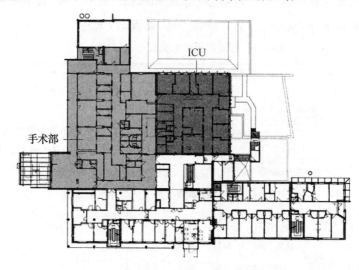	医护人员走廊和急诊人流走廊分离,医护人员工作区对外独立,效率最高

（2）ICU 的联系通道和隔离式探视空间设计。

①提高感控效率的联系通道设计。

国外医院由于很少受到用地的限制,一般都采用多层平铺式的布局模式,将 ICU 和手术部放置在同层的邻近区域,设置可以内部联系的无菌通道。这种同层贴邻式布局方式(图 3.30)转运距离较短,ICU 患者在病情恶化的情况下可以直接进入手术部进行手术抢救,是 ICU 与手术部建立通道联系最为高效的方式。

图 3.30　同层贴邻式布局方式

在水平同层贴邻式布局情况下要避免 ICU 和手术部之间的联系通道穿越公共走廊,以避免增加术后患者在转移过程中的感染风险。

为了节约用地,国内医院经常采用高层综合体的建筑形式,水平层的面积较小。在这种情况下手术部和 ICU 常垂直对位布置,通过专用的手术电梯转运患者。但是这种布置方式较同层贴邻式布局方式转运效率低,且由于电梯井道的活塞作用很难保证垂直交通空间的洁净和无菌,在一定程度上提高了感染风险。某医院就采用这种垂直对应布局方式,平面图如图 3.31 所示。

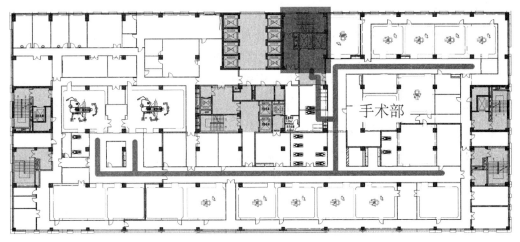

(a) 中心手术部

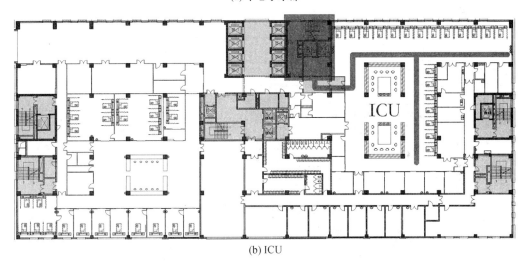

(b) ICU

图 3.31　垂直对应布局方式平面图

②隔离式休息区与探视空间设计。

根据循证医学研究的结果,家庭的支撑对重症患者的康复有着积极的作用,一些国家的 ICU 病区并不限制家属对患者的探视。曾经获得 2011 年国际 ICU 设计大奖的荷兰 Utrecht 医学中心在 ICU 病区中嵌入式布置了许多可供患者家属休息、临时工作甚至就餐的区域。感控较为敏感的病房区也设计有可供家庭成员休息的临时座椅。这种人性化的设计方式提升了患者家属对治疗方案的参与度,减弱了患者的孤独、恐惧和焦虑。

为了提高感染控制的效率,目前我国综合性医院有把患者家属排除在 ICU 病区之外的趋势,上海市普陀区中心医院就尝试采用视频探视模式,控制院内感染率,但是患者家属反映视频模式交流沟通不够顺畅,没有心理安慰和精神支持的作用,效果不好,负面反馈较多。

目前我国的国情适合采用隔离式探视空间的设计模式。具体来说,由于进入ICU的患者病情较重,随时有恶化的可能性,需要有家属在病区外随时等候,以便在突发情况下帮助医生进行决策,因此ICU的患者家属休息区设计不同于一般的候诊区,要兼顾家属处理日常工作和就寝的需要。我国不少医院的ICU家属等候区都有患者家属打地铺的现象,但也有医院在ICU家属等候区设置胶囊宾馆等人性化的休息设施,得到了患者家属的好评。参考国外的ICU家属活动区设计,我国ICU病区设计优化可从以下方面入手:首先,设置可供患者家属休息和临时工作的封闭区域,提供一个与院内主交通流分离的安静活动区域;其次,应该设置可以间接联系ICU病区的探视廊,如外周式探视廊或短边探视廊(表3.8),让病人家属可以观察到患者的情况,并通过廊道窗口上的语音和视频系统进一步与患者进行语音交流。

表3.8　隔离式廊探视空间设计

短边探视廊	外周式探视廊

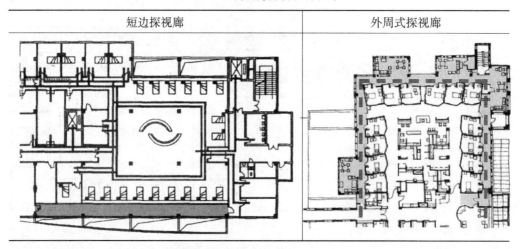

2. 提高手术效率的手术部空间设计

(1)提高操作效率的手术室空间单体交互设计。

医疗活动需要借助一系列医疗器械、医疗备品以及人员服务来实现,空间对医疗功能载体的配合需从这几个方面进行深入探究。以介入手术室设计为例,首先需要了解心脏介入手术的基本过程和需求以及支持要素(图3.32)。

①医学专业人员的空间需求。

医学专业人员包括医生、护士、麻醉师和技师,其对空间的要求包括空间应该具有足够的开间、进深、层高,避免因为空间局促、设备繁杂造成的操作不便和心理压力;医疗器械的位置选择符合手术的操作流程并使用方便;提供合适的照明;空间的温、湿度适宜;有符合控制感染要求的无菌环境;空间的色彩选用应清新淡雅,避免产生视错觉

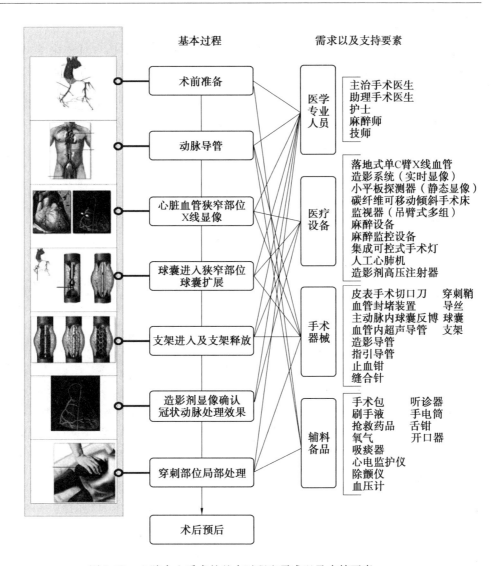

图 3.32 心脏介入手术的基本过程和需求以及支持要素

和造成生理不适;墙、地面材料符合卫生要求。

②医疗设备的空间需求。

医疗设备需求需考虑的因素有:空间净尺寸,包括长、宽、高等;结构系统的承载力;电力供应的稳定性;预留的管线空间和安装接口;同时还应该考虑建筑墙体对 DSA 设备辐射的防护等。

③手术器械的空间需求。

手术专用器械一般用手术器械车装载,需要专门的储藏空间、消毒空间和污洗空间,同时要在手术进行过程中为医护人员提供便于取用的空间位置。

④辅料备品的空间需求。

对于辅料备品的对应空间,要求储备空间充足、取用便利,以保证手术全过程及其可能的突发情况均能得到充足的物料供应。

在设计的过程中确定的方案可以应用虚拟现实的设计交互方法与医护人员进行研讨,从而优化空间设计。图3.33为介入手术室设计空间模式样本。

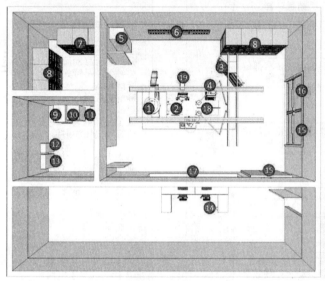 

(a) 介入手术室 Sketch Up 模型　　　　(b) 上海复旦大学附属中山医院介入手术室

图 3.33　介入手术室设计空间模式样本

1.悬吊 C 臂;2.病人床;3.悬吊监视器;4.造影剂高压注射器;5.空调;6.总线;7.导管柜;

8.清洁敷料;9.高压发生器及控制柜;10.主控制柜;11.辅助控制柜;12.电源总开关;

13.地线箱;14.控制室设备;15.X 光警告灯;16.门开关;17.控制室观察窗;

18.手术灯;19.小平板探测仪

基于 Sketch Up 虚拟建模以及 Lumion 实时渲染软件进行仿真的环境营造,通过三维屏幕、立体眼镜等可以实现对于医院建筑空间的虚拟浏览,使交互参与方获得一种身临其境的虚拟仿真视觉感受,从而更全面而接近真实地了解建筑师的设计意图,更好地传达空间的设计意向、达成交流研讨的目的,并在此基础上通过实时调整达到完善设计空间的目标。

在实际项目的应用中,可以根据杂交手术室的方案设计,进行虚拟模型建构,将建好的 Sketch Up 模型导入实时渲染软件 Lumion 中进行模型调试。按照最后确定的室内设计方案调整整个模型的材质、家具排布和室内灯光等,并根据现有的医院人流情况在场景中安排适量的人物配景。在哈尔滨市妇幼保健院的设计中,与甲方和医护人员的沟通设计引入了 Lumion 的实景化交互模式,医护人员对手术空间的大小、色彩搭配的选择、塔式设备的采用、门窗洞口的位置给出了具体的建议,对提高空间的效率起到了积极的作用。图3.34为Lumion软件中的交互模型效果。

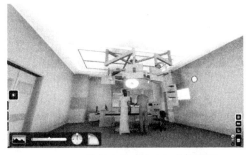

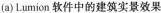

(a) Lumion 软件中的建筑实景效果　　　　　(b) Lumion 软件中的手术空间意向效果

图 3.34　Lumion 软件中的交互模型效果

以杂交手术室空间作为典型空间案例,对整个设计的功能空间进行虚拟重建。包括操作台各种仪器的选位布置等问题,均按照建筑师设想的排布方式进行模拟,随后邀请院方的外科医生进行虚拟浏览。医生根据其工作流程观察整个房间中的设备摆放位置对其医疗程序的服务适应性情况。建筑师根据医生的反馈对空间中的设备位置、房间尺寸,甚至手术台的朝向、光源的位置等细节进行调整。

实验过程邀请了哈尔滨医科大学附属第二医院的妇产科手术医生参与,就手术的操作流程、空间平面布置、监控室的视线设计和手术室的空间设计四个方面进行了交互,交互过程中利用Tobii眼动设备监控了专家关注的空间区域、关注时间和观察顺序(图3.35)。

图 3.35　交互现场

在手术操作流程交互过程中,据医生介绍,心脏介入手术的参与人员比普通妇科手术的参与人员少,一般是主刀医生和两个助理医生还有刷手护士、巡回护士和麻醉师;而妇科手术中会增加一名助理医生,在具体操作上介入手术比普通手术的用时少,操作比较方便,但对术者的技术操作要求更高。从眼动数据显示上可以看出医生对动脉导管、心脏狭窄部位的X线显影和支架释放三个流程的关注程度更高。表3.9为手术操作流程交互的眼动仪追踪结果。

表3.9 手术操作流程交互的眼动仪追踪结果

眼动关注热点示意图	眼动关注顺序示意图

在手术室平面布局的交互过程中,医生反映了两个方面的问题:首先是房间的空间比例问题,在交互模型中设备控制室占了很大的空间比例,感觉不太合理,建议增加手术室的面积,减少监控室的面积;其次是房间医疗设备的布置问题,麻醉器具和生命体征监控设备应该位于患者的头部位置。根据眼动仪的数据显示可以看出,医生对手术床周、控制室座椅区和手术室墙面洞口的关注程度较高。表3.10为手术室平面布局交互的眼动仪追踪结果。

表 3.10 手术室平面布局交互的眼动仪追踪结果

眼动关注热点示意图	眼动关注顺序示意图
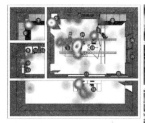	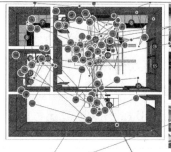
1.悬吊 C 臂；2.病人床；3.悬吊监视器；4.高压注射器；5.空调；6.总线；7.导管车；8.清洗数料；9.高压发生器及控制柜；10.主控制柜；11.辅助控制柜；12.电源总开关；13.地线箱；14.控制室设备；15.X 光警告灯；16.门开关；17.控制室观察窗；18.手术灯；19.平板探测仪	1.悬吊 C 臂；2.病人床；3.悬吊监视器；4.高压注射器；5.空调；6.总线；7.导管车；8.清洗数料；9.高压发生器及控制柜；10.主控制柜；11.辅助控制柜；12.电源总开关；13.地线箱；14.控制室设备；15.X 光警告灯；16.门开关；17.控制室观察窗；18.手术灯；19.平板探测仪

在手术室空间设计交互过程中,医生反映现在感觉地面移动的设备较多,占用地面空间大,应尽量采用悬吊的塔式设备,减少对操作人员的干扰,另外视频辅助显影设备应该在头尾双侧布置,方便位于头尾两侧的手术人员分别观察,而手术常用器械车一般不位于床周,应沿墙一侧布置,器械由助手递给术者,并应增加台面高度,方便人员拿取。此外洁净物品柜的使用频率很高,应靠近手术床布置。从眼动仪的监控数据上可以看出,医生对手术床头以及上肢部位的空间区域关注度最高,其次对视频显示屏和器械台的关注度也较高。表 3.11 为手术室空间设计交互的眼动仪追踪结果。

表 3.11 手术室空间设计交互的眼动仪追踪结果

眼动关注热点示意图	眼动关注顺序示意图
	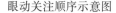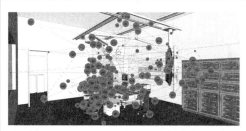

在交互设计的过程中,专家对立体模型的认知接受度明显好于平面设计图纸,能够根据平时的工作经验很好地进行空间匹配,对空间设计中存在的问题给出合理的建议。

通过眼动仪的辅助可以从客观数据上分析得出使用者最为关注的空间区域,从而进行有针对性的优化设计。医学专业与建筑学专业在数字化技术的辅助下可以有效沟通合作,达成建筑空间对医学需求的优化协同。

(2)提高感染控制效率的空间功能布局与流线优化设计。

手术部的空间功能布局形式和流线设计决定了手术部工作人员、患者、洁净物品和污染物的运动路线,如是否会产生流线交叉,哪些区域会因为流线交叉而面临更高的污染风险等。空间句法的相关研究还可以辅助我们判断不同功能布局形式对空间整合度和各部分空间深度的影响。利用空间句法的设计研究方法,对四种典型的手术部平面布局形式进行空间组织模型抽象建模,并对各部分功能进行空间深度分析作为优化手术部空间功能布局的基础。

①中央供应型。

中央供应型手术部平面空间核心部分设置为洁净廊和洁净物品的传输通道。手术医生和工作人员通过外周清洁廊和前室过渡进入洁净廊后进入各级手术室,术后从外周清洁廊返回更衣室,污染物品也由外周清洁廊运输至污物梯。在这种平面布局形式中洁净物品流线与医护人员流线存在交叉,清洁廊中术前患者流线、术后污染物品流线和术后医护人员流线存在交叉,流线交叉程度较高。从空间总深度分析结果看,手术室(OR)的空间总深度数值为149,在四种类型中,与外周供应型深度数值相等,空间可达性较低。图3.36为中央供应型平面功能模型与空间总深度分析。

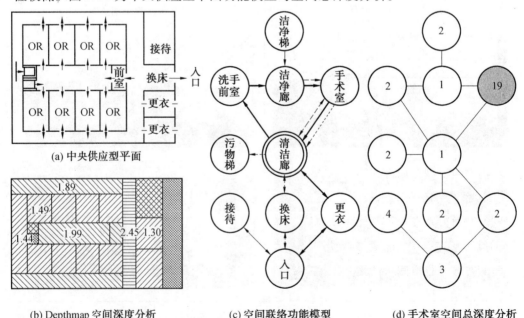

(a) 中央供应型平面

(b) Depthmap 空间深度分析

(c) 空间联络功能模型

(d) 手术室空间总深度分析

图3.36　中央供应型平面功能模型与空间总深度分析

②外周供应型。

外周供应型空间的组织形式模型与中央供应型一致,手术室的空间总深度数值与中央供应型相同,但是由于规定的医疗流程的不同,流线交叉的情况与空间总深度整体情况存在一定的差异。在外周供应型布局中,术前医护人员不再进入洁净廊,而由清洁廊进入手术室,改善了术前医护人员与洁净物品的流线交叉。外周供应型洁净廊的空间可达性数值最低,术前洁净物品流线的独立性最高,但是手术前后的医护人员和患者流线均与污染物品流线存在交叉,加大了术前人员流线与术后污染物品的交叉感染风险,清洁廊的感控风险为四种布局中最高的。图 3.37 为外周供应型平面功能模型与空间总深度分析。

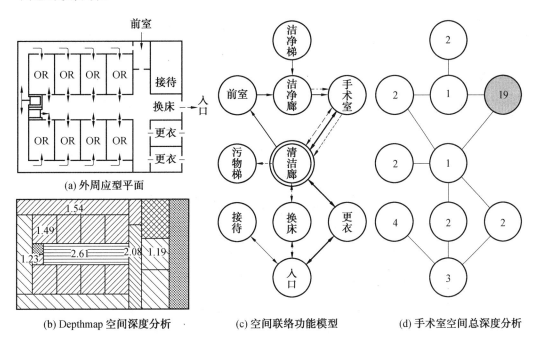

(a) 外周应型平面

(b) Depthmap 空间深度分析　　　(c) 空间联络功能模型　　　(d) 手术室空间总深度分析

图 3.37　外周供应型平面功能模型与空间总深度分析

③污物回收型。

污物回收型布局方式将污染物品流线独立出来,避免了其与手术前后医护人员和洁净物品流线的交叉,通过中部核心洁净廊完成洁净物品的传送和手术前后医护人员和患者的通行。在这种平面布局方式中,洁净廊的流线交叉增加,应主要控制术前洁净物品和术后医护人员以及患者的流线交叉。此类型中手术室的空间总深度值为 17,较前两种布局方式空间可达性有所提高。图 3.38 为污物回收型平面功能模型与空间总深度分析。

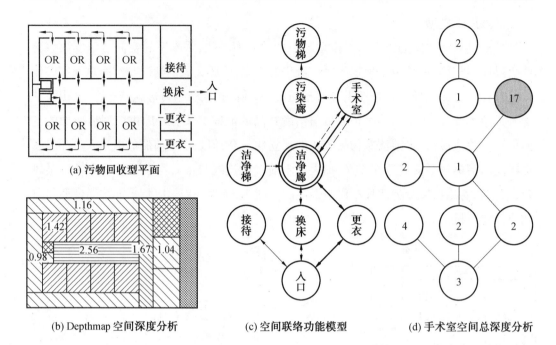

(a) 污物回收型平面

(b) Depthmap 空间深度分析　　　(c) 空间联络功能模型　　　(d) 手术室空间总深度分析

图 3.38　污物回收型平面功能模型与空间总深度分析

④直线通过型。

直线通过型平面布局将术前和术后的人员流线进行了分离。其中术前医护人员、术前患者和洁净物品共用洁净廊,术后医护人员、术后患者和术后污染物品共用清洁廊。污物电梯和人员出口方向相反,减少了运动路径一致造成的交叉风险,手术部空间深度值为17,与污物回收型数值相同,可达性较高。此外由于空间组织形式的变化空间整体可达性都有所提高。图3.39为直线通过型平面功能模型与空间总深度分析。

直线通过型平面布局中手术室、洁净廊、换床厅、更衣室、接待室和入口的可达性都是四种类型中最高的,通过合理的细部设计可以让空间的运转效率达到最高;污物回收型平面布局方式中污物梯可达性最低,污染物流线的独立性最高,但手术室、入口、更衣室、清洁廊可达性为四种类型中最低的,空间的整体可达性水平为四种类型中最低的;外周供应型平面布局中洁净梯与洁净廊的可达性最低,但同时清洁廊和污物梯的可达性最高,在提高术前洁净物品洁净度的同时提高了人员与术后污染物品的交叉风险,空间布局有利有弊;中央供应型平面布局中洗手前室的可达性最高,其他空间的可达性表现较为平均,流线独立性程度和交叉风险水平在四种类型中表现不突出。

综上所述,在手术部错综复杂的流线中,有六个最主要的流线,按照其清洁程度从洁净到污染的顺序排序分别为:①术前洁净物品流线;②术前医护人员流线;③术前患者流线;④术后医护人员流线;⑤术后患者流线;⑥术后污染物品流线。由于水平层空间的入口方向性限制,这几部分流线必须合并在两个不同方向的空间走廊中。如何选

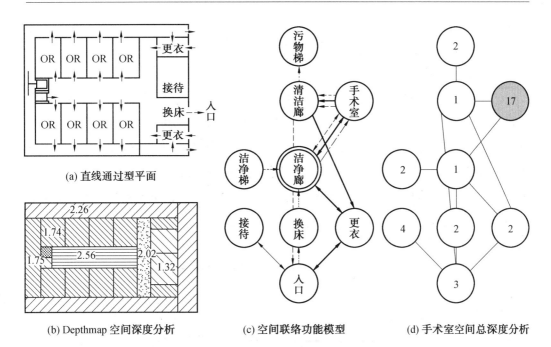

(a) 直线通过型平面

(b) Depthmap 空间深度分析

(c) 空间联络功能模型

(d) 手术室空间总深度分析

图 3.39　直线通过型平面功能模型与空间总深度分析

择合并这些流线是控制感染风险的重中之重。合并的原则应该是尽量减少合并流线的洁净级跨度,并控制每个走廊的流线数量。按照这一思路重新梳理四种空间布局的类型,可以发现中央供应型平面划分方式为:①②/③④⑤⑥;外周供应型划分方式为:①/②③④⑤⑥;污物回收型划分方式为:①②③④⑤/⑥;直线通过型划分方式为:①②③/④⑤⑥。按照减少跨级合并和减少混合数量的原则,可以看出直线通过型的流线划分方式最为合理。同时由于直线通过型的空间可达性水平最高,因此可选取此种类型为空间的基本组织模式,进行下一步的空间复合性优化设计。

　　空间功能布局方式和流线确定后,可以通过流线运行的时间性分离减少合并流线中不同清洁度流线的交叉风险。术前和术后的操作流程应给予严格的时间规定。首先应先进行洁净物品的供应,供应完毕后洁净物品被置于手术室的洁净柜中封闭起来。这一步结束后可以安排手术医生和其他工作人员进入手术室,这时洁净廊的清洁水平降低,然后安排术后患者进入手术室,此时洁净廊应对手术室封闭,再进行下一时段洁净物品供应的空气净化处理。手术进行过程中标本的运输应通过清洁廊进行,手术结束后患者先退出手术室,手术医生再退出手术室,然后其他相关工作人员对污染物品进行打包处理和就地封装。当所有人员退出清洁廊后,对污染物品进行集中运输并在运输后对洁净廊进行空气净化处理。随着手术部的规模不断扩大,手术室的数量增加、类型复杂化,手术时间差异也越来越大,流线的分时处理难度也在不断加大。因此要求手术部加大其自身洁净物品的储备量和设置相应的污染物处理和封装存放的相应空间来适应这种变化。

（3）提高分时效率的空间复合性设计。

①过渡性的前室空间。

术前医生从入口进入独立的更衣间，更衣换鞋，穿无菌衣后，进入无菌廊，刷手消毒后进入手术室。在这个过程中更衣换鞋的流程在入口附近的更衣间完成，刷手消毒和穿无菌衣的流程在洁净廊内完成。刷手空间是术前医护人员的必经空间，其空间设置的形式和位置都将影响术前医护人员的流线。考虑手术的分时处理，采用共用前室式刷手空间可以减少刷手空间到手术室的距离。就近完成刷手消毒流程有助于减少手术前后的人流交叉，保障术前人员的手卫生洁净度。表 3.12 为刷手空间设置模式比较分析表。

表 3.12　刷手空间设置模式比较分析表

走廊式刷手空间	共用前室式刷手空间	独立式刷手间	过厅式刷手间
刷手空间位于走廊中部位置，手术室共用，利用率高，但人员需要在手术室与刷手池侧往返，可能打断中部的交通流线	两个手术室共用一个刷手空间，较走廊式刷手空间利用率下降，但是刷手空间独立性提高，人员移动距离减小，避免干扰走廊中部交通流线	每个手术室设置独立刷手间，利用率较低，空间独立性最高，对中部走廊的干扰最小，但占用空间较大，可能影响手术室的平面布置	在洁净廊入口处设置过厅式刷手空间，利用率高，对洁净廊的交通影响小，但是刷手后经过的路径较长，不利于感染控制

②麻醉准备空间。

术前患者进入手术室前要经过换床和麻醉两个流程。其中换床在手术部入口的换床厅完成，该区域独立于手术部的洁净廊和清洁廊之外，对分时效率的影响较小。麻醉流程在手术部核心区域完成，根据操作流程的不同可分为通过式麻醉间、独立麻醉间和手术室内麻醉三种形式。手术室内麻醉减少了麻醉人员与手术医护人员的沟通距离，可以提高手术的术前准备效率。表 3.13 为麻醉空间设置模式比较分析表。

表 3.13　麻醉空间设置模式比较分析表

通过式麻醉间	独立麻醉间	手术室内麻醉
麻醉间独立于手术室就近布置,麻醉师的工作空间独立性高,但占用空间面积较大,沟通效率较低	麻醉间独立于手术室外侧,通过洁净廊与手术室联系,麻醉间的利用率最高,但患者存在交叉感染风险,麻醉师与手术医生的沟通效率最低	在手术室内进行麻醉准备工作,空间利用率最高,沟通效率最高,但空间独立性较低,对工作人员的干扰较大

③无菌物品储备空间。

我国医院手术量一直呈现逐年增长的趋势。据相关数据统计,三甲医院手术室的日均手术量均达到 3 台以上,如北京大学第三医院手术间日均手术量为 5.8 例。随着手术部精细化管理体系的不断完善,提高手术室的日周转率、减少患者的排队等待时间、保障首台的开台时间等一系列措施都让手术室的日均手术量进一步增加。随着日均手术量的增加,无菌物品的需求量也会相应增加。每日每台手术需要的无菌物品应该在首台手术开台前备存在手术室内,减少术中无菌供应室到无菌手术室的洁净物品供应次数,避免可能发生的无菌物品流线与术前医患流线的交叉。提高术中无菌物品的储备量,需相应增加储存空间。适当增加手术室无菌柜摆放一侧的空间宽度,物品分区,单独设置每个分区物品的开启窗口,以上做法有利于保障无菌物品的分区洁净度。当采用穿越式无菌窗口设计时还应适当增加无菌廊的宽度,供应期间传递窗口的操作人员与洁净人流保持适当的距离。

④污染物品处理空间。

术后,需对污染物品进行及时的打包处理和分装消毒,以提高术后污染流线的隔离度。在直线通过型平面布局中由于术后患者和医护人员与术后污染物品共用清洁廊,因此对污染物品的就地处理就显得更为重要。为了保障清洁廊的洁净度,需要设置与手术室连通的污物打包和洗消空间,对一次性术后物品和污物进行打包封存,对术后器械进行简单的清洗消毒。当手术部的面积充裕时,还可以设置独立于中心消毒供应部的手术消毒供应室,将术后物品打包封存后就近运送至手术消毒供应室进行集中处理。表 3.14 为污染物品处理空间设置模式比较分析表。

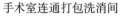

表 3.14　污染物品处理空间设置模式比较分析表

手术室连通打包洗消间	手术部独立消毒供应室
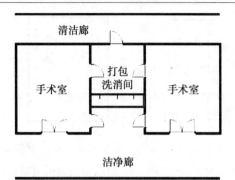	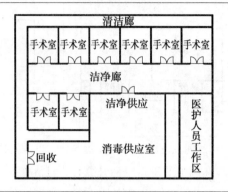
两个手术室共用一个打包洗消间,污物与术后器械处理的距离最短,可以较好地控制清洁廊的洁净程度,但占用面积较大,空间利用率下降	在手术部设置独立的消毒供应室,通过清洁廊回收术后器械,在污物回收处进行污物的封装,通过洁净廊供应消毒后的器械,做到了就近处理,但污物和术后器械处理的流线相对较长,对清洁廊的洁净度有一定影响

3. 提高供应效率的物流组织空间设计

（1）提高空间利用效率的物流组织模式设计。

手术部需要医院其他相关部门的支持来完成本身功能的运转。这些相关部门中与手术部存在密切关系的主要有:检验科、静脉药物配置中心、药房、中心供应室、病理科、重症监护和太平间。这些部门与手术部之间的物流组织方式的选择,决定了这些相关科室在医院中的空间布局、联系方式和空间尺度。合理地设计手术部与物流供应部门之间的物流组织模式,可以很大程度上节约人力成本、减少空间浪费、提高空间的利用效率。发达国家的医院十分重视物流管理。一项法国和美国的联合抽样调查显示,在美国有98.6%的医院设立"物流部"或"物流管理部",在法国这个比例也有31.4%。我国综合医院建设较早,现有医院的发展受到空间的限制,采用先进的物流组织方式可以进一步优化现有医院的空间格局,提高手术部的运行效率。决定手术部与相关部门的物流组织模式的因素有很多,根据具体联系内容,联系的急切度、频度,联系的时间差异,洁污分流,可以采用的人流、物流联系方式和可能的物流形式等综合考虑,可以针对手术部对应其他部门的联系方式进行最优化的选择,如表3.15为手术部与其他科室的物流关联性分析。

表 3.15　手术部与其他科室的物流关联性分析

手术部	检验科	静脉药物配置中心	药房	中心消毒供应部	血库	病理科	太平间
联系内容	运送血液、体液、尿液、粪便等检验样本和检验报告	袋装、瓶装的静脉输液	西药、中成药等药品	医用材料及敷料、一次性无菌用品、小型手术包、小型治疗器械包等	血液制品	病理检验样本、检验报告	尸体
急切度 ○●◎（低高中）	○	◎	◎	◎	●	●	○
频度 ○●◎（低高中）	○	●	●	●	●	●	◎
术前	√	√	√	√	√		
术中					√	√	
术后							√
洁净流线	√	√	√	√	√		
污染流线	√		√	√		√	
物流传输	√	√	√	√	√	√	
人流转运		√		√			√
传输物品尺度	小	中	中	大	小	小	大
传输方式	轨道/气动	轨道/电梯	轨道/气动	轨道/电梯	轨道/气动	轨道/气动	电梯

　　综合上表的分析结果,检验科、药房、血库和病理科传送到手术部的物品体积较小,适合采用气动物流传输方式,其中血库和病理科与手术部的联系急切度最高,最适合采用气动物流传输方式,一般设置单轨工作站(2 车位)就可以满足传输量的需求。另外,血库的面积相对较小,条件允许的情况下尽量与手术部同层设置,并建立相应的传输窗口,效率最高。如果药房和检验科也采用气动物流传输系统则需要设置双轨工作站(5车位)才能满足传输量的需求。中心供应室与手术部的物流联系密切,相关研究数据分析显示,中心供应室输出的洁净物品大约有 50% 供手术部使用,可见手术部与中心供应室的物流联系量较大,如果采用气动物流传输方式,可以保证传输速度但是单次运送量太小、操作烦琐、接受频率太高等都会降低物流的运输效率,增加工作人员的工作

强度。轨道运输虽然可以扩大一定的传输量,但是也比较有限,针对这一情况,中心供应室和手术部之间还是选择电梯或人力推车的转运方式效率最高,而且污染物品与洁净物品需要分流,手术部与中心供应室需要设置洁净电梯和污物电梯两个垂直通道,进行物流联系。静脉药物配置中心的传输物品为流体,气动传输过程中可能发生外泄,而且气动物流传输的运载量小,很难满足使用需求,因此可以采用轨道物流传输,降低传输速度、减少运输过程中的潜在风险、增加运载量、减少传送次数。太平间与手术部的联系一般采用电梯直接联系,用人力推送。手术部与相关部门的物流联系组织模式如图 3.40 所示。

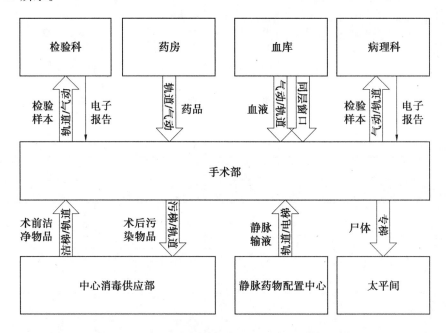

图 3.40　手术部与相关部门的物流联系组织模式图

(2)提高垂直转运效率的科室垂直对应设计。

科室的垂直对位对于通过垂直货梯和电梯联系的部门来说尤为重要。非全部对位和完全不对位的设计势必会运用水平转运的廊道进行物流运输,增加水平推送距离;同时由于洁净物品与污染物品的流线都不能和医院的公共交通流线交叉,因此很可能造成平层的交通流线设计困难。对于气动和轨道运输方式来说,由于中间转运的过程相对封闭(利用的是建筑的棚顶空间),不影响人员流线,受位置对应关系的影响相对较小。但是不对位的设计也会增加空间中的转折点,由于转折缓冲等因素的影响也会降低系统的运行效率。

通过前文的分析可知,在所有的供应部门中最适合采用垂直货梯和电梯联系的部门为中心消毒供应部和太平间。太平间一般位于医院建筑的地下层,公共交通流线较少,可以根据具体情况适当增加水平转运通道,受限较小。中心消毒供应部与手术部的垂直对应设计尤为重要。由于中心消毒供应部有通风的要求,而且内部设备的自重较大,因此经常设置于医院建筑的一层或有通风条件的地下一层。图 3.41 为手术部与中心消毒供应部的垂直联系模式。根据动线的要求可知,这两个部门的垂直对应有洁污双向要求。目前较为常用的手术部平面布局洁净廊位于中部,污染廊一般位于手术部核心区域外周。当垂直传输无法对位时,应首先考虑在手术部外周延长污染廊与下层空间对位;而为了避免洁净廊切断外周污染物收集流线,应首先考虑在中心消毒供应层平面延长洁净廊至垂直对应的手术部洁净廊区域。根据不同情况,有五种手术部与中心消毒供应部的垂直对应布局方式,具体见表 3.16。

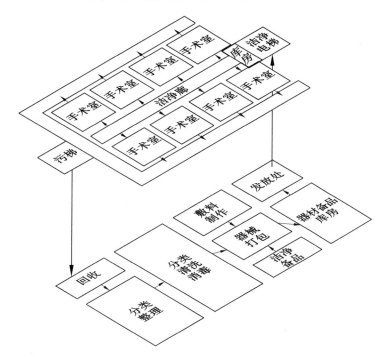

图 3.41　手术部与中心消毒供应部的垂直联系模式图

表 3.16 手术部与中心消毒供应部的垂直对应布局方式分析

位置对应	通道		竖向示意图	综合评价
	洁梯	污梯		
●	●	●		洁污通道完全对应,效率最高
◎	◎	●		污物流线对应,洁净流线需要在手术部延长洁净廊,效率较高
◎	○	●		污物流线对应,洁净流线需要在底层延长洁净廊(可能造成布局困难),效率较高
○	◎	○		洁净流线手术部平面有所延长,污染流线手术部平面外周延伸,效率一般
○	○	○		洁净流线底层平面有所延长(可能造成布局困难),污染流线手术部平面外周延伸,效率最低

注:●完全对应;◎不完全对应;○不对应

（3）提高物流交接效率的穿越式窗口设计。

采用穿越式窗口设计旨在减少物流传递过程中洁净区域的人员及物品与准洁净或非洁净区域的人员或物品的接触，减少不同清洁环境中的空气流动，保证洁净区域的环境稳定，提高物品传输的质量和准确性，进而提高物流交接的效率。穿越式窗口设计的具体内容包括穿越式无菌柜、穿越式样本传递窗口和样本物流传输通道。图 3.42 为穿越式窗口设计模式。

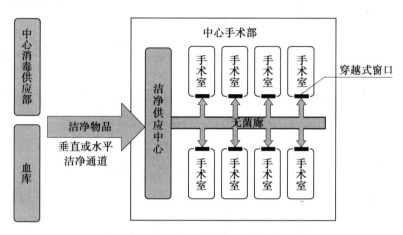

图 3.42　穿越式窗口设计模式

穿越式无菌柜的位置应该位于手术部的无菌廊，一面向无菌廊开启，一面直接开向手术室内部。工作人员可以在手术室外侧，将消毒过的无菌敷料和其他手术器械包放置在穿越式无菌柜内。穿越式无菌柜需采用单侧开启模式，避免空气对流。在一侧柜门关闭后穿越式无菌柜可自动开启消毒功能，对进入柜中的空气进行杀菌消毒处理。

穿越式样本传递窗口应位于洁净廊一侧，采用单侧开启模式。洁净廊一侧的样本接收人员可以通过传递窗口在手术过程中接收样本，并通过手术部与中心检验和病理科的样本传输通道转运病理样本。血库和中心手术部同层布置时也可以设置穿越式样本传递窗口传递血液制品。在传递中两侧空间的洁净程度差异不大且传递物品的频率较高时，可采用平开或推拉式窗口传递，增加传递效率。

4. 提高病程监控效率的空间界面设计

（1）提高空间可变性的医疗设备组织设计。

①手术室与 ICU 的医疗设备组织设计。

手术室与 ICU 的医疗设备需要在不影响医护人员对患者的观察和处置等医疗操作的情况下，保持自身的信息自明性。在手术室与 ICU 中，由于患者的生理情况可能发生较大变化，因此医学处置过程复杂，观察的频率高且持续时间长。这就需要监控设备尽可能地少占用地面操作空间，并具有一定的可变性，方便移动到适合的位置以提高其在医学处置和观察的过程中的便利性。

目前,我国新建医院的手术室已经普遍采用灯床塔的设备组合模式。其中"塔"式设备集成了医用电源、气体、监控等多种功能,采用悬吊的设备设计方法,在一定的空间范围内具有位置和角度的可变性,可以根据操作人员的需求移动到适当的空间位置。这种模式大大减少了原有地面移动式推车设备造成的空间局促和地面布线造成的人员移动不便。设备和导线的空间整合降低了空间的混乱度,信息竖向集成的方式也为信息的采集提供了便利。采用塔式的设备集成是提高信息采集效率和医疗操作效率的重要方法。表3.17为手术室监控设备集成方式比较。

表3.17　手术室监控设备集成方式比较

塔式设备集成	地面移动式推车设备集成
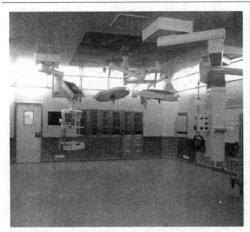	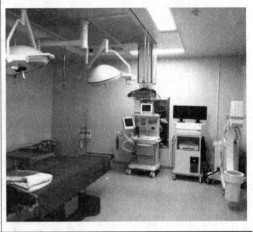

在ICU的空间设计中,护理人员的观察位置一般位于病床床尾方向。采用每床设置专门的护理人员或集中护理的分床负责制两种形式。对于比较特殊的ICU单元,如NICU还常常在每个护理单元内设置单独的护理人员工作站。ICU中的监控设备组织采用地面可移动集成和悬吊集成两种方式。地面可移动集成位于病床一侧。由于每床都配备一套单独的设备,因此位置相对比较固定。国外的单元式ICU和国内少数的ICU病房常采用吊顶集成的吊塔式监控设备组织方式,设备在一定范围内具有可移动性,不占用地面的操作空间。由于提高了监控屏幕的设备高度,因此其在较大的空间范围具有可视性,满足了远距离的观察要求。监控屏幕的可视性可以减少护理人员在集中护理站和每床护理站之间移动的频率,进而减少由于往返造成的工作疲劳。与地面可移动集线相比,悬吊集成的吊塔式监控设备具有明显优势。

综上所述,合理利用竖向空间,采用塔式设备集成、提高信息显示屏的高度、释放地面的操作空间是手术室和ICU应该采用的监控设备设计方法。

②普通病房内的监控设备设计。

与手术室和ICU中相对全面的设备设置不同,普通病房内更倾向于设置对一种特定疾病具有标志性的指标的监控。因此,由于科室差异和患者个体差异,不同普通病房的设备设置也存在一定的差异性。比如对呼吸科来说,由于肿瘤进行肺部切除的患者在术后常需要监控心电和呼吸指标来观察肺部的恢复情况,因此普通病房中一般根据具体监控的指标需求设置监控设备,一般不做固定设置,而是预留相应的空间和承重隔板用于设备的放置。在空间选择上,设备可选的位置一般有床侧和床头上方两种。因为住院患者经常需要调整病床形态以满足不同治疗、日常活动的需求,床板的起落变化常常造成床头上方位置的空间遮挡,所以不建议在床头上方设置观察设备。设置在床侧的设备应在满足视线观察的情况下尽量提高高度。这是由于床侧一般设置有床头储物柜,需要预留储物柜台面作为临时存储空间和护理操作台面。

(2)提高病程监控效率的空间视线组织设计。

①提高空间视线的直接性联系。

视线的直接性联系设计的目的是让医护人员在不离开自己工作区域的情况下更便捷地观察患者当下的状态。这一层面主要针对 ICU 等需要长时间观察患者的医疗空间,采用的方法是合理安排床位与护士站之间的位置关系,减少视线的转折和中途的遮挡,建立患者床位头部区域与医护人员工作区的视线联系。ICU 的主要布局方式分为环绕式、U 型三面式、两面式、单面式和独立单元式几种,如图 3.43 所示。在环绕式和 U 型三面式布局方式中,患者床位与医护人员的视线连线呈现发散式布局,视线距离均等,但是观察转角较大;在两面式布局方式中,需要双侧设置观察人员,虽然视线距离短、观察转角小,但是需要的人员较多,人员安排不够灵活;单面式布局方式中,靠近护士站的床位观察距离短,具有更好的视线联系性,适用于规模较小的 ICU;在独立单元式布局方式中需要加设分护理站,分护理站中的医护人员可以观察 2—3 个病床的情况,每个分护理站与总护理站之间有直接联系,这种方式需要的医护人员数量较多。综上所述,环绕式和 U 型三面式的布局方式均有直接和较为平均的视线联系,可以很好地实现病程监控的视线直接性联系要求。

②保障空间视线的均好性。

视线均好性设计的目的是让医护人员在工作和巡房的过程中可以较好地观察护理单元内所有病房病人的情况,主要适用于住院部的护理单元空间。监控最直接的方式就是用眼睛观察,护理单元中病房可视性与患者跌倒关系的研究表明,增加床位的可视性有利于医护人员更好地监控患者的情况,减少患者摔倒的概率。

增加视线均好性采用的方法有三个:其一,加强病房内的床头位置与走廊视线的直接联系;其二,合理布置护士站和医生办公室等医护人员的工作空间,使其接近整个护理单元的几何中心,减少巡回距离;其三,尽量增加可以直接与护士站联系的房间数量,减少需要巡回查房的病房数量。

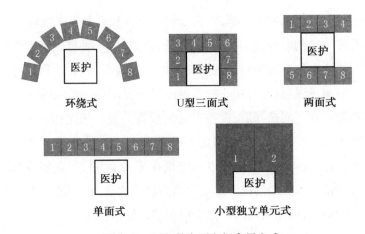

图 3.43　ICU 的主要空间布局方式

　　在加强走廊与病房内床头位置的视线联系方面,可以加大房间的开口尺寸,减少房间玄关的进深。使用靠窗的卫生间设计可以很好地加大走廊与病房的视线联系,图 3.44 为卫生间布局对病房可视性的影响分析。此外,合理设置病房的开间和床位的排布方式也有利于增加视线联系。

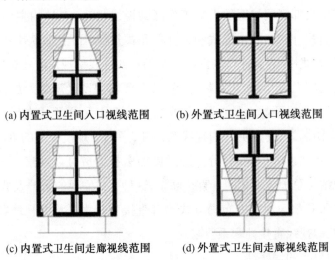

图 3.44　卫生间布局对病房可视性的影响分析

　　在合理设置医护人员工作区方面,采用环绕式病房布置或加大护士站的水平向延展面均有助于减少巡回距离。不同空间布局方式对病房可视性也造成影响。利用 Depthmap 所进行的空间可视性分析表明,不同空间布局的空间可视性差异较大,空间可视性最高的为 U 型布置的护理单元,其次为弧形布置,L 型布置要略优于单侧布置。

　　在增加房间与护士站的视线联系方面,利用空间转角设置护士站和采用圆弧形布局的护理单元有助于增加可直接联系护士站的房间数量。

3.4　效率主题(三):医院建筑与治疗康复效率

治疗康复阶段是整个医疗救治过程的收尾。康复阶段的高效,意味着缩短康复时间、提升康复质量。康复阶段的高效对患者来说,能够使其尽快告别疾病,恢复正常生活;对医院来说,能够降低住院环境的人员密度和医护人员的工作负担。治疗康复是最能够体现医院人文关怀与服务质量的阶段。康复效率的优化在于对患者提供身心支持,为医护人员的服务提供便利条件,并为患者的家庭陪护提供可能。后文中将对为此目标提供建筑空间的应对策略进行阐述。

3.4.1　治疗康复阶段的特征解析

1.治疗康复的内容组成

在治疗康复阶段,患者需要接受医护人员的指导,积极配合各种常规康复治疗,调整营养摄入和心理状态,逐步使生理指标、生理功能和心理状态恢复到病前的常态。治疗康复阶段医护人员的工作重点从对疾病的关注转向对病人自身健康状态的关注,通过一系列生理调整和心理疏导的干预来使患者的身心调整到最佳状态。陪护和探视人员也积极参与到患者治疗康复的过程中,辅助其进餐、如厕、适量运动等,促进其生理功能的恢复和心理状态的恢复。

患者的康复过程受到多方面因素的影响和制约。宏观上国家康复医疗体制的建设和康复医学自身的发展是影响患者康复的深层原因;中观上患者康复又受到医院环境建设和医护人员康复治疗水平的限制;微观上患者的状态和医护人员的状态也是影响患者康复的重要因素。其中医院环境建设影响医护人员状态、患者状态和陪护人员支持,进而对整个患者康复的系统产生影响。图3.45为患者康复阶段内容与影响因素分析鱼骨图。

2.治疗康复的典型过程

在治疗康复阶段,患者要经历三个互相交织且相互影响的典型过程,分别是:生理指标的正常化过程、生理功能的重建过程、心理与社会关系的恢复过程。在这三个相辅相成的过程中,患者最终达到身心的全面康复状态。

在生理指标的正常化过程中,患者表观可以测量的生理数据恢复到一个可以参照的正常范围内,包括体温、心率、血压、血氧等。这种指标的恢复可能是全面的也可能是局部的。一个原本体质正常的人一般可以全面恢复其生理指标;而一个原本就患有高血压、糖尿病的人其指标的恢复也只限于其病前的常态值。

在生理功能的重建过程中,患者从依赖他人完成衣食住行等基本生活的状态逐渐

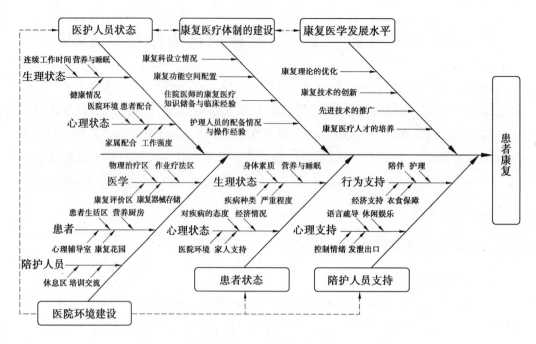

图 3.45　患者康复阶段内容与影响因素分析鱼骨图

恢复,从原来卧床不起的病患逐渐变为拥有活力和积极心态的生活参与者,可以尝试自己穿衣、拿起水杯饮水、拿起勺子进餐,可以自己下床站立,并慢慢地挪步到卫生间,可以自己洗漱,可以进行可能的室外活动,如晒太阳、漫步等。这一过程需要一定的时间,患者生理功能慢慢恢复正常,重拾自己原本熟悉的生活,逐步掌握各项生活技能。

　　在心理与社会关系恢复的过程中,患者从疾病的孤立状态中逐渐恢复,积极参与到家庭生活和社会生活中,通过与人交谈了解自己身边发生的新鲜事,通过浏览报纸新闻、网络信息了解最近发生的大事小情。总而言之,患者的情绪从疾病带来的痛苦中逐渐解脱,逐渐把注意力从关注自身的病痛引向外部,重新感觉到了自己对外部世界的掌控能力,重拾生活的美好。

3.4.2　基于系统自主协同的治疗康复空间效率优化作用机制

1. 系统自主协同目标

　　治疗康复环境建设的首要目标是提升对患者行为、心理的支持,因为在患者康复的过程中,其自身状态会受到康复空间环境的影响。图 3.46 为患者康复需求解析图。提升对患者行为的支持,可以尽量减少患者日常活动所带来的疼痛感和不便感,促进患者进行必要的运动,减少移动过程中摔倒等其他意外发生的概率,辅助患者尽快恢复生理功能;提升对患者的心理支持,可以让患者更好地疏导负面情绪,感受到别人对自己的关爱,通过与人交往建立战胜疾病的积极心态。在康复过程中,患者的生理和心理状态受到许多客观因素的影响,包括人为因素、社会因素、经济因素、环境因素等。因为除了环境因素外其他因素的影响不在建筑学的研究范畴内,所以研究的重点在于将患者康复的需求与具体的空间影响因子进行连接。在提升患者的行为支持方面可以通过卫生间的位置的合理设置减少患者的移动距离、通过设置床与轮椅的衔接细部减少移动过程中的风险,通过合理安排照明减少炫光对患者的视觉刺激等;在提升患者的心理支持方面,可以加强对患者隐私的保护、可以创造利于康复的景观环境以促进患者的户外活动和交往等。

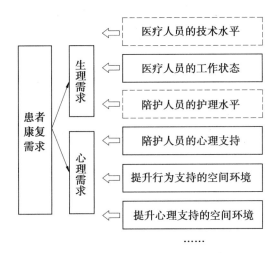

图 3.46　患者康复需求解析图

因为患者康复还与相关的医护人员的服务状态和陪护人员的支持状态有着密切的关系,所以提升医护人员的服务深度是空间环境建设的另一个目标。提升服务深度有三个方面的内涵:增加服务的开放性和主动性,增加服务的便捷性和智能化,增加服务的专业化和个性化。首先,医护人员应该对患者保持开放和主动的服务态度,积极地参与到患者康复的过程中,这不仅有助于其在患者需要的时候给予适当的医学指导,同时也会建立患者对医护人员的信任,从而促进康复的进展。其次,服务的便捷性和智能化也有助于医疗服务的开展,便捷智能的环境和设施设计可以减少医护人员因为高强度工作产生的疲劳感,减少因为过劳而导致的医疗失误的发生。智能化的设施还有助于患者信息的管理和医务工作者工作效率的提升。最后是增加服务的专业化和个性化。专业化体现在针对不同患者群体能够给予与之相应的康复治疗方法,从普通患者到重症失能患者,通过专业康复科室的建立健全,提升医院的康复服务专业能力。个性化体现在患者的康复环境不局限于病房,他可以在不同的公共空间中无障碍地活动,如可以选择私密的空间与医护人员交流、可以选择具有康复效果的室外景观环境进行户外运动等多样化的活动。提升服务的深度,可以让医学专业人员和陪护人员以积极的心态高效地开展多样化的服务内容,建立医患之间的良性互动关系。

2. 自主协同目标与空间环境的理性连接

康复阶段的患者心理感受与空间环境支持要素之间有着密切的关系,反映在患者获得的空间支持要素越多,其心理感受越好。但是受到经济和资源等一系列因素的影响,这种空间环境支持要素对心理康复的支持不可能无限制地增加。为了提高患者的康复效率,可以从如下几个角度形成优化对策。

①空间环境对患者康复的作用机制。

首先应该了解空间环境对患者康复有哪些积极的影响,根据患者康复阶段的心理需求的层次划分,对空间影响因子和这些需求的联系进行分析,找到空间环境对患者康复的作用机制。

②影响患者康复的建筑空间环境要素提取。

根据作用机制的指导,在康复阶段涉及的具体空间中对影响患者康复的空间环境要素进行提取。提取要素的来源有:首先是来源于对既有医院康复空间的调研与梳理,其次是来源于发达国家的康复空间环境建设经验,再次是来源于康复空间建设的相关理论研究。

③空间环境要素的重要性评价。

对提取的空间环境要素进行由医务工作者、患者和陪护人员共同参与的三方评价,通过重要性打分对空间环境要素影响力的大小进行分级,得出空间环境要素对康复心理影响的客观评价排序。

通过以上三个方面的研究,了解患者在康复阶段的客观需求与环境可能对患者产生的积极影响。在上述调查研究的基础上可以进一步建立针对康复阶段的空间效率优化对策:首先需要建立针对不同需求人群的空间支持系统,即建筑空间分级建构,根据现有医院环境建设的具体情况比对康复空间环境要素的客观评价排序集合,得到目前稀缺的空间环境要素,同时按照作用机制的影响类型将得到的空间环境要素进行分级,最终得到康复阶段空间的分级建构体系。具体设计对策包括三个方面。

①人性化病房设计。

对患者的行为支持设计主要包括满足患者生理需求的独立化设计、提升患者主动控制的智能化设计、保障患者生命安全的控制性设计。对患者的心理支持设计对策包括保障患者私隐的空间影响因子支持设计、提升社会交往的公共空间建构设计、完善生活支持的空间影响因子设计。以上六个方面的设计对策形成对患者康复阶段身心需求的全面支持。

②友好型医护单元设计。

对医护人员服务便捷性的支持设计包括医疗空间的层级化、医疗服务设施的配套化和医疗服务器械的智能化设计,这样保证了医疗服务人员在空间中的交通效率最高,服务设施从各方面支持可能发生的医疗服务,并通过智能化使得医护人员对医疗服务的控制更加得心应手;专业性支持设计方面,通过设置针对患者康复的机能恢复空间和针对患者康复的阶段评定空间来完善康复阶段的医疗功能,打造专业的康复花园让患者的康复环境更加多样化,使得针对患者康复的医疗服务更加专业。

③可变的陪护空间设计。

针对陪护人员的空间设计策略主要包括空间的功能设置、空间的功能转换和可变的室内设施设计,通过这三个方面的设计,减少陪护人员在护理过程中的劳动强度,并通过对其生活需求的支持和交往空间的创造减少其陪护过程中的疲劳感和心理压力,从生理和心理两个方面提升陪护人员对患者康复的支持,提升患者的康复效率。

3. 治疗康复阶段的系统自主协同机制模型

在治疗康复阶段,医学专业通过对患者安全、营养摄入、病程预后的告知、护理以及必要的心理疏导,达成对病程的干预作用,其具体的作用产生在患者的生理和心理两个方面,建筑学专业在这一过程中要创造人性、积极、可变的环境来满足医患的行为需求。图 3.47 为治疗康复阶段系统自主协同机制模型图解。

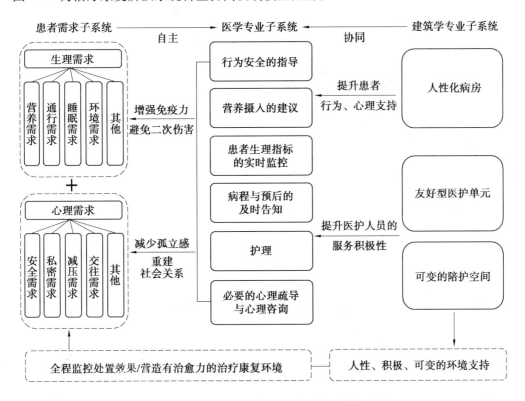

图 3.47　治疗康复阶段系统自主协同机制模型图解

　　空间影响因子提取大部分来源于发达国家的康复阶段医院建筑空间设计标准,如由美国设施指南研究所(FGI)颁布的《2010 版医疗设施设计和建造指南》(*Guidelines for Design and Construction of Healthcare Facilities*),少量来源于康复空间的理论研究资料,其中主要包括:大连理工大学郑明的《康复病房建筑空间的人性化设计与研究》、西安建筑科技大学张程的《现代绿色医院建筑的康复中心设计研究——以陕西地区为例》、重庆大学苏晓萍的《残疾人康复建筑空间设计初探》等,其他极少部分来源于调研分析以及医生访谈。问卷调查采取面对面调查和网络调查两种方式进行,其中由于医生和患者群体的特殊性,主要采取网络问卷的调查手段,将上述空间影响因子提取表中的空间影响因子内容信息化,通过问卷网平台进行问卷的投放和有偿收集。

　　(1)针对医护人员的空间影响因子提取与评价。

　　医护人员作为患者康复过程中的重要指导方与给予实际医疗干预措施的实践方,其影响作用不言而喻。空间对医护人员的影响主要体现在减少环境压力、提升工作效率、减少医疗失误、增强与患者的联系、提升环境医疗安全性等五个方面。

　　医护人员相关空间影响因子共 90 项,从内容上分为五类:提升联系直接性的空间布局、提升服务便捷性的医疗设施配套化与智能化、提升服务开放性、建设功能完善的康复科室和特色的康复花园、其他保护患者安全的措施。第一类共 18 项,打分最高的几项分别为:洁净室的位置应避免与污物交叉、担架及轮椅存放空间应独立、存储空间面积充裕、设置存放物品的辅助护士站等;第二类共 30 项,其中打分最高的几项为:护士站台面宽度满足书写和电子记录要求、配药室照明充足、病房的医用气体集成、洗手池提供消毒的清洁剂或液体皂液等;第三类共 6 项,其中打分最高的为:设置护士观察窗、护士站设置交流场所、采用环岛开放式护士站等;第四类共 25 项,其中打分最高的几项为:对于热疗、超声、水疗灯治疗应提供私密性防护的窗帘、设置理疗池和运动区、设置污物收集装置等;第五类共 11 项,打分最高的为:处置室应保护病人的隐私、两个病床之间设置隔离窗帘、卫生间可以在紧急情况下从外面进入、窗户应为封闭式(如可以开启必须有阻止穿越和自杀的装置)等。

　　(2)针对患者的空间影响因子提取与评价。

　　环境对患者康复心理的影响主要体现在以下几个方面:降低患者压力、增加患者满意度、降低患者疼痛感、提高患者睡眠质量、减少患者的抑郁感和挫败感、保障患者隐私、保守患者秘密、促进社会交往等 8 个方面。

　　患者相关空间影响因子共 105 项,按照内容可以大致分为八个类别,分别为空间的独立化设计、自主控制性设计、无障碍设计、保障隐私的空间设计、保障舒适度的空间设计、保障人际交往的空间设计、保障空间安全的设计以及其他非关键空间影响因子。独立化设计要素共 12 项,打分最高的前几项分别为:独立洗手池设计、独立卫生间设计、卫生管井的隔声处理、储物空间设计等;自主控制性设计要素包括 9 项,打分最高的前几项分别为:床可控升降、非接触性洗手池设计、分散储物空间设计等;无障碍设计要素共 20 项,打分最高的前几项分别为:病床与轮椅的连接、卫生间的无障碍通行、病房门加宽、病房门口的无障碍通行、走廊加宽等;保障隐私的空间设计要素共 5 项,打分最高的几项分别为:病床之间的安全距离设计和处置室的窗帘设计;保障舒适度的空间设计要素共 19 项,打分最高的几项分别为:设置分级、增加采光面积等;保障人际交往的空间设计要素共 8 项,打分最高的几项为:护士站对外交流功能区设计、环岛开放护士站设计、休息区成组座椅设计等;保障空间安全的设计要素共 14 项,打分最高的几项分别为:洗手池配备消毒液、卫生间可以在紧急状态下从外进入、门的开启方向不影响疏散等。此外还包含其他非关键空间影响因子 18 项。

(3)针对陪护人员的空间影响因子提取与评价。

陪护人员是在康复阶段为患者提供心理支持的重要影响人群,而陪护人员心理支持的力度也受到空间影响因子的影响,空间环境对陪护人员的影响主要体现在减少紧张与焦虑、提高护理效率、提供社会交往等几个方面。

陪护人员相关空间影响因子共 34 项,从内容上可以分为 3 个类别:协同化的交通要素设计、可变化的生活需求保障设计和医患交流与休闲交往空间设计。第一类共 9 项,打分最高的几项分别为:病床与轮椅的连接、适当增加走廊宽度、提供可升降病床等;第二类共 17 项,其中打分最高的几项为:设备可变沙发床、房间温度控制器、独立夜间休息区等;第三类共 8 项,其中打分最高的几项分别为:设置花园等交往空间、咨询投诉室、护士站的私人交流空间等。

从空间影响因子的内容归类上可以看出大多数因子指向了利于提升患者行为支持、利于提升医护人员的服务重要性和利于提升陪护人员的服务便捷性 3 个方面。从打分的均值分布上看,患者和陪护人员对空间重要度评价的打分值要普遍高于医护人员群体,这是由群体本身的职业、文化和教育背景差异所造成的,所以本节康复阶段空间影响因子提取没有采用前两节取所有因子前 30% 打分项的方式,而是按照人群将空间影响因子分类后,取每一类型空间影响因子的打分前 15% 进行综合归纳并分析,提炼出以下 4 个方面的空间效率优化对策:①提升生理康复效率的病房空间设计;②提升心理康复效率的护理单元空间设计;③提升医疗服务效率的医护空间设计;④提升陪护效率的陪护空间设计。图 3.48 为治疗康复阶段系统空间效率优化对策提取。

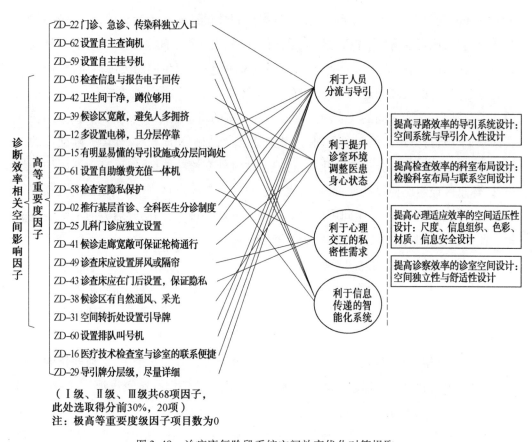

（Ⅰ级、Ⅱ级、Ⅲ级共68项因子，
此处选取得分前30%，20项）
注：极高等重要度级因子项目数为0

图 3.48　治疗康复阶段系统空间效率优化对策提取

3.4.3　治疗康复阶段空间效率优化设计对策

1. 提升生理康复效率的护理单元空间设计

（1）满足患者生理需求的空间独立性设计。

病房是患者康复过程的重要支撑空间，合理的床位安排、独立的卫生设施设置都有助于患者生理和心理的康复。依照马斯洛需要层次论，患者的需求也可以分成类似的五个层面：第一方面是生理的需要，包括呼吸、水、食物、睡眠、排泄；第二方面是安全的需要，包括人身安全和财产的安全；第三方面是情感和归属的需要；第四方面是尊重的需要；第五方面是自我实现的需要。从这五个层面的需求出发，构建满足患者需求的独立性空间是保障患者康复效率的基础。

①独立化的卫生设施。

从康复阶段的病人需求出发，满足患者的基本生理需求，比如食物、睡眠和排泄。自主完成生理性的需求活动，特别是排泄，对康复阶段的患者来说有一定的困难。在护理单元内设置公共卫生间，由于使用距离和卫生环境等问题，会对患者产生一系列不良影响，如增加行动不便患者的焦虑与挫败感、增加患者移动过程中跌倒和感染的概率等。

除此之外,因为患者在康复阶段的时间比较长,为了个人卫生的考虑,还要设置配套浴室,建设比例是 1 间/8 床。现阶段我国医院康复护理单元的卫生设施的独立化设计模式应该注意以下几点:床位配套一对一,每床应该配置一个不通过公共空间的独立卫生间;卫生间不影响采光的情况下应采用外置式,一般适用于南方和北方开间较大的病房;病房采光要求较高、开间小时,宜采用内置式卫生间,一般适用于北方寒冷地区;高标准卫生间内应设置浴室配套。

② 独立化的床位单元。

床位单元是满足患者睡眠生理需求以及供患者平时休息和接受医疗护理的重要场所,病人在床位上的行为都是比较私密的,病房应提供具有围合性和领域感的床位空间。独立化领域可以提升患者的睡眠质量,让患者感受到被人尊重,有心理满足感,也便于患者向医护人员阐述自己的真实病情。独立化的床位单元设计必须结合病房的开间、进深和功能布置一同考虑。

目前可以采用的患者床位单元布局模式,如图 3.49 所示。

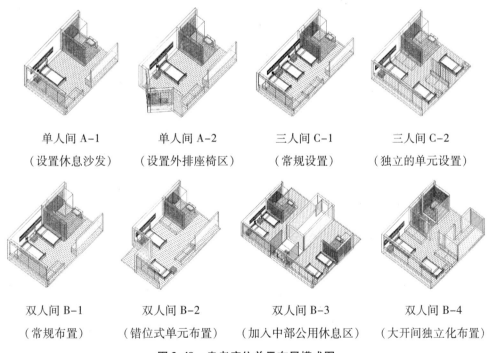

| 单人间 A-1 | 单人间 A-2 | 三人间 C-1 | 三人间 C-2 |
| (设置休息沙发) | (设置外排座椅区) | (常规设置) | (独立的单元设置) |

| 双人间 B-1 | 双人间 B-2 | 双人间 B-3 | 双人间 B-4 |
| (常规布置) | (错位式单元布置) | (加入中部公用休息区) | (大开间独立化布置) |

图 3.49 患者床位单元布局模式图

病人床位单元独立化的设计模式在对患者的生理和心理支持上均有较大优势。这种空间模式的实现需要相应的空间处理手法支持,主要有错位布局法和扩展开间布局法。其中,错位布局法空间相对局促,但是经济性较好;扩展开间布局法可以在高标准的康复病房中采用。

（2）提升患者主动控制的智能化设计。

提升环境中可供患者自主控制的空间影响因子设计，可以让患者的身体机能达到一定程度的锻炼，同时对患者的心理康复起到极为重要的作用。从进化论的角度来讲，人之所以成为高等动物，在于对工具的使用和对语言文字的掌握。让在康复阶段的患者通过不断的练习和科技的辅助，能够自主控制环境中的要素为自己服务，会使其重新建立独立生活并创造社会价值的心理预期，这种积极的心理状态会对患者的身心康复起到良性的促进作用。

日本医院普遍使用可控式调节器进行床位调节，和中国医院的手摇式病床相比，患者可以更好地、随时灵活地调整自己的体位以满足其行为需要，减少了对护理人员的依赖。英国的产科病房还设置有可调节的光源和可旋转式的餐桌，方便日常就餐和阅读等行为。

（3）保障患者生命安全的控制性设计。

为保障患者安全，需要在空间设计阶段考虑可能发生的安全风险，并以空间设计方法回避或控制。医院建筑安全的研究认为，建筑空间对患者安全的积极贡献体现在减少医疗失误、控制感染、减少患者跌倒和减少医疗暴露等方面。在康复阶段，保障患者安全的具体空间措施主要体现在减少患者跌倒、发生紧急情况的干预和避免患者的负面行为等三个方面。

在减少患者跌倒方面：第一，应减少单间病房内的床位数，最好采用单人间，减少由于隔帘视线遮挡造成的行为过程中的碰撞；第二，病房内的卫生间开门位置应就近，减小如厕过程中的转移距离，且卫生间最好于床头一侧沿墙设置，利用沿墙扶手减少移动过程中由于没有支撑造成的风险；第三，对于特殊科室的病人可以采用适应性病房以减少患者的转移，如妇产科采用 LDRP 病房模式，即待产、生产、产后不同阶段灵活转化的设计模式；第四，对于新生儿科应采用床边围栏的设计；第五，走廊应设置轮椅和其他急救设备的专门存放区，减少通行过程中的交通障碍；第六，加强患者床位与走廊的视线联系，便于护理人员观察和及时提供帮助。表 3.18 为病房卫生间和床位布置方式对病人行为的影响分析。

由于卫生间的封闭性，医护或陪护人员难以观察到患者突发的紧急状况。因此卫生间内需要设置应对紧急状况的干预措施。例如，当患者在卫生间意外跌倒时，可以通过紧急呼救按钮向护士站和病房内其他成员发出求助信号，此时卫生间门应可以应急开启，方便医护人员和陪护人员施救。

2. 提升心理康复效率的护理单元空间设计

（1）保障隐私的空间影响因子支持。

患者隐私的保护是需求层次中，被尊重这一高层次需求的重要体现。保护患者隐私的积极作用包括如下几个方面:其一,让患者的负面情绪有宣泄的渠道,比如在妇产科中产妇常常面临产后抑郁,而目前国内主流产科病房为双人间设计,面对有较多的陪护人员和婴儿哭闹声等嘈杂的环境,产妇的负面情绪很难有宣泄的机会。而且产后的正常护理工作还需要规避同病房陪护人员的视线,造成人员进出的频率增加,加重产妇的不安和焦虑。对产妇隐私的适当保护和独立的床位单元设计可以解决这种由于空间设计过于开放和公共化造成的负面影响。其二,让患者可以诚实地表达自己的情况,让医生更好地了解患者的身心状态。由于康复的时间一般较治疗处置阶段要长,在这个过程中患者和陪护人员的心理状态容易受到外在经济因素和内在情绪因素的影响,如果医患交流是多方参与的公共状态,患者的一些难于启齿的心理状态和生理需求往往无从表达,这就需要创造相应的私密性环境,让医生对患者的情况有全面的了解,同时也避免给陪护人员造成不利的影响。

表 3.18　病房卫生间和床位布置方式对病人行为的影响分析

类型 评价	单人间 WC 常规设计, 步行距离适中	单人间 WC 夹角设计, 步行距离最短	单人间 WC 前室设计, 步行距离最长	单人间 WC 切角设计, 步行距离较短
	(a)	(b)	(c)	(d)
平面	双人间 WC 常规设计, 步行距离适中	双人间 WC 带前室 设计,步行距离较长	双人间 WC 切角设计,步行距离短, 应做好排风处理	
	(e)	(f)	(g)	

　　隐私保护的空间处理可以分成三个方面。其一,注意多床病房中每个病床之间的隔断和间隔处理。发达国家和地区的护理单元,除了需要特殊社会交往设置双人间和多人间外,一般采用单人间和家庭使用套间。由于目前我国仍处于医疗设施建设和发展阶段,难以做到单人间的普及,因此国内医院多以双人间和多人间为主。患者床位之间虽然设置有隔断拉帘滑道,但是大多数都闲置不用,患者之间缺乏床位空间的限定,隐私保障不利。为加强床位空间的领域感,可以利用床间储物空间和上方壁柜人为制造竖向分隔。另外,床位布局呈垂直布置的平面划分方式亦有助于形成较为私密的床周区域。其二,设置走廊等公共空间与病房联系视线的可控性。其三,设置可以独立进行医患交流的医生处置室。

　　(2)提升社会交往的公共空间建构。

　　社会交往是患者重新融入社会环境的重要准备。社会交往的层面多种多样,患者的社会交往主要有三个方面:与医护人员的交往、与其他患者的交往、与陪护人员的交往。

　　在康复阶段,患者与医生交往一般发生在常规检查的过程中。患者在此交往中了解了自己的病情并确认下一步的护理计划。对此,空间支持的手段主要体现在医护人员的工作区的区域开放性、功能明确性和空间秩序性,让患者可以在无人引导的情况下找到自己的目的地。与医护人员交往的另一个方面,体现在接受医院提供的对康复医疗技术以及其他医疗知识的培训和讲座。因此,需要提供教室等公共空间支持。

　　与患者交往方面,主要表现为闲谈和对同类病情康复手段的交流等方面。这种交往的积极作用在于消除患者的孤立感,产生心理安慰。这种交流常常发生在多床位病房的病友之间。空间设置上的支持应表现在为其创造不干扰第三人的交流空间。除了同病房患者之间的交流外,同一个护理单元的患者还可以通过公共休息区、走廊和康复花园等场所进行交流。这种交流场所更具公共性,可以使患者脱离病房环境,融入社会或自然环境当中,对患者的机能康复和心理健康均有帮助。

　　与陪护人员的交往大多发生在病房和公共活动空间中。患者与陪护人员的关系呈现从依托到独立的渐进式发展过程。陪护人员需要让患者建立与外界的积极联系,使其不过于依赖陪护人员本身,因此亦需要有公共交往空间的支持。

　　(3)创造归属感的空间细部设计。

　　创造归属感的空间细部支持体现在三个方面:提供个性化设施、提升环境的舒适度、提供完善的生活保障设施。

　　①提供个性化设施为策略的空间归属感营造,主要在病房空间中实现。具体可以通过专属的置物空间、毛巾架、肥皂架、墙面装饰等可以由患者自主置物和装饰的空间影响因子来实现。例如,患者可以根据自己的实际情况设置病房的信息栏,比如有花粉

过敏的患者就可以通过信息栏上相应信息的设置避免探视人员将花卉带入病房。

②提升环境的舒适度是提升空间归属感的另一方面。具体的可行手段包括设置可以调控温度的中央空调控制器、窗外怡人的景观、浴室保暖设施、床头集成的照明控制设施、软质地面铺装、防蚊的纱窗等。舒适度的提升需要一定的经济投入，应该根据服务人群的经济能力进行适应性选择。

③提供完善的生活保障设施，可以消除患者在康复阶段的被动感，从而提升其积极参与生活和康复的归属感。具体的空间支持手段包括可以提供营养餐食的自主厨房、美容室、自给式制冰机等。在生活保障设施设置与设计中，需要考虑具体的受众群体和应用环境要求。

3. 提升医疗服务效率的医护空间设计

（1）提升联系直接性的空间布局方式。

医疗服务空间的组合模式影响医务工作者的服务距离、其与患者的联系程度。从空间的角度来讲，不同的组合模式亦会影响相关空间的通风、采光，功能空间的面积比例分配等。表 3.19 为医院建筑住院护理单元常用平面布局模式。由于不同医院的组织关系和管理模式不同，医疗服务空间的组合模式需要针对不同医院的情况，综合考虑医护人员、患者以及陪护人员的相关意见。在此过程中，医护人员是服务的主体，需要主动往返于病房和办公室之间进行服务，空间对其工作效率的影响较大，所以医护人员在决定空间的组合模式的过程中掌握着较多的话语权。

表 3.19　医院建筑住院护理单元常用平面布局模式

类型	平面	空间模式特点
单侧依附式		医护空间与病房空间并列布置，单侧服务，在病房数量相同的情况下，这种布局方式加大了整个建筑的延展面宽，加大了医护人员的服务距离，但是可以为医护人员工作区创造较好的采光与通风环境
双侧依附式		医护空间与病房空间并列布置，双侧服务，较单侧依附式布置的空间形式这种布局方式缩短了走廊长度，但是医护人员工作区的采光和通风环境较差

续表

类型	平面	空间模式特点
回廊式		病房空间沿着医护空间周边布置，多向服务，进一步缩短了走廊长度，加宽了医护人员服务空间的进深，有创造采光中庭的可能性
中心发散式		病房空间环绕医护空间呈环形布置，中心发散式服务，这种方式服务距离最短，医患的联系最直接，但可能造成由于缺乏空间导向感而引发的医疗失误和中心面积较小难以满足医疗要求等负面影响

　　对比不同的空间布局方式，中心发散式和回廊式布局方式具有较明显的优势。相较于双侧依附式和单侧依附式的布局方式来说，中心发散式和回廊式的布局能够缩短医护人员的服务距离，但是这两种方式具有医护人员工作区的采光、通风不良以及面积比例较小的问题。对此问题，可行的解决方式包括：加大回廊式的医护空间进深，创造上下连通的中庭空间，解决黑房间的采光通风问题；也可以在回廊的外侧条形体块中分隔出一部分空间布置需要采光的医生办公室等，在没有采光、通风的空间中设置如处置室、药品配发室等无须采光、通风的功能房间。对于中心发散式布局方式的通风、采光问题，可以用单中心分裂为多中心单元组合的方式解决，中心之间用医护人员工作区进行联系，如北京大学深圳医院。此外还可以采用风车或蝴蝶等变形布局方式来加大中部的服务空间面积，如盘锦市中心医院。

　　（2）提升服务便捷性的医疗设施配套化与智能化。

　　医疗服务设施的配套化是医疗设施能够充分发挥其功能的有力保障。在设备设置的过程中,需考虑设备所处空间位置的便捷性、设备尺度与操作合理性、配套用品的供应保障等相关内容。以医护人员洗手池为例,其不仅用于日常的手部清洁,它的主要功能是保障医疗服务者手的洁净卫生,从而降低患者感染的概率。因此洗手池不仅需要配备水龙头,还应该有其他相应的考虑,比如洗手池的位置应该选在便于医护人员使用的位置、洗手池的尺寸应该满足操作的便利性、应该采用较深的水盆设计避免污水外溅、提供干手的清洁纸巾或灭菌毛巾、提供自给式消毒液供应机等细部考虑。

医疗服务设施的智能化可以为医护人员带来很多便利。现今医院的智能化服务设备设施包括医院信息化智能录入系统与设备、检验结果自主打印系统与设备、步话机和电子监控站、集成式医用气体装置、服务于卧床患者的起重设施等。信息化可穿戴的医疗器械的发展为医生和病人的联系提供便利。目前最新的心电检测设备可以随身穿戴,不影响正常工作生活,随时发现心率异常情况,及时报警,弥补了传统心电检测只能记录阶段性心电情况的不足,可为医生提供更加充分的病情分析数据。设备智能化的趋势将带来医用空间的变化,未来护理单元内可能出现类似交通信息管理平台那样的用智能电子屏联络患者云数据的空间形式。

(3)提升服务开放性的联系空间设计。

①开放式的护士站。

在治疗康复阶段,护士是与患者联系最为紧密的医学专业人员,其与患者的联系频率和持续时间在护理单元中都是最高的。护士站作为护士集中工作区,必须保持对患者的绝对开放。护士站的空间围合常采用半开放柜台的方式,具体的围合形态有直线型、L 型、U 型和弧型几种。其中直线型常用于直线走廊的中部,L 型和 U 型常用于空间转折处,弧形常用于平面呈弧形的走廊中部或弧形走廊的转折处。从平面形式上看,相比直线型和 L 型护士站,U 型护士站和弧型护士站具有更大的空间视野,开放性更好。护士站的开放性不仅与空间形式有关,还受到空间位置和采光等一系列要素的影响。具有自然采光条件的护士站具有更高的开放感;临近可视化医生办公区、公共交通空间和人员临时休息区、活动区的护士站从交通意义上开放性更好;而位于其负责的病房组团几何中心的护士站,具有更为良好的可达性和开放感。

②可视化的医生办公区。

医生工作需要比较安静的环境。但是对于患者来说,能感觉到医护人员近在眼前、可以随时联系,是其心理安慰和安全感的来源。因此对于患者而言,通透的医生办公室体现的是对患者开放的态度,能够满足病人随时联系的需要。保持办公室通透性的具体手段包括在办公室靠近公共走廊一侧的墙面设置全透视的玻璃幕墙和较大的通透性窗口。同时,还需要在通透性窗口内部设置可以调节的百叶或其他设施,以便在有重要事情需要商议的情况下保障医生办公区不受公共区域内人员视线的干扰。

③私密性的医患交流区。

在办公区域中，医生一般都处于忙碌的工作状态。在医生的公共办公区内，与问询病情的患者家属和相关人员进行交流，往往会造成对其他工作人员的干扰，亦不便保护患者的病情信息。所以医生常会中断前来办公区咨询的患者及其家属，并提示其稍后会到病房内进行具体商谈；对于有紧急情况的患者有时也会将其引导到走廊中，并根据其陈述的具体情况给予相应的处理。在具体的空间设置中，应该就这部分功能需求在医生办公室中设置可隔断视线和声音的私密化交流区，或设置小型嵌套空间，以满足医患间的私密交流需要。

4. 提升陪护效率的陪护空间设计

《住院病人陪探视需求现状调查》表示仅有约 6.3% 的患者不需要陪护人员，这也就说明了陪护群体是患者康复过程的重要人员组成部分。在护理单元中，陪护人员的占比量是很大的，但是由于陪护人员不是康复过程的主体，其需求往往被忽视。合理地兼顾陪护人员的生理和心理需求，将对其主动参与患者的康复过程，并在康复过程中起到积极作用产生正面影响。

在护理单元中除了约 64.7% 的可以自理的患者不需要陪护人员的照护外，其余病人都需要陪护人员的帮助。陪护人员在病人康复阶段的主要工作内容包括四个方面：医疗处置的辅助落实、医护人员的协调沟通、辅助饮食如厕等生理活动、疏导患者的负面情绪。此外，为了完成以上工作内容，陪护人员还需要照顾自己的饮食起居并积极做好对外联络工作，以得到其他相关人员的支持。

（1）陪护空间的功能设置。

①医疗处置的辅助落实与空间设置。

陪护人员的辅助护理工作一般包括：辅助患者进行口服药物的定时、定量给药；使用一些简单的医疗器械，如雾化器给药；对患者身体相关部位进行简单的医学处理，如按摩、热敷、冷敷等。陪护人员对患者的医学处置操作比较简单，通常不需要医疗器械辅助，但相较专业的护理人员的处置行为（如护士的巡房给药），其行为的发生次数更多，活动的范围比较局限，行为体现出持续性、稳定性和规律性。为了做好这一医疗辅助工作，首先需要提供护理操作的相应空间，即病床与相邻病床和墙应该保持相应的操作距离；其次还应提供病床临近的药品储藏和医疗辅助器械储藏空间；最后需要提供长时间护理操作过程中必要的临时座椅。

②医护人员的协调沟通与空间设置。

陪护人员需要时刻关注医学处置的过程，并在需要的时候联系相关的医护人员继续或中断医疗处置的相应内容，比如反映输液过程中的给药完毕或药物过敏情况等。陪护人员的沟通内容还包括向医护人员说明患者的生理、心理状态和相关变化，给医护人员及时的信息以调整治疗方案。陪护人员与医护人员的交流沟通需要有适当的空间支持,前文已经有详细论述。

③辅助饮食如厕等生理活动与空间设置。

在患者的日常行为中,陪护人员需要辅助的内容大致包括:辅助不能自理的患者完成从病床到轮椅的上下搬运,从病床到卫生间的挪动,布置床上餐桌,适当增添患者的衣物,调节病床高度、枕头位置等。在这些内容中,帮助完成患者空间位置的转换占据较大的比例。除陪护人员的帮助外,患者的交通行为一般依靠轮椅或拐杖的支持实现,这就需要相应的空间影响因子辅助支持。这些空间影响因子的设置可以减轻陪护人员的工作强度,让陪护人员保持较好的生理和心理状态。患者从病床到轮椅的位置转换可以设置辅助的床头起重设备、滑道等;如果没有相应的辅助设备,还可以采用有轮椅连接器的病床和分离轮椅的病床设计。另外,病房的地面必须做防滑处理。此外,减少移动空间距离,加强过渡节点的无障碍设计可以帮助减轻位置转换过程中的阻力。无障碍设计需要考虑的因素一般包括:门和电梯等交通节点的无障碍坡道衔接,床和座椅的高度设计、上下高差坡道中的休息平台、可移动和调节角度的病床等。

④疏导患者的负面情绪与空间设置。

为了疏导患者的负面情绪,陪护人员需要与患者进行交谈,交谈内容可能涉及患者隐私。此外,陪护人员还应积极鼓励患者进行适当的活动,如呼吸室外新鲜空气、欣赏室外景观,并促进其与他人的交流。另外设置电视等娱乐媒体也有助于减少患者和陪护人员的心理压力。我国医院大都以双人间和多人间为主,在病房的环境中很难进行具有私密性的谈话。提供相对开敞的庭院空间和私人谈话间可以为陪护人员与患者的心理沟通提供空间支持。

⑤满足陪护人员生活与对外联络的空间设置。

在一些情况下,患者需要陪护人员进行 24 小时的照护,比如儿童患者一般需要家长的全天陪同。此时,护理单元不仅是患者的康复区域,而且也需要承载陪护人员的工作和休息等日常活动。因此,需要照顾到陪护人员作为独立个体的生理和心理需求,为其提供适宜的陪护环境。某医院脑外科康复病房,房间多为 5 床间,常出现患者与陪护人员共 10—15 人同处一室的情况。在 20 m^2 左右的房间内,空间局促,空气污浊,让人不堪忍受。这样的护理环境让患者及其家属都承受了巨大的生理不适和心理压力。陪护人员的状态不良也很大程度上影响了患者的心理康复。护理单元中应考虑为陪护人员提供联系便利的公共卫生间、开水间、营养食堂和夜间休息区,并配备相应的家具设备以保障陪护人员的基本生活需求。此外,还应在护理单元内设置谈话区和临时休息座椅作为对外联络空间,方便陪护人员与外界进行联系,减少对病房内其他患者的影响。

（2）空间的功能转换。

①公共空间的功能转换。

据统计，我国住院陪护人员有 69.66% 选择在医院内过夜。由于病房的空间资源有限，因此很难为这些人员提供充足的空间解决其就寝的需求。常规情况下，陪护人员会在护理单元的走廊和病房内设置临时床铺，解决住宿问题。当空间不足时，患者也会在医院的公共空间"打游击"，占用电梯厅、公共走廊、楼梯间、窗台等位置进行夜间休息。虽然这会对医院的公共秩序和交通造成一定的负面影响，但是考虑到陪护人员的实际需求，很多情况下医院都默许了这种情况。缺乏对陪护人员的规范化管理，造成了医院安全风险的增加，陪护人员在公共空间内的留宿行为也为不法分子偷窃提供了便利条件。针对这一客观情况，部分医院尝试开放医院的公共空间，作为夜间患者陪护人员的集中休息区，对陪护人员进行登记和统一管理，并对相应的空间范围进行消毒和卫生处理，照顾到了陪护人员的心理和生理需求，很好地实现了公共空间的功能转换。

进行功能转换的公共空间区域应选择具有开放视野、空间体量较大、空气流通情况较好的门厅、休息厅、中庭等空间，不应占用医院的主要交通空间，如电梯厅、楼梯间、公共走廊等，避免造成对轮椅、病床等无障碍通行的干扰。公共空间进行了从交通人流疏散功能到临时休息功能的转换，从公共属性转化为相对私密的空间属性，因此在公共通道与私密休息空间之间应考虑设置具有视线遮挡功能的临时屏风等空间隔断，并通过地面导引线的设置合理分隔临时床位区和通道，避免夜间临时出入人员对其他就寝人员造成干扰。功能转换的时间应该合理设置，建议在晚上 10 点以后到次日 5 点之前进行转换，预留卫生处理的时间，不对医院的正常运营造成干扰。就寝区为了满足睡眠的生理需求，应降低人工照明强度，同时加强人员登记和安保措施，保障就寝人员的生命和财产安全。

②病房空间的功能转换。

病房空间主要由三部分空间组成：床周空间、床端走道空间和卫生间。这三个空间中，床周空间作为患者的日常护理区和常规护理用品储藏区，功能比较固定；卫生间主要承担洗漱和如厕等功能，功能相对也比较固定；床端走道空间由于人员流动性大，行为需求差异大，可适当进行功能转换以满足不同时段的行为需求。

床端走道空间能够通过功能转换满足陪护人员的主要行为需求，如：就寝、临时休息、就餐和人员交流。作为就寝空间，需要合理设计空间开间宽度，在保证交通要求的情况下满足护理人员就寝的床位宽度要求，同时设置合理的开间和进深，以保证床位布置的数量和间距要求。作为临时休息、就餐和人员交流空间，需要安排临时座椅和简易桌面。国外的病房设计经常采用沙发床以满足日间和夜间的功能转换要求，但是由于我国病房的空间比较局促，尺度较大的沙发床往往难以适用，这就需要设计尺度适中、具有可变性的室内家具来满足这部分功能转换的需要。

（3）可变的室内设施。

①可变桌椅组合。

这种组合方式适用于医院病房开间尺度较大，可以在床端走道区放置具有一定宽度的固定设施的情况。可设置两组可变式桌椅组合包括可提升的简易餐桌、两个座位和可折叠旋转的靠背床，满足人员的日间用餐、交流和临时休息的需要。

②壁柜式或推拉式折叠床。

这种组合方式适用于床端走道宽度较窄，不适合放置固定设施的情况。在走道的墙面相应位置设置预留凹槽，固定可折叠式的墙面床板设施。在夜间通过移动将其拉伸出墙面，并安置床板进行临时休息，平时床板收回时可沿墙布置临时座椅，作为休息和就餐区域。此外，还可以设计床下抽拉式的陪护床。图 3.50 为病房内可变的室内家具示意图。

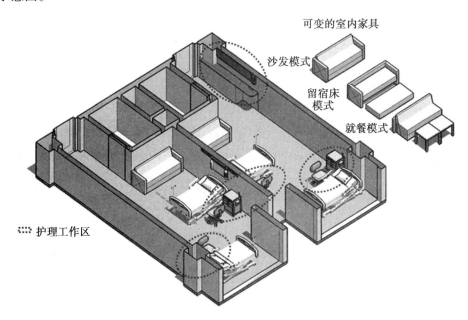

图 3.50　病房内可变的室内家具示意图

本篇从效率优化的视角出发，以系统论和协同论的相关思想为指导，以医务工作者的经验反馈、患者和陪护人员的行为心理需求实际调研数据为依据，以交互设计方法与优化设计方法为支持，以空间环境对医疗流程和对使用者行为心理的影响为连接，完成了医院建筑系统协同效率的理论建构和空间的模式建构，完善了医院建筑的效率理论，为提升医院建筑的效率提供设计实践的依据，从建筑学科的角度对整个医院建筑系统效率的提升发挥积极作用。

第4章　医院建筑的发展趋势

4.1　安全与效率——未来医院建设的"双核心"

随着社会的发展,医疗设施与资源愈加充沛,未来医院建筑的发展会逐渐摆脱数量上的不断复制,向多元化、智能化、精益化的方向进化。人们对于医疗服务品质的要求,社会对于公共医疗设施的关注,以及医院建筑本身所承载的生命价值,都推动了医院建筑空间与环境的不断优化。在这一过程之中,医院建筑的安全问题与效率问题是空间优化过程中的核心话题。未来的医院建筑发展,追求的是"双核心"螺旋上升,安全与效率共同推进。因此,在此驱动下,未来医院建筑也会具有崭新的样貌。

4.1.1　未来医院建筑的安全观与效率观

1. 医院建筑的"安全风险控制观"

对于空间环境在医疗安全问题中的价值进行理性思考是时代的一种需求。价值取向是价值哲学范畴的概念,指一定的主体基于自己的价值观在面对和处理各种矛盾、冲突、关系时所持的立场、态度及所表现出来的基本取向。人们对于安全问题的价值取向即是对安全问题总的评价和总的看法。设计人员、管理人员在处理与医疗安全问题相关要素的过程中所秉持的价值取向是否合理,是医疗安全理想能否实现的关键因素。一个时代的安全观是随着价值观的发展而发展的,涉及哲学思想、伦理道德、科学技术、经济利益等内涵,安全的价值取向是当前社会意识的一部分。社会进步至此,人们围绕着"如何确认和维护安全利益"所形成的对于安全问题的认识越来越清晰,对于安全的需求和要求也越来越高,医疗安全在实现人类幸福和社会发展的道路上发挥着举足轻重的作用。但反观我国医院运行的现状却并不理想。医疗事故频发和医患信任缺失等表明,现阶段的医疗安全水平并未达到人们的心理预期。安全的本质是相对而言的,随着生活水平的提高和社会文明的发展,人们对于医疗安全心理预期的增长速度超过了医疗安全保障提高的速度。而对于医院建筑而言,医疗安全保障体现在风险控制上。风险控制的价值取向在本书中具体表现为意识和行为两个层面。

首先,风险控制意识是价值取向的思想基础,即相关人员是否具有强烈的安全意识,并秉持合理的安全价值观。第一,风险控制意识是风险控制价值取向的前提。部分管理人员和设计人员对于空间环境在医疗安全问题中的风险意识是十分模糊的,甚至有些相关人员没有意识到空间环境和医疗安全之间存在联系,更无法谈及在设计中拥有更高的安全追求。第二,安全的保障不是一句口号,离不开社会资源的投入和经济利益的推动,但在医疗安全面前,我们必须强调生命价值高于经济利益。当代中国的社会价值观呈现高度的多元化,在面对医疗安全相关的空间环境风险时,为追求经济利益而牺牲安全价值的做法是不合理的。医疗安全以生命健康安全为核心展开,"安全第一""人命关天"等是人们对于医疗安全伦理的凝练总结,也是最直接体现安全价值观的表达,可以说,在医疗系统中,安全价值高于其他一切价值。在医疗资源的投入和医院效益的管理上,应当以目前已知的最佳安全策略为参照。各类安全事故所造成的生命损失和经济损失是巨大的,通过风险控制实现安全价值与经济价值的共同增长固然可喜,但当安全价值与经济价值发生冲突时也应当果断选择前者,绝不可为追求经济利益而牺牲安全价值。

其次,风险控制行为是价值取向的实践运用。第一,相关学者应当在安全价值观的指引下在此领域投入更多的关注,通过科学的研究提出严谨的医疗安全风险控制依据。第二,具体控制人员应积极掌握相关风险控制的技能。技能是风险控制意识落实的保障,是促进相关人员安全价值取向转换的重要环节。因为即使人们知晓某项风险的存在,但是由于自身所掌握的控制技能十分薄弱,也会使得其在具体操作中因实现困难而"不由自主"地放弃该方向的努力。第三,设计人员在设计过程中应将安全价值观转化为设计理念,运用正确的安全价值观指导自己的设计行为,严格执行已知的规范、法规,在碰到一些其他需求与安全需求相背离的问题时,能够运用研究性思维给予恰当的解决,并与研究人员合作,对所采取的方案最终实施后的效果进行验证,从而形成指导新的设计行为的依据。

2. 医院建筑的"双重效率观"

效率是医疗服务品质的另一核心理念。效率提升包含两个方面:一个是优化医疗网络体系中的资源配置,使得系统中的各功能要素协调发展,并根据医学的发展和社会需求的变化建立相应的评价体系,形成系统的可变性适应;另一个方面是优化系统中的单体构成要素,也即医院建筑及其他医疗服务机构的效率。医院运营效率具有多重含义,其在不同学科的研究范畴和解决途径都各有差异,如管理效率、能源利用效率、物流效率、用地效率、功能效率、流程效率、设施效率、空间效率、建筑效率等。建筑学科作为相关学科之一,为医院提供最基础的物质空间——器,其对效率的影响在于"器"与其所承载的"物"之间的吻合度,即为物质空间对于功能要求的满足与支持程度。

医院建筑的本体设计除了服务于医疗技术之外还需要兼顾医患的心理影响,如何将"科技"和"人性"这两个核心内涵与医院建筑的效率优化进行理论衔接,在建立医院建筑效率论的过程中至关重要。"科技"和"人性"这两大主导因素,分别主控医疗全过程的不同阶段。从生病到治愈的过程,是人体系统调节的过程,包括生理系统和心理系统两个层面。医疗过程也分为两个阶段:其一是生理救治,人在生理系统处于极度失衡,甚至生命受到严重威胁的阶段,其心理系统需求降至最低,处于昏迷和濒死状态的患者其心理感知能力基本处于封闭状态。在这一阶段,医疗中的"科技"因素占主导地位,医院依托先进的医疗技术为患者提供救治,使其生理指标恢复到稳态值。其二,在其生理指标基本稳定后,患者身体进入康复状态,医疗辅助从救治转为调节,这一过程患者的心理状态对其康复的速度有着直接的影响,医疗中的"人性"因素占主导地位。美国得州农工大学的 Roger 教授于 1972—1981 年间,通过对比观察发现绿色环境对患者康复起到积极的影响作用,可以作为这一观点的佐证。在这一过程中患者的生理指标从稳态恢复到常态。针对救治和康复的不同阶段,医疗功能的侧重点分别倾向于"科技"和"人性"两大主导因素,而从这两个因素出发,医疗效率的内涵迥异,亟待区分。

所谓"双重效率观",即针对医疗过程的救治和康复两个不同阶段。救治阶段和康复阶段,分别侧重医院建筑中"科技"和"人性"两个核心理念。其中,救治效率,立足于"科技",其核心出发点是建筑空间对医疗技术的支撑力度,包含功能关联度与空间组织的匹配性、功能流线的安排、人流组织等方面;康复效率,立足于"人性",其核心出发点是建筑空间对患者心理感知的良性支持,包含空间私密性组织、空间视觉联系、空间色彩等方面。

4.1.2　未来医院建筑"双核心"的价值

保障患者的健康和安全是医院建筑的基础问题。而对于追求时效性的治疗活动而言,提升医院效率的最终目标就是提高医院整体的接诊量和对于个体患者救治的有效性,从而保障患者的健康和安全。反过来,提高空间安全系数、降低延误和失误,是从根本上提升效率的手段。医院的安全和效率是两个相互影响、难以分割的问题。

现代医疗贯穿于每个个体从出生到死亡的全过程,医疗安全事关生命健康。医疗安全问题的发生造成了人力、经济等大量社会资源的额外消耗,造成了医疗效率的低下。因此对于未来医院建筑空间的风险控制和效率提升的显性价值,是减少对于生命健康的危害和与此相关的额外资源消耗。安全是社会发展和个体自由的必要条件,没有安全,社会不可能发展,个体不可能真正自由。效率的优化,一方面促进安全的提升,另一方面加快社会价值和自我价值的实现。因此,未来医院安全风险控制与效率优化的隐形价值在宏观层面表现为社会发展价值,在微观层面表现为自我实现价值,整体价值体系如图 4.1 所示。

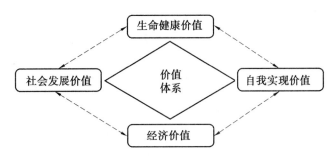

图 4.1　未来医院安全风险控制与效率优化的整体价值体系

1. 生命健康价值

生命健康包括生命安全和身体健康两重内容,与之相关的价值是一种不可逆的、无价的、难以补偿的价值,是人生价值中最基本的内容,是产生其他价值的本源和起点。保障生命健康是医疗活动存在的核心目的,然而在这个过程中所产生的医疗安全不良事件对于相关个体可能造成毁灭性的伤害,其原因一方面是医疗活动自身的局限性,另一方面是相关人员、医疗条件等外在原因。低下的医疗效率所造成的医疗延误和流程反复也是威胁生命健康的重要原因。建筑空间环境作为医疗活动的基础平台,通过良好的设计可以减少医疗安全不良事件的发生。提升医疗效率,尽可能为挽救相关生命健康做出贡献是建筑空间环境的生命健康价值所在。

为患者的安全进行设计是医院建筑空间环境风险控制的核心内容,体现了保护患者的生命健康的价值。医院建筑通过促进安全的医疗工作和为患者提供高质量的就医环境达到提升医疗服务品质的效果。设计不当的工作环境对医疗操作和患者状态产生负面影响,直接影响患者的生命健康,或间接影响治疗和康复效率,有违医院治病救人的初衷。因此,良好的医院建筑空间环境具有保护患者生命健康的价值。例如,通过合理的流线,提升医院的路径效率,减少因感染造成的生命健康的损害,挽救相关患者的生命,实现建筑空间环境的患者生命健康价值。

保护医护人员的安全,提升其工作效率是未来医院空间环境优化的重要组成部分,体现了保护医护人员的生命健康价值。医疗是一份高风险的职业,医院建筑空间环境是高风险环境,医护人员在工作中接触生物、物理、化学等多种危险源,且长期处于高压紧张的工作环境,面对各种令人不愉快的痛苦。因此在空间环境设计中充分考虑各类暴露源的分布、危害范围,并且制定医护人员的标准保护措施十分关键。将高风险医疗活动所涉及的空间功能配置、空间组织以及相关的建筑技术保护屏障等共同联合,形成医护人员生命健康的建筑学保障。此外,高负荷、低效率的工作环境也会影响医护人员的身心健康。合理优化空间环境,辅助医护人员快速完成治疗,使其工作的有效性提高,是提升职业成就感和满意度,保障医护人员生命价值的重要环节。

2. 经济价值

医疗安全不良事件不仅直接造成生命健康利益的损害,而且也消耗了更多的医疗资源去弥补各种由此带来的后果,造成了严重的医疗效率问题。例如,医疗安全问题所造成的病情加重、病程延长、治疗方法复杂化等必将占用更多的医护人员和消耗更多的医疗物资。美国每年有近 10 万例可避免的医源性患者感染,约 9 万人死于不必要的医疗失误,这些医疗安全问题造成了医疗资源的严重浪费。空间环境风险控制可以减少这些额外的损失,而提升医院效率是本研究的经济价值所在。通过建筑空间环境的改善消除浪费并提高经济价值,是在追求安全价值的同时实现的附加值,与追求经济利益而牺牲安全价值的思维有本质区别。建筑空间环境的经济价值不仅要关注设计建造的初始投资,更要站在全生命周期的角度,综合思考建筑空间环境使用过程中的其他投资。精益设计的价值观告诉我们,通过消除浪费、运用少而精的形式可以同时促进医疗安全、提升医疗效率,达到惠及医患双方的目的。

3. 社会价值

医疗服务品质是保障"人"作为社会发展基本资源的重要条件。社会由人组成,人是社会创造价值的基础,医院的存在正是保护"人"这个重要的社会资源。医疗效率是惠及个人健康和社会整体安全的关键问题。医疗安全是社会文明和进步的标志。安全的需求程度随社会的发展变化而变化,效率也随着科技和文明的进步在变换着意义。随着经济的增长、科技的进步,人们生活水平、生活理念和生活方式变化巨大,与此同时,对于生命价值、生命质量的追求日益强烈。

医疗是关系国计民生的重要领域,具有显著的社会意义,优质的医疗保障具有维持社会稳定的价值。医院的核心使用群体,无论贫穷富有、性别年龄,从生命的角度出发,他们属于整个社会暂时的弱势群体,是每个人都可能成为的一种弱势状态,最容易引起人们的怜悯。人们对于医疗安全事故几乎是零容忍的态度,弱势群体的安全受到威胁和伤害更容易产生社会问题,通常报道的医疗安全事件都会迅速传播引起热议,各类医院暴力事件更是极端升级,任何医疗安全问题从社会的角度都会被无限地放大。而医院的效率问题,也一直是社会民生所关注的重点。医疗资源的合理分配,医院效率的提升是保障社会正义的重要话题。因此,推动社会发展、促进文明进步是未来医院建筑安全风险控制与效率优化的第一重隐性价值。

4. 自我实现价值

对每个个体而言生命既是坚强而美丽的,也是脆弱而短暂的,安全高效的医疗服务可以为生命保驾护航。在人们的各项需求中,身体健康是每个个体能够参与社会实践的前提,是实现自我人生价值的基础。安全需求处于最基础的位置,是个体享有其他一切权利的基础。因此,保障生命健康也间接地保障了每个个体实现自我价值的条件。

从患者自我实现价值的角度出发,空间环境风险控制促进了医护人员的安全操作,使患者的生理健康得到保障。高效的医疗康复环境也能够使患者的人身早日得以自由,从而能够有基础去追求更高的人生价值,享受生命中的其他一切美好的事物。从马斯洛的需要层次论也可知,生存需要位于底层,为实现人生自我价值等更高层次的需要奠定了基础。从自我价值的实现的角度出发,优质的工作环境可促进医护人员安全高效地工作,使之能够以最佳的状态在最好的条件中发挥职业潜能,使医护人员的职业追求得到更好的实现,做到人尽其才。因此,保障个体自由、实现人生价值是未来医院安全风险控制与效率优化的第二重隐性价值。

4.2 安全与效率驱动下的未来医院建筑发展

"健康"是一种人类存在和生命延续的状态,"医院"是一个关怀生命与呵护健康的场所。近年来,人们对健康的认识和追求已经从生存的基本需求上升至优化生活品质的日常活动和精神需求。应对当今健康观念下的多样需求,建立一个关注全民健康、关注全生命周期健康、减小地区和城乡差异的医疗体系,解决医疗体制改革与医疗资源匮乏的矛盾,推进智慧医疗、精准医疗、转化医学、精益设计等医疗理念与医疗模式的更新,是未来医院建筑发展的必经之路,也是我们面临的现实问题和重要挑战。探讨医院建筑的未来之路离不开"智慧"的统领。通过智慧的观念、智慧的医疗、智慧的设计,让医院建筑变得更聪明不再是异想天开的戏言,而是一种颠覆传统的、创新的理念。在安全与效率"双核心"驱动下,医院建筑在新型需求背景和科技支撑下正经历着又一次巨大变革。

4.2.1 新模式的诞生

在安全和效率的推动下,医疗理念已经逐渐有了一些更新,新的空间模式也随之诞生且发展。微观上针对某一具体病症,采取更有针对性、以患者为核心的精准治疗,形成了具有针对性治疗属性的高级别功能综合体;宏观上医疗服务提供模式的分化,推动了建筑空间的消解和与社区用地的融合,对疾病进行提前预防,提高社会整体的安全和健康,减轻上级医院的工作负荷,提升救治效率。

1. 精准治疗模式

对于疑难病症和新型病症的治疗和研究是医学领域不变的追求。具有权威性的先进医院,往往会收治患有此类病症的患者。对于患者的治疗也通常采取不同于一般大型综合医院的标准式治疗方案,而多以此患者为核心制定特殊方案,并严格监视治疗进度,甚至涉及多个医学领域的综合诊断和救治,治疗和康复的过程也相对漫长,追求的是具有精准性的单一患者的治疗过程。整体的治疗具有极高的研究性质。

　　近十几年来,国际医学领域出现了基础研究和临床应用开发双向转化的循环式治疗研究体系,称为转化医学(Translational Medicine)模式。此模式鼓励学科交叉整合,强调基础研究成果与临床应用之间的高效转化与及时反馈,从而为疾病的诊疗和防治争取时间,并能够达到精准治疗的目的。在此医疗模式需求的促使下,美国国立卫生研究院(National Institutes of Health,NIH),自2006年开始至2012年底,在国家层面集中规划建立了最早一批60家转化医学中心,其中包括哈佛大学转化医学中心、宾夕法尼亚大学转化医学中心等一大批依托高校医学院建立的资深转化医学中心。其后,各地转化医学中心也迅速增加。欧盟于2006年提出建设"欧洲高级医药研究转化基础设施",随后出台"欧盟第七框架计划",系统资助转化医学研究与转化医学中心建设,并计划于2020年进入基础研究转化为临床实践的大规模发展时期。

　　转化医学中心的建筑功能空间并非医学科研建筑与医院建筑的简单合并,而是为了实现转化医学理念中"架起医学研究与临床实践之间的桥梁"这一目标。因此,需要从功能组成、空间布局、区域划分、流线组织等多个方面进行重新地梳理与重构。从而使转化医学研究与治疗流程中的各个环节都能够有条不紊地高效运行,真正缩短基础研究与临床实践之间的时空距离。综合分析美国多所转化医学中心和我国若干典型转化型医院建筑的功能设计特征,经总结发现:转化医学流程所需的主体功能区为转化诊疗区、转化实验区、转化护理区三个核心区域,以及培训、志愿者招募、后勤保障等辅助区域;此外,若转化医学医疗空间与综合医院建筑结合设计,医院住院部则可以承接转化护理区的相关医疗活动。图4.2为转化医学功能空间需求。

　　我国转化医学中心的建设始于2008年。第一家具有转化医学中心雏形的"出生缺陷研究中心"由复旦大学生物医学研究院成立,旨在搭建出生缺陷研究平台。2009年,中南大学湘雅医院成立了中南大学转化医学中心。2010年,北京协和医院成立了协和转化医学中心。2013年我国转化医学国家重大科技基础设施(上海)建设项目启动;2014年转化医学国家重大科技基础设施(北京协和)建设项目论证会在京召开,这说明我国医疗界已站在这一领域的国际前沿,相关的医院建筑的设计研究与建设在未来发展中具有不可或缺的地位。目前,我国已建成或已批准待兴建的国家重大科技基础设施级别的转化医学中心已有五家。

　　未来的医院建筑需要数量上的横向扩充,对于高精尖方向的发展也不容忽视。以精准治疗为目标的医疗模式仍具有探讨和发展的潜力,在其推动下,医院建筑空间的新组合方式也将应运而生。

2. 专职分离模式

　　一直以来,如何将复杂的医疗活动进行分解、分级以解决综合医院的效率问题,是

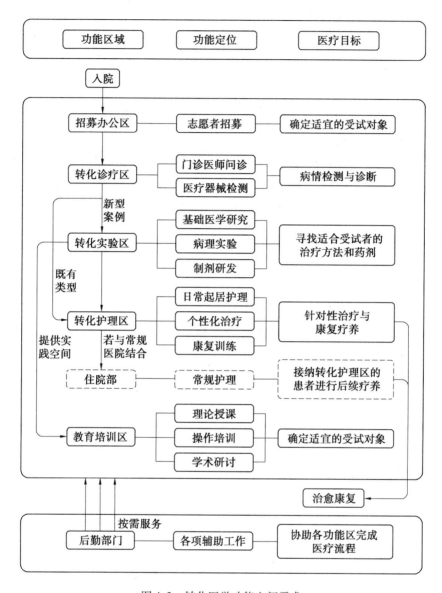

图 4.2　转化医学功能空间需求

医疗卫生领域关注的重点话题。近年来,医疗服务也逐渐开始分化,向不同的方向发展。这种分化不是指传统意义上针对病种不同的专科分化,或是针对病情严重性进行的医疗分级,而是指针对医疗服务的整体流程的拆解。随之,出现了许多提供阶段性医疗服务甚至单一性医疗服务的设施和机构,比如只针对康复过程的康复中心、只提供医学影像服务的医学影像诊断中心、只提供手术治疗的日间手术中心等等。这些机构并不提供从诊断到治疗再到康复的一站式服务,而是截取医疗活动过程中的特定阶段提供专项服务。

　　这种医疗服务的分化,在医疗服务上具有许多的优势。第一,此类机构能够提供更加专业高效的医疗服务,这是由于此类机构提供的服务单一,人员对于单一服务具有更高的专精性,同类机构的良性竞争也更利于推动服务质量的提升。第二,分化的医疗服务可对服务人群或医疗任务进行分流和整合,提高整体资源的利用效率,比如一家医学影像诊断中心可以辅助多家医院进行服务,将患者进行整合,提供专项诊断检查,以减少大型影像设备分置、闲置、效率低下的情况。第三,对于医疗服务的分化,可以分流患者,减轻大型综合医院的压力。

在我国,这类医疗服务机构具有明显的商业化属性,以社会投资的形式,形成第三方服务机构,辅助综合医院进行患者的治疗。自 2017 年起,国家卫生和计划生育委员会(现国家卫生健康委员会)共批准 10 类可独立设置的社会医疗机构,包括:医学检验实验室、病理诊断中心、医学影像诊断中心、血液透析中心、安宁疗护中心、康复医疗中心、护理中心、消毒供应中心、中小型眼科医院、健康体检中心。随后,在政府的推动和政策的扶持下,大量医疗服务机构涌现,极大地丰富了我国的医疗服务市场。在医疗服务质量与数量的双重缺口之下,此类机构还具有广阔的发展建设前景。

在建筑空间模式上,此类医疗机构不仅以独立的建筑形式存在,而且常以单元的形式插入到大型商场之中,形成医疗服务与商业服务融合的情况,具有向美国共享医疗商场模式发展的态势。形成多个医疗机构和商业机构组成的结合体,以医疗服务为主体,辅以购物、餐饮、娱乐、健身等商业服务功能,形成"逛街+医疗服务消费"的模式,综合提供商业服务和医疗门诊专业服务。医疗商场将医疗服务和大型商场充分结合起来,患者及其家人在就医的同时,可以就近购物,既满足住院需求,也能够通过"逛街"等保持良好的心情,有利于疾病的康复。

3. 基层渗透模式

在全民健康的大社会背景下,人们的关注点开始从被动的疾病救治,转向积极的疾病预防。为此,医疗功能空间也开始具有了分散化的趋势,逐渐渗透并融入社区之中,形成具有预防作用的隐性保健空间,以潜移默化的方式保障着人们的健康。一方面,这类健康社区能促进全民的积极生活,通过对整体空间的设计,塑造健康和谐的环境,在满足场所内各类人群的居住、工作、生活及娱乐需求同时,从环境设计、规划的角度鼓励居民自然地把各种强度的活动综合到日常生活规律中,从而促进并持续推进积极生活的方式;另一方面,此类针对老年人、儿童、残疾人等特殊群体进行的包容性空间设计,将消除环境对特殊人群使用过程可能造成的障碍。

在以医疗为主的社区模式之中,强调基层医院与社区、家庭甚至个人的长期稳固合作关系。此概念以美国儿科学会提出的"医疗之家(Patient-Centered Medical Home, PCMH)"为基本理念模型。其最初是指为婴儿、儿童、青少年,尤其是需要特殊医疗照护的未成年人,提供优质、标准化、整体化的基础医疗服务模式。现今衍化为高水准、高度综合的基层医疗卫生机构组织模式。基层医疗卫生机构持续为对口家庭提供方便可及的、以患者与家庭为中心的、全面协调的、富有同情心的基础医疗服务,并在提供医疗服务的同时充分尊重文化因素对医疗的影响。这一模式不仅局限于对已发生疾病的治疗,同时关注人的整体健康状态,强调预防与治疗并重,在对人的生理健康进行管理的同时,也注重调节人的精神健康,积极促进健康行为。我国基层医疗平台建设可参考 PCMH 模式,在完善社区医疗基本服务基础上,充分考虑基础医疗卫生服务对象的年龄和能力的差异,为儿童、老年人、残疾人等需要长期持续健康支持与身体情况检查的特殊群体建设专业化、有针对性的基层健康服务平台。

在以预防疾病为主的健康社区模式之中,主要考虑的是空间模式对于疾病的预防甚至辅助治疗,比如鼓励行走的路径和景观对于肥胖症的预防、光设施对于季节性情绪失调的预防等等。结合移动设备进行的社区布局规划,辅助散步、跑步、骑行的健康的运动方式也是近年来新健康社区规划的理念形式。在移动设备技术进一步发展,AR 技术成熟后,未来健康社区的营造有待进一步发展。

4.2.2　新技术的落实

在对于安全和效率的不断追求之下,综合的先进技术成为医院建筑设计中的考量目标。这些技术既包括医疗服务技术流程的层面,也包括建筑设计及建设技术的层面。医疗技术发展对建筑空间的影响、建筑技术在医院建设上的应用、设计技术在医院设计中的体现、公共管理技术对于空间资源的分配办法等,都成为未来医院建筑技术落实的侧重点。

1. 智慧医疗与未来医院

近年来,我国立足全民健康问题,开始重视将智能化手段应用于医疗卫生领域。2016 年中共中央、国务院印发的《"健康中国 2030"规划纲要》中重点指出要发展智慧医疗与智能健康产品。尽管医疗技术是落实智能医疗环境的核心要素,但并非是唯一的焦点。医院建筑空间及设施作为医疗活动最直接的平台与载体,必须提供与之相匹配的空间支撑。

智慧医疗(Smart Health-care)是指运用新一代物联网、云计算等信息技术,通过感知化、物联化、智能化的方式,将与医疗卫生建设相关的物理、信息、社会和商业基础设施连接起来,并智能地满足相应医疗卫生生态圈内需求的医疗方式。智慧医疗通常由智慧医院、区域卫生,以及家庭健康三部分组成。智慧医疗的巨大优势体现在信息化系统集成、信息共享和智能处理等方面。智慧医疗能促进诊疗和健康数据信息的便捷交换与共享,实现患者与医护人员、相关机构、医疗设备之间的高效互动(图 4.3),推进医疗服务智能化和诊疗流程优化,缩短患者与医疗机构以及医疗机构之间的空间距离,提升疾病诊治效率和技术水平,以满足人民群众持续增长的更便捷、更高效、更安全的健康服务需求。智慧医疗因日益多元化的医疗服务需求而诞生,进而带动了医疗服务模式的转变。因此医院建筑本体需要从自身的空间形式和设备设置上与之相匹配。

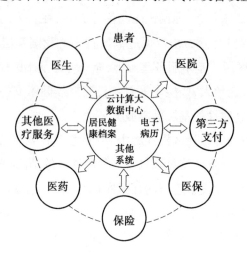

图 4.3　智慧医疗模式下的健康数据信息互动

在未来医院所提供的智慧医疗模式下,患者在家中就可通过与互联网连接的终端设备对身体状况指标进行检查,减少实体医院负荷,实现医疗资源的高效利用。家庭智慧终端系统可以通过对比患者平时正常的生理指标,自动判断病情是否严重。如果严重,可以一键呼救;非紧急状态,患者可以通过手机应用一键进行门诊预约挂号,极大程度缩短就医时间。就诊期间,患者可以通过手机等移动终端查看就诊状态、等候情况、待办手续、医疗资讯、导引位置以提高就诊效率。办理入院期间,医疗信息系统能简化住院流程。住院期间,患者佩戴的手环可以自动收集并记录体温、心电图等数据,通过无线网络传输至主治医师的工作平台。医生可在办公室通过对患者数据状况的浏览,实时掌握患者的状况。手环还可以利用 GPS 技术定位到每个患者在医院的具体位置。医护人员通过 BIM 可视化界面和手环定位就可以方便地查看当前患者在医院的分布状况。患者出院后若仍需定期服药,智慧医疗服务可以通过移动端提醒患者服药,并将服药情况及时反馈给医生。

智慧医疗服务的实现,将会逐渐消解部分医院建筑的空间功能,缩小部分空间的体量,减少某些功能空间的储备,甚至改变空间功能的组合模式。例如,快速预约和移动终端的信息采集,会降低门诊大厅以及检测空间的需求量;远程的患者体征监测,可以将患者的康复过程从住院空间转移至脱离综合医院的康复空间,甚至家庭空间,从而缓解医院住院空间紧张的问题。另外,利用大数据,实现疾病的预测和快速诊断,有助于提高基层医院的医疗质量,从而真正实现疾病的分级治疗,有效地提高总体医疗服务系统的运转效率。

2. 智能技术与未来医院

建筑设备自动化系统(Building Automation System,BAS)、通信自动化系统(Communication Automation System,CAS)、办公自动化系统(Office Automatization,OA)、消防自动化系统(Fire Automation System, FAS)和安全防范自动化系统(Security Automation System,SAS)共同组成了智能建筑的五大系统。建筑的每一个部位,都由这五大系统的传感装置、控制装置进行覆盖,系统的主机在建筑的不同需求位置予以设立。智能医院建筑是智能建筑在医疗这一领域的具体落实。作为智能建筑的重要类别,智能医院建筑的概念首次出现在 2009 年智能健康协会(Intelligent Health Association,IHA)下的子组织无线辨识系统医疗联盟(The RFID in Healthcare Consortium,RHCC)对无线辨识系统(Radio-Frequency Identification Card,RFID)的倡议中,其目的是在推动当今高技术在医疗环境上的应用的同时,阐明以高技术为导向,可以创造一个各系统无缝接合的高集成病人护理环境。

智能技术在建筑中落实的最终目标在于为建筑的使用者提供舒适、便捷、高效的使用环境。因此智能建筑的直接行动目标应在于逐渐简化甚至免除人对于建筑的主动管理与控制,使得建筑可以自动完成判断并执行适当的动作。而信息技术及其设备的大量介入使得建筑的发展越来越具有机械化的倾向,建筑逐渐成为一个具有容纳人在其内部活动的功能的大型机械。类似机械运作,智能建筑内部的设备与构件在日常的建筑使用中也具有动态化的特征。从建筑层面来讲,未来的智能医院建筑的具体智能化设计目标体现在以下几方面。

(1)实现功能空间的可变性。

应变能力和适应性成为当代医疗环境设计的重要评判标准之一。在医院建筑空间的研究中,除了通过优化和改造既有功能空间的设计手段实现医院建筑环境的适应性需求以外,还常以设计通用空间、标准化空间或模块化空间体系等手段来应对医疗空间的需求变化。近年来,由于装配式建设方式的广泛应用,预制移动构件的可行性、建筑内部空间的动态化已初步实现。这些从内部实现功能转化、空间的重叠利用的方法在住宅建筑中的使用尤为明显。而对于医院建筑而言,住院楼的建筑内部可以通过可移动的墙体、设备、弹性安装管道等设计途径,寻求建筑空间的弹性化使用,实现住院空间的动态化分隔,从而令建筑空间能够智能化地满足不同时段、不同人员组成、不同护理阶段中患者的需求变化。

(2)实现空间管理的去人工化。

智能医院的核心在于在尽量不采取人工介入的情况下,空间环境就能按照具体需求进行自我调控,达到最佳状态。医院的空间管理包括对微观空间使用限度的管理与空间内医疗与辅助设备的应用管理,以及相对宏观层面的区域管理与使用空间的分配问题。在传统的医院建筑空间使用过程中,空间的管理以责任划分制度最为普遍。空间的开启、关闭与使用在相关责任人的管理之下进行。这种方式不仅具有人工使用的不标准和易出错性质,而且还在某种程度上增加了医护人员的工作内容,使其必须在繁重的医疗工作过程中,分出精力顾及空间的使用与医疗设备的状态。另外,空间的管理与安保系统的连接也极为紧密,尤其在医院建筑这一使用人群复杂、公共性与私密性并存的建筑类型中。医院建筑的空间管理还包括空间分配问题,如医技空间、手术空间、住院空间等的排序与分配。人工化的空间管理需要专门的人员对空间的使用情况进行追踪和统计并进行分配,这会产生人力资源的浪费,空间分配不及时、不合理等问题,造成空间资源使用效率的低下。去人工化的空间管理,在于根据使用时段进行自动的设备预热、开启或关闭,以及专门空间或专门时段的门禁与通行;在空间资源分配中,智能化的医院系统应具有预约、预判、分配并自动通信的功能,引导使用者前往空置的或即将空置的设备空间之中,以提高空间的使用效率。

(3)实现能耗层面的主动性的调节与控制。

医院内存在许多具有特殊物理环境需求的空间类型,如负压病房、无菌病房、ICU病房及各种手术室等。在智能医院中,医疗空间应能够自动与使用者进行互动,实现在宏观上持续调节、监测、记录、警报并控制建筑物理环境的功能。这种控制一方面是对室内物理环境的标准化控制,其主要目标在于预测室内物理属性的趋势,并进行机械化的提前干预。这一动作相对于人的手动调节而言,反应速度更快,反应程度更准确,且不会出现矫枉过正的情况。另一方面,高效率的机械调控能够在提供舒适专业的物理空间的基础上,节约更多在此目标上付诸的能源消耗。据调查,医院的能耗是一般公共建筑的1.6—2倍。能源消耗的控制在医院建设和使用过程中的意义重大,应该考虑如何压低赋闲空间或低效率空间的能耗,控制其保持在半休眠状态,保证其在临时投入使用时不会因为长时间预热而耽误医疗进程。

3. 模块设计与未来医院

模块化的设计方法源自工业化大生产时代。轻武器领域最早采用了产品模块化的设计理念,这也是美国工业化大发展的结果,后来这一理念的优势被更多的人接受,开始被家用机电、车辆制造等制造业领域采用。20世纪20年代,建筑师开始考虑在建筑行业效仿“福特主义”的做法,通过铸铁仓库、框架房屋等新的建筑形式引入模块化工业化建设方式。这标志着建筑业模块化工业化的开始。信息革命后,建筑行业的模块化个性定制出现,以绍普建筑事务所为《建筑》杂志社设计的展台最为突出,该展台通过17个标准模块组合构成496种不同的装饰板材,形成变化丰富的展墙效果。

模块化设计方法下,单元体的表现形式为模块,不同模块在一定逻辑架构下可以自由搭配组合,实现多种功能空间的快速转换。模块化设计在多用途空间的应用中有三大优势:首先,单体模块是相对独立的组件,可以由不同的团队对其进行独立设计、生产和储存,有利于多专业合作和多企业协同,提升生产效率;其次,为便于模块的组合搭接,共同实现整体功能,单体模块在建构时通常将接口等重要部位的各种参数做标准化处理,以实现互换和拼接的便利性;最后,在互换性的基础上,模块化设计方法下的单体模块单元通常具有较强的通用性,可以实现横向系列产品和纵向系列产品间相近功能模块的跨系列使用。

医院建筑功能分支复杂,空间单元具有标准化的属性,内部设备更新和维护频率相对较高。模块化的设计建设方式优势恰巧与医院建筑的基本属性相吻合,可以在医院建筑的有机更新和发展中起到良好的作用。标准单元的加建可以在医院建筑的未来扩张中,保持医院整体规划的逻辑,避免产生功能套叠,以及空间功能置换引起的适应性低下问题;空间内,标准功能模块的更替,可以保证在未来局部破损维护或医疗设施更新时,避免对建筑的整体性或其他空间的持续使用产生影响。

国外已经存在空间模块化的医院建设研究。美国 HKS 建筑设计公司在单元病房的模块建构上拥有先进的设计成果(图 4.4)。美国的 GOLD 公司推出的移动模块化医院系统已将模块化医院建设付诸实践,系统中各部门空间均呈现为等大的独立模块。进行完整预制后,根据需要运输至目的场地,实现医院的组合建设。

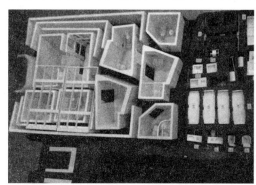
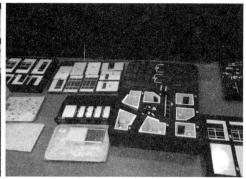

(a) 墙体卫生间及相关家具模块组件　　　　　　　(b) 模块组件分类收纳

图 4.4　美国 HKS 建筑设计公司的建筑护理单元模块模型

现阶段,我国的模块化医院建筑处于发展和探索阶段,相应实践并不成熟,具有实验设计的性质,但已经存在大量的综合医院模块化研究,涉及的相关内容包括模块化系统分级、模块化医院应用领域的探讨、具体功能空间的模块化实践等等。随着模块化体系逐渐成熟,在相应的装配技术支持之下,未来的模块化医院建筑,将具有产品化的功能属性,可以根据医院策划的具体要求,实现标准化的套餐选择以及快速组合和建设。

4. 移动装配与未来医院

现阶段,移动医院的概念主要应用在医疗卫生突发公共事件的应对中。对于突发公共事件破坏城市建筑群,既有医疗空间严重受损、事件发生区域道路交通中断、突发公共事件伴随严重传染性疾病等情况,需要在事件发生区域或隔离区搭建临时的医疗空间满足救治要求。这一类移动空间以军用的医疗空间为主要载体。目前我国自主研制的可移动医疗空间类型较为丰富,基本涵盖了目前世界上所使用的可移动应急医疗空间类型,如方舱医院、野战医院、医疗船等,部分急救中心已配备国外先进医疗急救车。

除此之外,移动医院亦逐渐开始向民用方向探索,考虑非灾时期的医疗应用,意在为偏远地区提供移动诊疗服务。移动诊疗服务是切实解决基本医疗服务和公共卫生服务的均等化、实现区域卫生资源合理规划的钥匙。为基层医院普遍配备高新设备的效率显然是极其低下的,也是财力不可能承受的。而移动医院能够使边远农村群众有平等机会享受到大型医疗设备检查、检验等优质医疗资源的服务。移动诊疗服务因其具有良好的机动性、环境适应性、配套性等优点,能够在基层医疗服务机构尤其是乡村医疗服务中发挥"时间可及、成本可及、位置可及、优质可靠"的重要作用,可更好地整合与利用各个层面的医疗资源,有效地提高偏远地区人口医疗与公共卫生服务的水平。结合信息化医疗服务手段,以提高对于偏远地区人口健康状况的把握制定调节移动医院的配置策略。

移动医院以运输工具为载体、标准化医疗功能单元为核心,实现空间的可移动性。运输工具载体的升级和功能空间单元的升级,均对未来移动医院的发展有着推进作用。移动医院的形成将逐渐使患者向医院移动来寻求医疗服务的模式,转化为医院向患者移动的医疗供给模式,全面促进人口的卫生与健康控制。此外,移动医院的功能正逐渐从单一性的医疗功能,向全面综合性的医疗功能转化。未来医疗设施的小型化和可移动化,将随着信息技术的发展,使移动医院承担起更多的医疗服务内容,提供更高水平的医疗检测和治疗。空间单元的机械化变形,也正在打破运输工具载体对空间体量的限制。多医疗单元组合体系的完善亦可以使医疗功能进行组合,形成移动医院基地,以满足不同情况的医疗救治需求。

本篇再次重申了医院建筑的安全风险控制观和双重效率观的双核心,说明以此发展的医院建筑的多维度价值内涵,并进一步地从安全与效率出发,立足现今蓬勃发展的医疗技术、信息技术、建筑设计与建造技术,对未来医院建筑的发展进行了展望。本篇意在进一步明确和加深当代医院建筑的安全与效率观,并将之引申到发展实践,以期对未来的医院建筑设计有更加现实的引导意义。

参考文献

[1]罗运湖.现代医院建筑设计[M].2版.北京:中国建筑工业出版社,2009.

[2]王锐,申俊龙.我国医疗机构安全管理存在的问题及对策[J].医学与社会,2016,29(5):58-59,69.

[3]KLEVENS R M, EDWARDS J R, RICHARDS C L,Jr, et al. Estimating health care-associated infections and deaths in U. S. hospitals, 2002[J]. Public Health Reports, 2007, 122(2):160-166.

[4]朱雪梅,罗杰·乌尔里奇,柏鑫.为病人安危进行设计——解析医院建筑对医源性感染的影响[J].城市建筑,2013(9):22-26.

[5]国家药品监督管理局.国家医疗器械不良事件监测年度报告(2016年度)[R/OL].(2017-05-10)[2019-04-21].http://nmpa.gov.cn/WS04/CL2197/324915.html.

[6]马跃,袁雁,许苹,等.浅谈我国康复医疗服务体系发展现状[J].解放军医院管理杂志,2013(11):1090-1092.

[7]龙灏,李焕杰.大型综合医院改扩建中的规划与建筑设计对策[J].华中建筑,2011(5):49-52.

[8]NEWHOUSE R P, STEPHANIE P. Measuring patient safety[M]. Sudbury, MA: Jones & Bartlett Publishers, 2004.

[9]张晓明.基于人群模拟的医院住院部疏散安全研究[D].哈尔滨:哈尔滨工业大学,2013.

[10]COLLING R L, YORK T W. Hand-washing patterns in medical intensive-care units [J]. The New England Journal of Medicine, 1981, 304(24): 1465-1466.

[11]COLLING R L, YORK T W. Hospital and healthcare security[M]. 5th Edition. Amsterdam:Butterworth-Heinemann Ltd, 2010.

[12]FGI. Guidelines for design and construction of health care facilities[M]. 2018 Version. America: American Institute of Architects, 2017.

[13]WATKINS D H, HAMILTON D K. Evidence based design for multiple building types [M]. Hoboken: Wiley, 2008.

[14]SMITH R. Lean-led hospital design:creating the efficient hospital of the future[M]. Boca Raton: CRC Press,Taylor & Francis Group, 2013.

[15]SMITH G R, Jr, DEVISETTY V K, MITRA D L. Perceptions of safety are shaped by the hospital environment[J]. JAMA Intern Med, 2013, 173(15): 1471-1472.

[16] 林建华. 医院安全与风险管理[M]. 北京:高等教育出版社,2012.

[17] 张景林. 安全科学[M]. 北京:化学工业出版社,2009.

[18] 孙辉,霍丽丽,徐波,等. 基于社区直接挂号三级医院的分级诊疗系统建设探究[J]. 中国数字医学,2017(5):30-32.

[19] 巫景飞,方金武. "AI+医疗"的创新与挑战[J]. 上海商业,2019(5):8-10.

[20] LEI Z, SHAN W, SHAN Y. Discussion on modern large-scale general hospital building design[J]. Industrial Construction, 2010, 40(5): 55-58.

[21] 陈家琪. 公共空间与公共意识中的公德问题[J]. 人民文摘,2013(10):26-28.

[22] ULRICH R S. View through a window may influence recovery from surgery[J]. Science, 1984, 224(4647): 420-421.

[23] 黄勋,吴安华,徐秀华. 医院安全与医院感染管理刍议[J]. 中国护理管理,2005,5(1):12-14.

[24] 李喜先,等. 科学系统论[M]. 2版. 北京:科学出版社,2005.

[25] 白晓霞. 医院建筑空间系统功能效率研究[D]. 哈尔滨:哈尔滨工业大学,2011.

[26] 赵春国. 海恩法则和墨菲定律[J]. 安全、健康和环境,2009(1):51.

[27] 郭振龙,朱兆华. 安全逻辑学[M]. 北京:化学工业出版社,2005.

[28] GRABAN M. Lean hospitals: improving quality, patient safety, and employee engagement[M]. Boca Raton: CRC Press, 2013.

[29] 刘丹红,徐勇勇,甄家欢,等. 医疗质量及其评价指标概述[J]. 中国卫生质量管理,2009,16(2):57-61.

[30] 刘虹. 论医疗差错[J]. 医学与哲学,2008,29(12):1-3,14.

[31] 姜曼玉. 医患沟通特点与影响因素调查[J]. 中国校医,2014,28(1):68-69.

[32] BRUNTON B W, BOTVINICK M M, BRODY C D. Rats and humans can optimally accumulate evidence for decision-making[J]. Science, 2013, 340(6128): 95-98.

[33] LISTED N A. The joint commission releases improving America's hospitals: the joint commission's annual report on quality and safety 2007[J]. Joint Commission Perspectives, 2007, 27(12): 1-3.

[34] AMALBERTI R, HOURLIER S. Human error reduction strategies in health care[J]. Perspectives in Healthcare Risk Management, 2007, 12(2): 525-560.

[35] 李红. 护士职业倦怠的研究进展[J]. 天津护理,2010,18(2):117-119.

[36] 刘惠林,张菊香. 急诊护理中不安全因素分析与对策[J]. 中国误诊学杂志,2008(35):8645-8646.

[37] 白晓霞,张姗姗. 面向未来的转化医学中心设计研究——以美国佛罗里达医院转

化医学中心为例[J].建筑学报,2015(7):109-112.

[38]王明辉,张艳华.静脉药物调配中心内噪声问题初探[J].首都医药,2014,21(22):9-10.

[39] MAHMOOD A, CHAUDHURY H, GAUMONT A, et al. Long-term care physical environments—effect on medication errors[J]. International Journal Health Care Quality Assurance, 2012, 25(5): 431-441.

[40]BARACH P, DICKERMAN K N. Hospital building design boosts patient safety[J]. Healthcare Benchmarks and Quality Improvement, 2002, 9(12): 67-68.

[41]ULRICH R S, ZHU X M. Medical complications of intra-hospital patient transports: implications for architectural design and research[J]. HERD, 2007, 1(1): 31-43.

[42]BAIER S, SCHOMAKER M Z. Bed number ten[M]. Boca Raton: CRC Press, 1989.

[43]CHARMEY W. Handbook of modern hospital safety[M]. 2nd edition. Boca Raton: CRC Press, 2010.

[44]郝晓赛.构筑建筑与社会需求的桥梁——英国现代医院建筑设计研究回顾(一)[J].世界建筑,2012(1):114-118.

[45]ULRICH R S, ZIMRING C, ZHU X M, et al. A review of the research literature on evidence-based healthcare design[J]. HERD: Health Environments Research & Design Journal, 2008, 1(3):101-165.

[46]HADDOX J C. Essays on evidence-based design as related to buildings and occupant health[D]. Morgantown: West Virginia University, 2013.

[47]黄锡璆,梁建岚.安全医院研究[J].中国医院建筑与装备,2012(12):82-85.

[48]BLUM A,王夏璐.医院设计如何拯救生命——改变设计可以减少医生的错误并降低感染发生率,提升医护人员的工作效率[J].城市环境设计,2011(C3):116-117.

[49]梁建岚.谈综合医院的安全性评价体系[J].山西建筑,2014,40(34):260-261.

[50]格伦.中国医院建筑思考:格林访谈录[M].北京:中国建筑工业出版社,2015.

[51]张姗姗.应对突发公共卫生事件的医疗建筑研究[D].哈尔滨:哈尔滨工业大学,2008.

[52]徐艳.医疗安全预警系统研究[D].上海:复旦大学,2010.

[53]刘阳晨,刘松林.数字化医院安全策略的应用[J].中国医疗设备,2010,25(2):42-43.

[54]蔡文智.医务人员职业伤害现状调查及相关影响因素分析研究[D].西安:第四军医大学,2009.

[55]孙娜.精益六西格玛在患者安全流程改造的应用研究[D].重庆:第三军医大学,

2011.

[56]邢庆华,宋爱华.医务人员职业暴露统计分析及防护措施[J].国际医药卫生导报,2014,20(9):1288-1290.

[57]CHOI Y S. The physical environment and patient safety: an investigation of physical environmental factors associated with patient falls[D]. Atlanta: Georgia Institute of Technology College of Architecture, 2011.

[58]JOSEPH A, HENRIKSEN K, MALONE E. The architecture of safety: an emerging priority for improving patient safety[J]. Health Affairs, 2018, 37(11): 1884-1891.

[59]PATI D, LEE J, MIHANDOUST S,et al. Top five physical design factors contributing to fall initiation[J]. HERD: Health Environments Research & Design Journal, 2018, 11(4): 50-64.

[60]MORRILL P W. Risk assessment as standard work in design[J]. HERD: Health Environments Research & Design Journal, 2013, 7(1): 114-123.

[61]STICHLER J F, MCCULLOUGH C. Same-handed patient room configurations: anecdotal and empirical evidence[J]. The Journal of Nursing Administration, 2012, 42(3): 125-130.

[62]SCHLEFMAN A, RAPPAPORT D I, ADAMS-GERDTS W, et al. Brief report: healing touch consults at a tertiary care children's hospital[J]. Hospital Pediatrics, 2016, 6(2): 114-118.

[63]李六亿,刘玉村.医院感染管理学[M].北京:北京大学医学出版社,2010.

[64]陈翠敏.大型综合医院感染影响因素及对策研究——以某大型综合性医院为研究对象[D].重庆:第三军医大学,2011.

[65]孙雯波.传染病及其防控的伦理分析[D].湖南:中南大学,2010.

[66]AIREY P J, BEGGS C B, KERR K, et al. Effect of relative humidity on the survival of airborne opportunistic Gram-negative pathogens[J]. Clinical Microbiology and Infection, 2010, 2(16): 442.

[67]LEE L D, BERKHEISER M, JIANG Y, et al. Risk of bioaerosol contamination with Aspergillus species before and after cleaning in rooms filtered with high-efficiency particulate air filters that house patients with hematologic malignancy[J]. Infection Control & Hospital Epidemiology, 2007, 28(9): 1066-1070.

[68]KOHN L T, CORRIGAN J M, DONALDSON M S. To err is human: building a safer health system[M]. Washington:The National Academies Press, 2000.

[69]凯瑟琳·舒尔茨. 我们为什么会犯错? [M].陈盟,钟娜,译.北京:中信出版社,

2012.

[70] LIM T, CHO J, KIM B. The influence of ward ventilation on hospital cross infection by varying the location of supply and exhaust air diffuser using CFD[J]. Journal of Asian Architecture and Building Engineering, 2010, 1(9): 259-266.

[71] 寇婧. 基于医患分离理念的综合医院门诊空间设计研究[D]. 哈尔滨:哈尔滨工业大学,2010.

[72] 傅婕. 基于潜意识与行为习惯的交互设计启示性[D]. 湖南:湖南大学,2013.

[73] 施春平,万苏闽,冯兰芳. 皮肤科门诊治疗室感染控制方法改进效果观察[J]. 交通医学,2009,23(4):445,447.

[74] 平仁香,冯玲. 三级医院康复科物理治疗室感染的预防与管理[C]//浙江省科学技术协会. 2013 浙江省物理医学与康复学学术年会暨第八届浙江省康复医学发展论坛论文集. 浙江:浙江省科学技术协会,2013:797-799.

[75] 刘华,罗蓓蓓. ICU 医院感染多重耐药菌类型、耐药性及感染相关因素研究[J]. 实用医院临床杂志,2009,6(3):140-142.

[76] BORG M A. Bed occupancy and overcrowding as determinant factors in the incidence of MRSA infections within general ward settings[J]. Journal of Hospital Infection, 2003, 54(4): 316-318.

[77] HADIKOEMORO S. A comparison of public and private university students' expectations and perceptions of service quality in Jakarta, Indonesia[M]. Indonesia: Nova Southeastern University, 2001.

[78] 梁磊,刘华. 某负压隔离病房通风空调设计[J]. 暖通空调,2007,37(5):89-92,88.

[79] 邱耀雄,徐景亮,张玉宇,等. 医院门诊室内空气质量评价[J]. 城市环境与城市生态,2014,27(3):1-4.

[80] MORSE J M. Preventing patient falls[M]. Thousand Oaks: Sage Publications,1997.

[81] 谢春晓,吴娟. 老年住院患者跌倒危险因素评估及预防研究进展[J]. 齐鲁护理杂志,2013,19(17):52-54.

[82] 彭海燕. 重症监护病房冠心病患者跌倒原因分析及护理管理对策[J]. 现代医药卫生,2014,30(2):273-274.

[83] 胡丽华,周秀娟,黄宝婷,等. 骨科病人意外跌倒风险因素评估及护理对策[J]. 当代医学,2009,15(18):128-129.

[84] 乔建萍,彭婉仪,招秀霞. 妇科病人意外跌倒风险因素评估及护理对策[J]. 南方护理学报,2005,12(11):32-34.

[85] WILL P. 美国芝加哥拉什大学医学中心[J]. 赵丹,译. 城市建筑,2013(9):90-99.

[86] HENDRICH A L, FAY J, SORRELLS A K. Effects of acuity-adaptable rooms on flow of patients and delivery of care[J]. American Journal of Critical Care: an official publication, American Association of Critical-Care Nurses, 2004, 13(1): 35-45.

[87] MALKIN J. Medical and dental space planning: a comprehensive guide to design, equipment, and clinical procedures[M]. 3rd edition. New York: Wiley, 2002.

[88] 张南宁. 走出医疗建筑决策的误区[J]. 城市建筑, 2005(6):12-15.

[89] HAMILTON D K, SHEPLEY M M. Design for critical care: an evidence-based approach[M]. Boston: Elsevier/Architectural Press, 2009.

[90] 胡青波. 现代医院住院药物配送系统建筑空间设计研究[D]. 西安:西安建筑科技大学, 2013.

[91] 蒋伊琳. 数字化技术辅助下的医院建筑设计方法研究[D]. 哈尔滨:哈尔滨工业大学, 2011.

[92] 国家自然科学基金委员会, 中国科学院. 未来10年中国学科发展战略·医学[M]. 北京:科学出版社, 2012.

[93] 周开济. 美国医疗建筑设计教学的模式概述[J]. 中国医院建筑与装备, 2014(7): 101-103.

[94] 西格里斯特. 西医文化史:人与医学[M]. 海口:海南出版社, 2012.

[95] WOLLERT H G. 如何建立一个杂交手术室[J]. 中国心血管病研究, 2010, 8(8): 636.

[96] 潘东川. 中西医康复医学的特点及其发展趋势[J]. 医学信息(中旬刊), 2011, 24 (8):4228.

[97] 周凌, 张万桑, 殷强, 等. 南京鼓楼医院南扩工程[J]. 建筑学报, 2014(2):46-51.

[98] 菲利普·莫伊泽. 医疗建筑设计:专科诊所和医学科室[M]. 范忧, 徐飚, 译. 武汉:华中科技大学出版社, 2012.

[99] 朱健华, 蒋道荣. 临床医学概论:上[M]. 北京:科学出版社, 2011.

[100] 于锋. 临床医学概论[M]. 北京:人民卫生出版社, 2011.

[101] 满丽芳, 刘清, 廖宁, 等. 医院急诊量变化趋势:基于某院2005—2016年的数据分析[J]. 右江民族医学院学报, 2017, 39(4):292-293.

[102] 马俊, 杨霞, 周文华. 应用"入口-通过-出口"概念模型缓解急诊科拥挤的研究进展[J]. 中国护理管理, 2014, 14(2):219-222.

[103] 王宏秋, 游兆媛, 丁舒, 等. 国内外急诊预检分诊工具的应用进展[J]. 中国病案, 2017, 18(12):51-54.

[104] 王仲, 曹钰, 尹文, 等. 医院急诊科规范化流程[C]//河南省护理学会. 2014年河

南省护理学会医院感染管理专业学术研讨会论文集. 河南：河南省护理学会，2014：3.

[105]林明路. 高效与人性化——从约翰梅尔医院急诊部看美国急诊部设计[J]. 中国医院建筑与装备，2014(10)：76-80.

[106]STRAUSS R W, MAYER T A. Strauss & Mayer's emergency department management[M]. New York：McGraw-Hill Education，2014.

[107]许师师. 大型综合医院中心手术部与其相关医技科室综合布局关系初探[D]. 广州：华南理工大学，2013.

[108]白雪. 医疗建筑中重症监护单元(ICU)的建筑设计研究[D]. 西安：西安建筑科技大学，2007.

[109]栗树凯. 现代综合医院中的介入治疗中心建筑设计研究[D]. 西安：西安建筑科技大学，2014.

[110]黄立炜. 数据挖掘在医院物流系统管理中的应用[J]. 数字技术与应用，2012(9)：79-80.

[111]BAYOUMI M. Identification of the needs of haemodialysis patients using the concept of Maslow's hierarchy of needs[J]. Journal of Renal Care，2012，38(1)：43-49.

[112]段丽芳. 产后抑郁症发生因素的综合研究[D]. 泰安：泰山医学院，2014.

[113]王大毅，张娜，赵娟. 住院病人陪探视需求现状调查[J]. 护理研究，2014，28(33)：4155-4156.

[114]张密. 病房陪护床设计与研究[D]. 石家庄：河北科技大学，2018.

[115]国家卫生计生委. 2016 年我国卫生和计划生育事业发展统计公报[R/OL]. (2017-08-18)[2019-04-20]. http://www. nhc. gov. cn/guihuaxxs/s10748/201708/d82fa7141696407abb4ef764f3edf095. shtml.

[116]杨阳. 现代综合医院新生儿重症监护中心(NICU)建筑设计研究[D]. 西安：西安建筑科技大学，2017.

[117]马丽. 大型医院门诊大厅设计研究[D]. 重庆：重庆大学，2007.

[118]HAMILTON D K, SHEPLEY M M. Design for critical care：an evidence-based approach[M]. UK：Elsevier Ltd，2010.

[119]VERDERBER S. Innovations in hospital architecture[M]. New York：Routledge，2010.

[120]中国建筑学会. 建筑设计资料集：第六册[M]. 3 版. 北京：中国建筑工业出版社，2017.

[121]GRABAN M. Lean hospitals：improving quality，patient safety，and employee

engagement[J]. HERD: Health Environments Research & Design Journal, 2013, 7 (1): 124-125.

[122] WOOLF S H. The meaning of translational research and why it matters[J]. Jama, 2008, 299(2): 211-213.

[123] 方福德, 程书钧, 田玲. 建设研究型医院促进转化医学发展[J]. 中国卫生政策研究, 2009, 2(7): 16-19.

[124] DONGEN G A, USSI A E, MAN F H, et al. EATRIS, a European initiative to boost translational biomedical research [J]. American Journal of Nuclear Medicine & Molecular Imaging, 2013, 3(2): 166-174.

[125] 国务院办公厅. 国务院关于印发国家重大科技基础设施建设中长期规划(2012—2030 年)的通知[R/OL]. (2013-02-23) [2019-04-20]. http://www.gov.cn/zwgk/2013-03/04/content_2344891.htm.

[126] SIA C, TONNIGES T F, OSTERHUS E, et al. History of the medical home concept [J]. Pediatrics, 2004, 113(5): 1473-1478.

[127] STANGE K C, NUTTING P A, MILLER W L, et al. Defining and measuring the patient-centered medical home[J]. Journal of General Internal Medicine, 2010, 25 (6): 601-612.

[128] 马玉林, 程勇, 赵金明. 医院节能减排工作的实施[J]. 中国医学装备, 2010, 7(2): 41-43.

[129] 中华人民共和国国家卫生和计划生育委员会. 综合医院建筑设计规范: GB 51039—2014[S]. 北京: 中国计划出版社, 2014: 12.

[130] MAHMOOD A, CHAUDHURY H, GAUMONT A. Environmental issues related to medication errors in long-term care: lessons from the literature[J]. HERD: Health Environmonts Research & Design Journal, 2009, 2(2): 42-59.

[131] 秦鑫. 综合医院候诊区声环境研究[D]. 哈尔滨: 哈尔滨工业大学, 2012.

[132] HALL K K, KAMEROW D B. Understanding the role of facility design in the acquisition and prevention of healthcare-associated infections[J]. HERD: Health Environments Research & Design Journal, 2013(7): 13-17.

[133] 苏元颖, 朱小亚. 多元式病房设计研究——新型诊治模式下住院病房形式蜕变[J]. 城市建筑, 2012(5): 41-44.

[134] 许钟麟. 隔离病房设计原理[M]. 北京: 科学出版社, 2006.

[135] 龚旎. 医院建筑热湿环境舒适与健康影响研究[D]. 重庆: 重庆大学, 2011.

[136] ZIMRIN G C, JACOB J T, DENHAM M E, et al. The role of facility design in preventing the transmission of healthcare-associated infections: background and

conceptual framework[J]. HERD:Health Environments Research & Design Journal, 2013,7(1):18-30.

[137]HAMEL M, ZOUTMAN D, O'CALLAGHAN C. Exposure to hospital roommates as a risk factor for health care-associated infection[J]. America Journal of Infection Control, 2010, 38(3): 173-181.

[138]CHOI Y S, BOSCH S J. Environmental affordances: designing for family presence and involvement in patient care[J]. HERD:Health Environments Research & Design Journal, 2013, 6(4): 53-75.

[139]GHARAVEIS A, SHEPLEY M M, GAINES K. The role of daylighting in skilled nursing short-term rehabilitation facilities[J]. HERD:Health Environments Research & Design Journal, 2016, 9(2): 105-118.

[140]BONUEL N, CESARIO S. Review of the literature: acuity-adaptable patient room [J]. Critical Care Nursing Quarterly, 2013, 36(2): 251-271.

[141]VASSALLO M, AZEEM T, PIRWANI M F, et al. An epidemiological study of falls on integrated general medical wards[J]. International Journal of Clinical Practice, 2000, 54(10): 654-657.

[142]SPRATT D, COWLES C E, BERGUER R, et al. Workplace safety equals patient safety[J]. AORN Journal, 2012, 96(3): 235-244.

[143]薛雯,王富军,王璐.X 射线屏蔽材料设计与制备的研究进展[J].产业用纺织品, 2015,33(6):1-5.

[144]邢建锋.防射线防护门的工程应用及设计探讨[J].机电产品开发与创新,2013, 26(4):77-78,81.

[145]王宝慧. 静脉化疗药物配置中心安全管理[C]∥中华护理学会. 中华护理学会《护士条例》解析培训会、中华护理学会 2008 年"中国护理事业发展"论坛暨全国护理新理论、新技术、新方法研讨会论文汇编. 海口:中华护理学会,2008:3.

[146]QUAN X B, JOSEPH A, JELEN M. Green cleaning in healthcare: moving toward a systematic approach[J]. Healthcare Design, 2012, 2(12):24.

[147]郝晓赛,董强. 医院安全设计——基于本土调研的英国医院建筑预防犯罪设计研究引介与启示[J].城市建筑,2015(19):15-19.

[148]HOFFMAN M L. Empathy and moral development: implications for caring and justice [M]. England:Cambridge University Press, 2000.

[149]诸葛立荣,王岚,海燕.上海市质子重离子医院:高精端专科医院的诞生[J].中国医院建筑与装备, 2014(7):70-73.

图片来源

图 2.19,图 2.20 载于:*Medical and dental space planning:a comprehensive guide to design,equipment,and clinical procedures · 3rd*(Jain Malkin,JOHN WILEY & SONS,INC,2002)

图 2.23 载于:《为病人安危进行设计——解析医院建筑对医源性感染的影响》(朱雪梅,罗杰·乌尔里奇,柏鑫,《城市建筑》2013 年第 9 期)

图 2.48 载于:《循证设计的研究成果实例》(全晓波,《中国医院建筑与装备》2015年第 9 期)

图 2.54 载于:*Design for critical care:an evidence-based Approach*(D. Kirk Hamilton,Mardelle McCuskey Shepley,Architectural Press,2009)

图 2.56 载于:《现代医院住院药物配送系统建筑空间设计研究》(胡青波,西安建筑科技大学,2013)

图 2.59 载于:《现代医院建筑设计》(第二版)(罗运湖,中国建筑工业出版社,2010)

图 3.14 载于:《筑梦踏实 DREAMS》(永龄健康基金会、潘冀联合建筑事务所,2011)

表 3.3,3.18 中图载于:《现代医院建筑设计》(第二版)(罗运湖,中国建筑工业出版社,2010)

图 3.19 载于:《大型医院门诊大厅设计研究》(马丽,重庆大学,2007)(根据论文数据改绘)

图 3.30 载于:《医疗建筑设计:综合性医院和医疗中心》(莫伊泽,华中科技大学出版社,2012)

表 3.8 中左图载于:《大型综合医院中心手术部与其相关医技科室综合布局关系初探》(许师师,华南理工大学,2013)

表 3.8 中右图载于:*Award Winning ICU Designs* 2019(SCCM,2018)

名词索引

后 记

了解医院建筑始于工作之初,感念吾师宿百昌、智益春先生的引领。后续的教学、科研和设计实践一直以医院建筑为关注的重点,从点滴思考到些许积累,多年的探索与收获终于在三十余年之后付梓。

本书统稿之初,回望既往的研究、盘点囊中之物,有从不同的医院类型入手的,有应对疾控、绿色、新医学模式等热点问题的,也有应用新技术手段解决医院建筑空间品质等问题的……若将这林林总总的研究简单罗列,未免流于泛泛,最后我们选择了以"安全与效率"为主线,将多方面的研究统合其中,聚焦当今医院建筑的关键问题,提出促进医院建筑发展的观点与思路,以期让读者对医院建筑所应重点关注的问题有清晰的认识和理解。

医院建筑是让人尊重与敬畏的,关注人、关注生命、关注体验是我们研究医院建筑的出发点。在中国医院蓬勃发展的今天,希望我们的研究成果能推动医院建筑品质的提升,以适应社会发展的多样需求,让更多的人感觉到医院是一个友爱而温暖的地方。

书稿完成时恰逢学校的毕业季,毕业是一段路途的结束,也是新旅程的起点,让人感怀过往、憧憬未来,催人继续前行。感谢本书的创作团队,感谢与我一起研究医院建筑的学生们。

本书由哈尔滨工业大学建筑学院公共建筑与环境研究所团队共同完成。第 1 章由张姗姗、白晓霞、蒋伊琳、姜霖撰写;第 2 章由白晓霞、张姗姗撰写;第 3 章由蒋伊琳、张姗姗撰写;第 4 章由武悦、朱丽玮撰写;全书由张姗姗、武悦、高冲、姜霖、朱丽玮统稿。